Lutz v. Wangenheim

Analoge Signalverarbeitung

Bibliografische Information der Deutschen Nationalbibliothek
Die Deutsche Nationalbibliothek verzeichnet diese Publikation in der
Deutschen Nationalbibliografie; detaillierte bibliografische Daten sind im Internet über
<http://dnb.d-nb.de> abrufbar.

1. Auflage 2010

Alle Rechte vorbehalten
© Vieweg+Teubner | GWV Fachverlage GmbH, Wiesbaden 2010

Lektorat: Reinhard Dapper | Walburga Himmel

Vieweg+Teubner ist Teil der Fachverlagsgruppe Springer Science+Business Media.
www.viewegteubner.de

Umschlaggestaltung: KünkelLopka Medienentwicklung, Heidelberg

Gedruckt auf säurefreiem und chlorfrei gebleichtem Papier.

ISBN 978-3-8348-0764-9

Lutz v. Wangenheim

Analoge Signal-
verarbeitung

Systemtheorie, Elektronik, Filter,
Oszillatoren, Simulationstechnik

Mit 119 Abbildungen

STUDIUM

VIEWEG+
TEUBNER

Vorwort

Was ist eigentlich ein Filterpol?

Was bedeutet eine negative Gruppenlaufzeit?

Gibt es negative Widerstände und negative Frequenzen?

Mit grundsätzlichen Fragen dieser Art wird wahrscheinlich jeder irgendwann einmal konfrontiert, der sich intensiv mit Schaltungen und Systemen zur analogen Signalverarbeitung befasst – entweder als Student der Informations- und Kommunikationstechnik oder auch als Ingenieur in der Praxis, der für ein neues Projekt auf etwas in den Hintergrund getretenes Grundlagenwissen zurückgreifen muss.

Falls man bei der einen oder anderen Antwort nicht ganz sicher ist, kann vielleicht ein passendes Fachbuch weiterhelfen – aber welches? Welches Buch gibt beispielsweise darüber Auskunft, warum für die in der Systemtheorie verwendete komplexe Frequenzvariable $s=(\sigma+j\omega)$ in manchen Fällen vereinfachend $s=j\omega$ gesetzt wird? Benutzt wird diese komplexe Größe s in praktisch allen Fach- und Lehrbüchern zur Systemtheorie, zur Elektronik sowie zur Filter-, Regelungs- und Informationstechnik. Aber findet man dort auch immer eine befriedigende Antwort auf Verständnisfragen dieser Art?

Die Idee zum vorliegenden Buch stammt ursprünglich von einem meiner Studenten, der im Verlaufe eines Vorbereitungsgesprächs auf eine Klausur aus dem Bereich „Elektronik und analoge Signalverarbeitung" mir den Vorschlag machte, doch einmal die Antworten auf einige grundsätzliche Fragen zu diesem Themenkomplex in Kurzform zusammenzustellen.

Als Ergebnis ist daraus diese katalogartige Sammlung von Fragen und Antworten entstanden, die – in sechs Abschnitte gegliedert – auf 100 typische Fragestellungen eingeht, die zum großen Teil im Verlaufe einer 25-jährigen Lehrtätigkeit an der Hochschule Bremen an mich herangetragen worden sind.

Dabei kann und soll das Buch natürlich kein Lehrbuch ersetzen. Es wird hoffentlich aber dabei helfen können, beim Leser das Verständnis zu entwickeln und zu vertiefen für einige ausgewählte Aspekte – Definitionen, Aussagen, Funktionsprinzipien, Simulationsverfahren – im Zusammenhang mit der modernen elektronischen Signalverarbeitung. Wenn auf diese Weise Missverständnisse oder Fehler bei der Anwendung des erworbenen Fachwissens aufgeklärt oder vermieden werden können, hat das Buch seinen beabsichtigten Zweck erfüllt.

Bremen, im Februar 2010

Lutz v. Wangenheim

Inhalt

1 Allgemeine System- und Rückkopplungstheorie

1.1 Was sind komplexe Frequenzen?

Die üblicherweise mit dem Symbol s (in mathematisch orientierten Abhandlungen oft auch mit p) bezeichnete Größe ist eine komplexe Frequenzvariable, die im Zusammenhang mit der *Laplace*-Transformation definiert wird.

Die Eigenschaften frequenzabhängiger Systeme können durch Differentialgleichungen (DGLn) beschrieben werden, deren Lösungen entscheidend vereinfacht werden, wenn die DGLn speziellen Integraltransformationen unterzogen werden. Dadurch wird die DGL in eine einfach zu lösende algebraische Gleichung überführt, wobei die ursprüngliche Zeitvariable t (Originalbereich) in eine neue Frequenzvariable (Bildbereich) übergeht.

Besondere Bedeutung hat in diesem Zusammenhang die *Fourier*-Transformation, deren Anwendung auf eine beliebige Zeitfunktion $x(t)$ zum zugehörigen Amplitudendichtespektrum $\underline{X}(j\omega)$ führt:

$$\mathfrak{F}\{x(t)\} = \underline{X}(j\omega) = \int_{-\infty}^{+\infty} x(t)\mathrm{e}^{-j\omega t}\,\mathrm{d}t\ .$$

Diese Form der Integraltransformation ergibt jedoch nur dann ein auswertbares Ergebnis, wenn die Funktion $x(t)$ mit wachsender Zeit kleiner wird – das Integral also „konvergiert". So würde beispielsweise die bevorzugt als Testsignal benutzte Einheits-Sprungfunktion zu keiner vernünftigen Lösung führen.

Deshalb wird die in den Frequenzbereich zu transformierende Funktion mit einem zusätzlichen Faktor $\mathrm{e}^{-\sigma t}$ multipliziert, der mit wachsender Zeit abnimmt. Dabei kann σ immer so gewählt werden, dass die Konvergenz des Integrals gewährleistet ist:

$$\mathfrak{F}\{x(t)\mathrm{e}^{-\sigma t}\} = \int_{-\infty}^{+\infty} x(t)\cdot\mathrm{e}^{-\sigma t}\cdot\mathrm{e}^{-j\omega t}\,\mathrm{d}t\ .$$

Werden die Exponenten unter dem Integral abkürzend mit $s=(\sigma + j\omega)$ zusammengefasst und gleichzeitig die untere Integrationsgrenze auf $t=0$ festgelegt, entsteht die einseitige *Laplace*-Transformation:

$$\mathfrak{L}\{x(t)\} = \underline{X}(s) = \int_{0}^{+\infty} x(t)\cdot\mathrm{e}^{-st}\,\mathrm{d}t\ .$$

Durch die reelle Größe σ ist im Bildbereich (Frequenzbereich) somit eine neue Variable s entstanden, die als Ausdehnung der Frequenzvariablen $j\omega$ in den komplexen Zahlenbereich interpretiert werden kann und deshalb als „komplexe Frequenz" bezeichnet wird. Für $\sigma=0$ geht die *Laplace*-Transformation dann wieder in die *Fourier*-Transformation über.

Eine besonders wichtige Konsequenz aus diesen Überlegungen ist die umgekehrte Aussage, dass Bereiche, für die das *Laplace*-Integral nicht konvergiert (Unendlichkeitsstellen), dann insbesondere nur für negative σ-Werte auftreten können.

Dieses kann am Beispiel eines einfachen passiven Netzwerks aus Widerstand, Kondensator und Spule verdeutlicht werden.

Beispiel

Einschaltvorgang bei einem *LCR*-Netzwerk (Bild 1.1).

Eine Gleichspannung U_0 wird bei $t=0$ auf einen *LCR*-Reihenschwingkreis geschaltet. Die Reaktion der Schaltung auf den Spannungssprung soll als Zeitverlauf der Ausgangsspannung u_R berechnet werden. Der Kondensator *C* habe keine Anfangsladung.

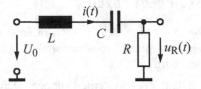

Bild 1.1   Einschaltvorgang bei einer *LCR*-Reihenschaltung

Berechnung im Zeitbereich

Für Zeiten $t>0$ ergibt der Spannungsumlauf mit $i(t)=u_R(t)/R$

$$\frac{1}{RC}\int u_R(t)\mathrm{d}t + u_R(t) + \frac{L}{R}\frac{\mathrm{d}u_R(t)}{\mathrm{d}t} = U_0 . \tag{1.1}$$

Wenn Gl. (1.1) einmal nach der Zeit differenziert und mit *RC* erweitert wird, ergibt sich die Differentialgleichung

$$u_R(t) + RC\frac{\mathrm{d}u_R(t)}{\mathrm{d}t} + LC\frac{\mathrm{d}^2 u_R(t)}{\mathrm{d}t^2} = 0 , \tag{1.2}$$

die mit dem Lösungsansatz $u_R(t)=U\cdot e^{st}$ zur charakteristischen Gleichung des Systems führt

$$1 + sRC + s^2 LC = 0 . \tag{1.3}$$

Dabei ist die Größe *s* im Exponenten des Lösungsansatzes ein Faktor mit der Einheit 1/Zeit, dessen Bedeutung zunächst noch nicht klar ist. Zur näheren Bestimmung werden die beiden Nullstellen s_{N1} und s_{N2} von Gl. (1.3) bestimmt (das sind die „Eigenwerte" des Systems):

$$s_{N1,2} = \underbrace{-\frac{R}{2L}}_{\sigma_N} \pm \mathrm{j}\underbrace{\sqrt{\frac{1}{LC} - \left(\frac{R}{2L}\right)^2}}_{\omega_N} = \sigma_N \pm \mathrm{j}\omega_N . \tag{1.4}$$

Eingesetzt in den Lösungsansatz ergibt sich so der zeitliche Verlauf der Spannung u_R durch Addition beider Teillösungen, wobei die im Ansatz enthaltene Konstante *U* zuvor über die Anfangsbedingungen bei $t=0$ bestimmt worden ist:

$$u_R(t) = U_0 \frac{R}{\omega_N L} \cdot e^{\sigma_N t} \cdot \frac{(e^{\mathrm{j}\omega_N t} - e^{-\mathrm{j}\omega_N t})}{2\mathrm{j}} , \tag{1.5}$$

$$u_R(t) = U_0 \frac{R}{\omega_N L} \cdot e^{\sigma_N t} \sin\omega_N t .$$

Interpretation. Für den Fall der unterkritischen Dämpfung ist der Radikand unter der Wurzel in Gl. (1.4) positiv und es stellt sich eine Schwingung mit der Eigenkreisfrequenz ω_N und kontinuierlich abnehmender Amplitude ein, da σ_N ein negatives Vorzeichen aufweist.

Berechnung im Frequenzbereich (Laplace-Transformation)

Die für den Zeitbereich gültige Spannungsgleichung Gl. (1.1) wird in den Frequenzbereich überführt durch Anwendung der Rechenregeln der *Laplace*-Transformation. Entsprechenden tabellarischen Zusammenstellungen (Korrespondenz-Tabellen) ist zu entnehmen, dass die zeitliche Ableitung zu einer Multiplikation im Bildbereich mit s und die Integration zu einer Multiplikation mit $1/s$ führt:

$$\underline{U}_R(s)\frac{1}{sRC}+\underline{U}_R(s)+\underline{U}_R(s)\cdot s\frac{L}{R}=\underline{U}_0(s)\,.$$

Die Rücktransformation in den Zeitbereich erfolgt über die inverse *Laplace*-Transformation, die aber nicht Gegenstand dieser Abhandlung ist.

Interessanter ist vielmehr der Quotient $\underline{U}_R(s)/\underline{U}_0(s)$, der definiert wird als die zur Schaltung in Bild 1.1 gehörende Systemfunktion:

$$\underline{H}(s)=\frac{\underline{U}_R(s)}{\underline{U}_0(s)}=\frac{1}{1/sRC+1+sL/R}=\frac{sRC}{1+sRC+s^2LC}\,. \tag{1.6}$$

Der Vergleich mit Gl. (1.3) zeigt, dass im Nenner der Systemfunktion $\underline{H}(s)$ die linke Seite der charakteristischen Gleichung steht. Damit sind die beiden Nullstellen s_{N1} und s_{N2} des Nenners – also die Pole der Funktion $\underline{H}(s)$ – zugleich die Lösungen der charakteristischen Gleichung und bestimmen damit das Verhalten im Zeitbereich.

Entscheidend vereinfacht wird die Bestimmung dieser Pole dadurch, dass die Funktion $\underline{H}(s)$ auch direkt aus der Schaltung über die Wechselstromrechnung und die Übertragungsfunktion $\underline{A}(j\omega)$ bestimmt werden kann mit anschließendem Übergang $j\omega \rightarrow s$:

$$\underline{A}(j\omega)=\frac{\underline{U}_R(j\omega)}{\underline{U}_0(j\omega)}=\frac{R}{1/j\omega C+R+j\omega L}\quad\xrightarrow{j\omega\rightarrow s}\quad\underline{H}(s)=\frac{sRC}{1+sRC+s^2LC}\,.$$

Zusammenfassung

Die komplexe Frequenz $s=\sigma+j\omega$ ist eine Variable, die im Zusammenhang mit der *Laplace*-Transformation eingeführt wird, um beliebige Zeitfunktionen in den Frequenzbereich transformieren zu können. Von wenigen Ausnahmen abgesehen wird dabei der Realteil σ positiv gewählt (Konvergenzbereich des Transformationsintegrals). Eine anschauliche Interpretation der komplexen Frequenz ergibt sich aus den Werten s_N, die zu Unendlichkeitsstellen (Polen) der Systemfunktion $\underline{H}(s)$ führen.

Real- und Imaginärteil von s_N bestimmen das Zeitverhalten eines Systems nach einmaliger Erregung. Für stabile Systeme mit abklingenden Einschwingvorgängen muss der Realteil σ_N der Polstelle(n) stets negativ sein und liegt damit außerhalb oder genau an der Grenze des oben erwähnten Konvergenzbereichs. Die Systemfunktion $\underline{H}(s)$ ergibt sich aus der Übertragungsfunktion $\underline{A}(j\omega)$ durch einfachen Variablenersatz $j\omega \rightarrow s$ (und umgekehrt).

1.2   Warum Poldarstellung in der *s*-Ebene?

Nach Abschnitt 1.1 besteht ein Zusammenhang zwischen dem zeitlichen Einschwingverhalten einer Schaltung (z. B. als Folge eines Spannungssprungs am Signaleingang) und den speziellen Werten der komplexen Frequenz, für die sich – rein rechnerisch – Unendlichkeitsstellen der zugehörigen Systemfunktion $\underline{H}(s)$ ergeben würden. Da diese Werte den Nullstellen des Nenner-polynoms $\underline{N}(s)$ entsprechen, erhalten sie den Index „N". Es ist üblich und sinnvoll, diese Pole s_N innerhalb der komplexen s-Ebene grafisch darzustellen. Wie in Abschn. 1.1 dargelegt, muss aus Stabilitätsgründen der Realteil σ_N des Pols stets negativ sein, s. Bild 1.2.

Für alle technisch realisierbaren Systeme sind die Koeffizienten des Nennerpolynoms $\underline{N}(s)$ stets reell – mit der Folge, dass bei Stabilität die Pole entweder negativ reell oder paarweise konjugiert-komplex mit negativem Realteil sind. Die Zahl der Pole ist identisch zum Grad des Nennerpolynoms, wobei die Systemeigenschaften im wesentlichen durch das Polpaar mit dem kleinsten Realteil σ_N bestimmt werden. Dieses ist deshalb das „dominante" Polpaar .

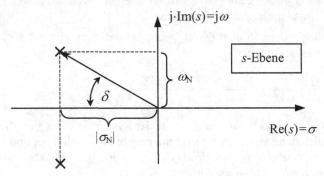

Bild 1.2   Polpaar in der komplexen s-Ebene

Besonders anschaulich ist eine dreidimensionale Darstellung des Betragsverlaufs im Bereich des zweiten Quadranten der s-Ebene in Bild 1.3. Die Begrenzungslinie der Schnittfläche für $\sigma=0$ und positive ω-Werte ist identisch mit der klassischen Betragsfunktion, die man auch auf messtechnischem Wege erhalten würde. Die gezeigte Funktion gehört zu einem Tiefpass zweiten Grades mit *Tschebyscheff*-Verhalten und den Poldaten $\omega_P=1000$ rad/s und $Q_P=1,3$.

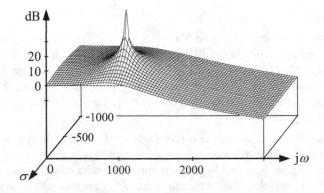

Bild 1.3   Dreidimensionale Poldarstellung ($\omega_P=1000$ rad/s, $Q_P=1,3$)

1.3 Welche Bedeutung hat die Polfrequenz?

Für ein konjugiert-komplexes Polpaar ist die Polfrequenz ω_P definiert als Betrag des Zeigers, der den Koordinatenursprung mit der Polstelle verbindet (s. dazu auch Bild 1.2):

$$\omega_P = |s_N| = \sqrt{\sigma_N{}^2 + \omega_N{}^2} \,. \tag{1.7}$$

Der Sinn dieser Definition wird klar, wenn man – in Anlehnung an die Schreibweise in den Gln. (1.3) und (1.6) – die Polfrequenz ω_P ausdrückt durch die Vorfaktoren b_1 und b_2 eines allgemeinen Nennerpolynoms 2. Ordnung:

$$\underline{N}(s) = 1 + b_1 \cdot s + b_2 \cdot s^2 = 0 \,. \tag{1.8}$$

Als Lösung dieser quadratischen Gleichung erhält man dann

$$s_{N1,2} = -\frac{b_1}{2b_2} \pm j\sqrt{\frac{1}{b_2} - \left(\frac{b_1}{2b_2}\right)^2} = \sigma_N \pm j\omega_N \,,$$

und mit Gl. (1.7)

$$\omega_P{}^2 = |s_N|^2 = \sigma_N{}^2 + \omega_N{}^2 = \frac{1}{b_2} \,.$$

Es ist also festzuhalten, dass der zum quadratischen s-Glied gehörende Faktor b_2 dem Quadrat des Kehrwerts der oben definierten Polfrequenz ω_P entspricht. Dieses gilt aber nur, wenn das Polynom im Nenner von $\underline{H}(s)$ durch eventuell notwendiges Umformen zuvor auf die Form von Gl. (1.6) gebracht worden ist, die auch als „Normalform" (mit dem konstanten Glied „1") bezeichnet wird. In ähnlicher Weise kann man den zum linearen s-Glied gehörenden Faktor b_1 durch die Polfrequenz ω_P und den in Bild 1.2 eingetragenen Winkel δ ausdrücken:

$$b_1 = 2b_2 |\sigma_N| = \frac{2|\sigma_N|}{\omega_P{}^2} = \frac{2\cos\delta}{\omega_P} = \frac{1}{\omega_P Q_P} \,.$$

Dabei wurde gleichzeitig als neue Größe die besonders in der Filtertechnik gebräuchliche Polgüte Q_P eingeführt – als Maß für das Verhältnis zwischen Polfrequenz und dämpfendem Realteil σ_N:

$$Q_P = \frac{\omega_P}{2|\sigma_N|} = \frac{1}{2\cos\delta} \,.$$

Damit lässt sich das Nennerpolynom einer Systemfunktion zweiter Ordnung ausdrücken durch die beiden Kenngrößen ω_P und Q_P:

$$\underline{N}(s) = 1 + \frac{1}{Q_P} \cdot \frac{s}{\omega_P} + \left(\frac{s}{\omega_P}\right)^2 \,. \tag{1.9}$$

Diese Schreibweise hat auch eine große praktische Bedeutung, da sich die Poldaten ω_P und Q_P auf messtechnischem Wege relativ einfach bestimmen lassen.

1.4 Wozu überhaupt Rückkopplung?

Die Methode der Rückkopplung gehört zu den wichtigsten Prinzipien innerhalb der analogen Signalverarbeitung. Es ist deshalb unbedingt erforderlich, sowohl die damit verbundenen Ziele und Vorteile als auch die zu erwartenden Konsequenzen und Nachteile zu kennen.

Das Prinzip der Rückkopplung besteht darin, einen bestimmten Anteil des Ausgangssignals eines aktiven Vierpols (z. B. eines Verstärkers) über ein spezielles Netzwerk auf den Eingang rückzuführen und mit dem eigentlichen Eingangssignal in geeigneter Weise zu kombinieren. Zu unterscheiden sind dabei die beiden klassischen Sonderfälle „Mitkopplung" (Rückkopplungssignal unterstützt die Wirkung des Eingangssignals) und „Gegenkopplung" (Rückkopplungssignal wirkt dem Eingangssignal entgegen). Damit hat die Rückkopplung also einen direkten Einfluss auf die Signalverstärkung.

In diesem Zusammenhang sind – neben dem Vorzeichen bei der Überlagerung der beiden Signalanteile (Addition oder Subtraktion) – besonders auch die Phasendrehungen innerhalb des gesamten Signalwegs zu beachten. Ohne entsprechende Gegenmaßnahmen kann sonst aus einer eigentlich gewünschten Gegenkopplung eine Mitkopplung werden. Einige vertiefende Überlegungen dazu enthält Abschn. 1.5.

Ziele der Mitkopplung

Das Verfahren der Mitkopplung wird angewendet primär bei Signalgeneratoren (harmonische Oszillatoren, Relaxations-Generatoren) und bei Kippschaltungen. In manchen Fällen wird die Mitkopplung auch eingesetzt, um vorhandene Gegenkopplungseffekte gezielt beeinflussen zu können („gemischte" Rückkopplung als Kombination aus Mit- und Gegenkopplung).

Ziele der Gegenkopplung

Die Gegenkopplung kommt in nahezu allen elektronischen Schaltungen zur Anwendung (wie z. B. Verstärker, Filter). Grundsätzlich sind vier Gegenkopplungsvarianten möglich – abhängig davon, ob das rückgeführte Signal von der Ausgangsspannung oder vom Ausgangsstrom abgeleitet wird und ob es in Form eines Stromes oder einer Spannung der Eingangsgröße überlagert wird.

Zusammenfassende Stichworte zur Wirkung der Gegenkopplung:

- Stabilisierung von Verstärkereigenschaften (Arbeitspunkt, Aussteuerungsbereich, Wert der Verstärkung) gegen Alterung, Exemplarstreuungen, Temperatur- und Versorgungsspannungsschwankungen; Konsequenz: Reduzierung des Verstärkungswertes;

- Verbesserung der Signalqualität (Verringerung nichtlinearer Verzerrungen);

- Eventuell drastische Veränderung der Eingangs- und Ausgangswiderstände des Verstärkers, wobei die Richtung der Änderung (größer oder kleiner) von der jeweiligen Gegenkopplungsvariante abhängt;

- Gezielte Beeinflussung der Übertragungseigenschaften (Festlegung der Übertragungsbandbreite, Frequenzgangkorrektur, Filterwirkung mit gezielter Polerzeugung);

- Auf dem Gegenkopplungsprinzip basieren außerdem auch alle Verfahren der Regelungstechnik, indem zwei Signalgrößen (Ist- und Sollwerte) miteinander verglichen werden mit dem Ziel, aus der Differenz ein korrigierendes Stellsignal ableiten zu können.

Rückkopplungsmodell/Blockdiagramm

Da bei der analogen Signalverarbeitung die Eingangs- und Ausgangsgrößen in den meisten Fällen als Spannungen vorliegen, beinhaltet das allgemeine Rückkopplungsmodell in Bild 1.4 einen Spannungsverstärker.

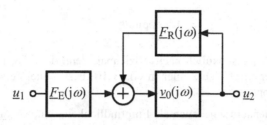

Bild 1.4 Rückkopplungsmodell

Wird das Verhältnis zwischen Ausgangs- und Eingangsspannung gebildet, erhält man die komplexe Verstärkungsfunktion, die auch als „Formel von Black" bezeichnet wird:

$$\underline{v}(j\omega) = \frac{\underline{u}_2}{\underline{u}_1} = \frac{\underline{F}_E(j\omega)\cdot\underline{v}_0(j\omega)}{1-\underline{F}_R(j\omega)\cdot\underline{v}_0(j\omega)} = \frac{\underline{F}_E(j\omega)\cdot\underline{v}_0(j\omega)}{1-\underline{L}_0(j\omega)}. \tag{1.10}$$

Das Produkt aus den beiden in einer Schleife zusammengeschalteten Funktionen $\underline{v}_0(j\omega)$ und $\underline{F}_R(j\omega)$ ist die „Schleifen-Übertragungsfunktion" $\underline{L}_0(j\omega)$ (Schleifenverstärkung, loop gain), deren Vorzeichen und Frequenzcharakteristik von wesentlicher Bedeutung ist für die Stabilität des Gesamtsystems. Deshalb wurde hier sowohl für die Verstärkung als auch für den Rückkopplungsblock der allgemeine Fall einer frequenzabhängigen Signalübertragung angesetzt.

Es sei darauf hingewiesen, dass in Bild 1.4 – im Gegensatz zu vielen anderen Darstellungen, die nur für den Spezialfall der Gegenkopplung gelten – bei der Überlagerung beider Anteile im Summationspunkt noch keine Vorzeicheninvertierung berücksichtigt worden ist.

1.5 Wie sind Mit- und Gegenkopplung definiert?

Das Kriterium zur Unterscheidung verschiedener Rückkopplungsfälle wird abgeleitet aus dem Nenner der Verstärkungsfunktion Gl. (1.10). Für die in der Verstärkertechnik oft erlaubte Vereinfachung mit reeller Schleifenverstärkung L_0 (phasenreine Rückkopplung) sind vier Fälle zu unterscheiden, die zunächst folgende Definitionen erlauben:

$$L_0 < 0 \qquad \Rightarrow \text{Gegenkopplung},$$
$$0 < L_0 < 1 \quad \Rightarrow \text{stabile Mitkopplung};$$
$$L_0 = 1 \qquad \Rightarrow \text{Selbsterregung (Oszillator)};$$
$$L_0 > 1 \qquad \Rightarrow \text{instabile Mitkopplung (Sättigung)}.$$

Für detaillierte Untersuchungen – insbesondere bei Stabilitätsanalysen regelungstechnischer Systeme – muss jedoch die komplexe Funktion $\underline{L}_0(j\omega)$ der Schleifenverstärkung mit ihrer Frequenzabhängigkeit berücksichtigt werden (vgl. dazu Abschn. 1.6, 1.8 und 1.9).

In diesen Fällen erfolgt die Unterscheidung zwischen Mit- und Gegenkopplung dann dadurch, dass der Kehrwert vom Betrag des Nenners der Verstärkungsfunktion, Gl. (1.10), untersucht und zur Definition herangezogen wird:

$$\frac{1}{\left|1-\underline{L}_0(j\omega)\right|} = \left|\underline{S}(j\omega)\right| < 1 \quad \Rightarrow \text{Gegenkopplung} \, ,$$

$$\frac{1}{\left|1-\underline{L}_0(j\omega)\right|} = \left|\underline{S}(j\omega)\right| > 1 \quad \Rightarrow \text{Mitkopplung} \, .$$

(1.11)

Diese Definition ist auch anschaulich nachvollziehbar, denn damit verringert sich im Bereich der Gegenkopplung der durch den Zähler in Gl. (1.10) bestimmte Verstärkungswert und vergrößert sich bei Mitkopplung.

Dieser Kehrwert des Nenners wird auch als Empfindlichkeitsfunktion $\underline{S}(j\omega)$ bezeichnet, da auf diese Weise ein Zahlenwert festgelegt wird, mit dem relative Fehler des Verstärkungs- oder des Rückkopplungsfaktors an die Verstärkung $\underline{v}(j\omega)$ in Gl. (1.10) weitergegeben werden. Wird nämlich Gl. (1.10) einmal differenziert nach $\underline{v}_0(j\omega)$ bzw. nach $\underline{F}_R(j\omega)$, können die folgenden Beziehungen – nach Übergang d→Δ – zwischen den relativen Verstärkungsfehlern und den beiden verursachenden Einflussgrößen angegeben werden:

$$\left.\frac{\Delta\underline{v}}{\underline{v}}\right|_{v_0} = \underline{S}_{v_0}^v \cdot \frac{\Delta\underline{v}_0}{\underline{v}_0} \quad \text{und} \quad \left.\frac{\Delta\underline{v}}{\underline{v}}\right|_{F_R} = \underline{S}_{F_R}^v \cdot \frac{\Delta\underline{F}_R}{\underline{F}_R} \, .$$

Beispiel

In Bild 1.5 ist der Betrag der Empfindlichkeitsfunktion in Bezug auf $v_0(j\omega)$ dargestellt für den realistischen Fall eines Operationsverstärkers ($v_{0,\text{max}}=100$ dB), dessen Frequenzgang zwei Eckfrequenzen bei etwa 16 Hz bzw. 1,6 MHz aufweist und der mit $F_R=-1$ betrieben wird. Die 100%-ige Gegenkopplung wird allerdings im Bereich $|\underline{S}|>1$ zur Mitkopplung. Der Übergang vom Zustand der Gegenkopplung in den der Mitkopplung erfolgt hier etwa bei $f=1100$ kHz.

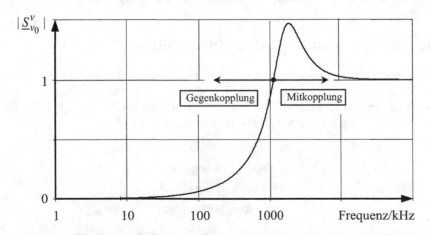

Bild 1.5 Empfindlichkeitsfunktion für OPV-Modell (zwei Eckfrequenzen)
mit reeller Gegenkopplung $F_R=-1$

Die besondere Bedeutung der Empfindlichkeitsfunktion $\underline{S}(j\omega)$ besteht zusätzlich auch darin, dass der Kehrwert ihres Betragsmaximums $1/|\underline{S}(j\omega)|_{max}$ den minimalen Abstand der Ortskurve der Schleifenverstärkung $\underline{L}_0(j\omega)$ vom kritischen Punkt „+1" in der komplexen $\underline{L}_0$-Ebene angibt (*Nyquist*-Diagramm), bei dem in Gl. (1.10) der Nenner verschwinden würde. Damit ist dieser Zahlenwert – in Ergänzung der Amplituden- und Phasenreserve (Abschn. 1.6) – ein weiteres Maß für die Stabilität einer rückgekoppelten Anordnung (Stabilitätsradius, Vektorreserve). Im Beispiel wird bei etwa 1,8 MHz als Maximum $|S|_{max} \approx 1,45$ erreicht – gleichbedeutend mit einem ausreichend großen Stabilitätsradius von $1/1,45 \approx 0,7$.

Im nächsten Absatz wird gezeigt, wie sich der Übergang von der Gegen- zur Mitkopplung im *Nyquist*-Diagramm darstellen lässt.

Übergang Gegenkopplung → Mitkopplung im *Nyquist*-Diagramm

Das *Nyquist*-Diagramm ist von großer Bedeutung im Zusammenhang mit Stabilitätsanalysen rückgekoppelter Systeme. Es zeigt die Schleifenverstärkung $\underline{L}_0(j\omega)$ bzw. die Nennerfunktion von Gl. (1.10) als Ortskurve mit der Kreisfrequenz ω als laufende Variable, wobei drei unterschiedliche Darstellungsmöglichkeiten von Bedeutung sind, s. Bild 1.6.

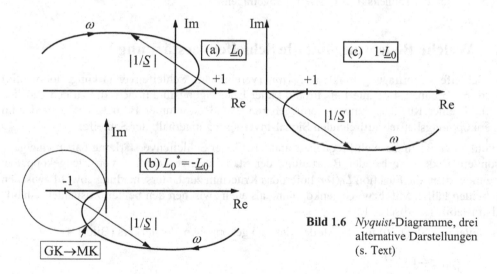

Bild 1.6 *Nyquist*-Diagramme, drei alternative Darstellungen (s. Text)

In Anlehnung an das oben behandelte Beispiel ist in Bild 1.6 der typische Verlauf der Ortskurve für eine Gegenkopplungsschleife mit Tiefpassverhalten zweiten Grades dargestellt. Da diese Schleife wegen der Gegenkopplung eine Vorzeichenumkehr enthalten muss, beginnt das *Nyquist*-Diagramm der Schleifenverstärkung $\underline{L}_0(j\omega)$ in Bild 1.6(a) für kleine Werte von ω im negativ-reellen Bereich und strebt bei wachsender Frequenz und gleichzeitiger Phasendrehung um maximal 180° dem Nullpunkt zu. Ortskurven höherer Ordnung ($n > 2$) mit zusätzlichen Phasendrehungen verlaufen teilweise auch in den beiden anderen Quadranten der komplexen Ebene, wobei der „kritische Punkt" bei „+1" aus Stabilitätsgründen weder berührt noch von der Kurve umschlossen werden darf (s. Fallunterscheidung am Beginn dieses Abschnitts und Abschn. 1.6).

In der elektronischen Praxis – ganz besonders in der Regelungstechnik – ist es üblich, die in der Gegenkopplungsschleife erforderliche Vorzeichenumkehr an der Stelle der Überlagerung von Eingangs- und Rückkopplungssignal separat auszuweisen. Dabei wird das Summierglied im Blockschaltbild, Bild 1.4, zu einem Subtrahierglied. In der Regelungstechnik führt das zu dem Soll-Ist-Vergleich am Eingang des Standard-Folgeregelkreises. In der Verstärkertechnik entspricht dieses Modell dann einfach einer Rückkopplung auf den invertierenden Eingang.

Aus diesem Grunde ist es üblich, dieses negative Vorzeichen im *Nyquist*-Diagramm nicht zu berücksichtigen – gleichbedeutend mit der grafischen Darstellung der invertierten Ortskurve $\underline{L}_0^* = -\underline{L}_0$, s. Bild 1.6(b). Der kritische Punkt liegt dann bei „– 1".

Dass über diese Ortskurve gleichzeitig auch für jede Frequenz der Betrag der Nennerfunktion $(1-\underline{L}_0)$ – und damit gemäß Gl. (1.11) auch der Kehrwert der Empfindlichkeit S – ermittelt werden kann, wird deutlich aus Bild 1.6(c). Diese dritte Möglichkeit zur Darstellung entsteht aus Bild 1.6(b) einfach durch Verschiebung nach rechts (Addition von „+1"). Es ist leicht zu erkennen, dass in allen drei Fällen die als Beispiel eingezeichneten Pfeile die gleiche Länge aufweisen. Damit kann also auch im *Nyquist*-Diagramm der Übergang von der Gegen- zur Mitkopplung dadurch gekennzeichnet werden, dass die Frequenz auf der Ortskurve bestimmt wird, für die – in Übereinstimmung mit Gl. (1.11) – der Wert $|S| = 1$ ist. In Bild 1.6(b) ist zu diesem Zweck der Einheitskreis um „– 1" eingetragen.

1.6   Welche Bedeutung hat die Schleifenverstärkung?

Die Schleifen-Übertragungsfunktion $\underline{L}_0(j\omega)$ (vereinfacht: Schleifenverstärkung, loop gain) wurde in Abschn. 1.4 definiert als Produkt aller Übertragungsfunktionen, die zu den Blöcken innerhalb einer Rückkopplungsschleife gehören – und zwar unter Berücksichtigung der im Gegenkopplungsbetrieb auftretenden Signal-Invertierung innerhalb der Schleife.

Sowohl Vorzeichen als auch Frequenzcharakteristik der Schleifenverstärkung haben eine ganz besondere Bedeutung bei der Beurteilung der Stabilitätseigenschaften von rückgekoppelten Systemen, denn die Funktion $\underline{L}_0(j\omega)$ liefert das Kriterium zur Unterscheidung sowohl zwischen den beiden Fällen Mit- bzw. Gegenkopplung als auch zwischen den beiden Zuständen „stabil" und „instabil" (s. Abschn. 1.5).

Abgeleitet aus Gl. (1.10) für das Modell des rückgekoppelten Verstärkers (Bild 1.4)

$$\underline{v}(j\omega) = \frac{\underline{F}_E(j\omega) \cdot \underline{v}_0(j\omega)}{1 - \underline{L}_0(j\omega)}$$

lässt sich eine Grenzbedingung für Systemstabilität (Nenner→0) bei der Kreisfrequenz $\omega = \omega_0$ angeben:

$$\underline{L}_0(j\omega_0) = 1 . \tag{1.12}$$

Getrennt nach Betrag und Phase ergeben sich die beiden Teilbedingungen zur Erreichung der Stabilitätsgrenze:

$$\underline{L}_0(j\omega_0) = \left|\underline{L}_0(j\omega_0)\right| \cdot e^{j\varphi_0(j\omega_0)} = 1 , \tag{1.13a}$$

$$\Rightarrow \quad \left|\underline{L}_0(j\omega_0)\right| = 1 \quad \text{und} \quad \varphi_0(j\omega_0) = 0 . \tag{1.13b}$$

Gl. (1.13) entspricht der vor mehr als 70 Jahren formulierten „Allgemeinen Selbsterregungs-formel" (*Barkhausen*-Formel), die üblicherweise als „Schwingbedingung" bezeichnet wird, vgl. dazu auch Abschn. 5.3.

Stabilität und Stabilitätsreserven

Ausgehend vom frequenzabhängigen Verlauf der Schleifenverstärkung $\underline{L}_0(j\omega)$ kann jetzt – in Umkehrung der Aussagen von Gl. (1.13) – eine Bedingung für die Stabilität eines Systems mit Rückkopplung abgeleitet werden (Stabilitätskriterium). Als „stabil" wird in diesem Zusammenhang ein System bezeichnet, welches nach kurzzeitiger Erregung an seinem Eingang in seine ursprüngliche Ausgangslage zurückkehrt – bei ausreichend kleiner Dämpfung eventuell auch in Form einer abklingenden Schwingung. Für dieses Stabilitätskriterium gibt es zwei unterschiedliche Formulierungen:

1. Wenn bei einer bestimmten Frequenz ω_D (Durchtrittsfrequenz) die Schleifenverstärkung den Betrag „1" aufweist (die Funktion also durch die 0-dB-Linie tritt), darf die zugehörige Phasenverschiebung φ_D noch nicht den Wert $\varphi_0 = -360°$ (bzw. $\varphi_0 = 0°$) erreicht haben, damit der geschlossene Kreis stabil ist. Die Differenz zu diesem Grenzwert wird dann als „Phasenreserve" (phase margin, PM) bezeichnet:

$$\left|\underline{L}_0(j\omega_D)\right| = 0 \text{ dB} \quad \Rightarrow \quad \left|\varphi_0(j\omega_D)\right| = \left|\varphi_D\right| < 360°;$$

Definition Phasenreserve: $\quad \varphi_{PM} = 360° - \left|\varphi_D\right|.$

2. Wenn bei der Kreisfrequenz ω_{360} die Schleifenverstärkung eine Phasenverschiebung von $\varphi_0 = -360°$ (bzw. $\varphi_0 = 0°$) aufweist, muss der zugehörige Betrag $\left|\underline{L}_{0,360}\right|$ bereits einen Wert unterhalb von „1" (bzw. 0 dB) angenommen haben, damit der geschlossene Kreis stabil ist. Die Differenz zu diesem Grenzwert von 0 dB wird dann als „Verstärkungsreserve" (gain margin, GM) bezeichnet:

$$\varphi_0(j\omega_{360}) = 0 \quad \Rightarrow \quad \left|\underline{L}_0(j\omega_{360})\right| = \left|\underline{L}_{0,360}\right| < 0 \text{ dB} ;$$

Verstärkungsreserve: $\quad a_{GM} = 0 \text{ dB} - \left|\underline{L}_{0,360}\right|_{dB} ,$

absolut: $\quad A_{GM} = 1/\left|\underline{L}_{0,360}\right| .$

Eine einfache Möglichkeit zur Überprüfung der Stabilitätseigenschaften besteht darin, die Schleifenverstärkung $\underline{L}_0(j\omega)$ – getrennt nach Betrag und Phase – grafisch darzustellen als *Bode*-Diagramm. Beide Stabilitätsreserven a_{GM} und φ_{PM} lassen sich bei den Frequenzen ω_{360} bzw. ω_D dann direkt ablesen.

Hinweis.   Die beiden oben formulierten Bedingungen für die Stabilität eines rückgekoppelten Systems bilden das „vereinfachte Stabilitätskriterium" nach *Nyquist*. Die Voraussetzungen zu seiner Anwendung – Schleifenverstärkung $\underline{L}_0(j\omega)$ mit stabilen Polen nur in der linken s-Halbebene – werden ausführlich in Abschn. 1.9 im Zusammenhang mit dem „vollständigen *Nyquist*-Kriterium" erläutert. Zusätzlich erfordert die Anwendung der unter 2. formulierten Bedingung (Verstärkungsreserve), dass die Phasenfunktion die 0°-Grenze lediglich einmal bei $\omega = \omega_{360}$ schneidet.

Das *Nyquist*-Diagramm

Eine besonders einfache und anschauliche Möglichkeit zur Ermittlung der Stabilitätsparameter a_{GM} und φ_{PM} auf grafischem Wege ergibt sich über die Darstellung der Ortskurve von $L_0(j\omega)$, die auch als *Nyquist*-Diagramm bezeichnet wird. Als Beispiel zeigt Bild 1.7 den typischen Verlauf der Ortskurve für eine Schleifenverstärkung mit Tiefpass-Charakter und drei Polen.

Im Gegenkopplungsbetrieb ist der Betrag bei $\omega=0$ negativ-reell und nimmt mit steigender Frequenz kontinuierlich ab. Die Phasenverschiebung beträgt zunächst also $-180°$ und erreicht einen Maximalwert von $\varphi_0=-180°-270°=-450°$ (identisch zu $\varphi_0=-90°$).

Der Schnittpunkt der *Nyquist*-Kurve mit dem Einheitskreis bei der Frequenz ω_D gehört zu dem Phasenwinkel φ_D, dessen Differenz zu $360°$ (identisch zu $0°$) als Phasenreserve φ_{PM} direkt abzulesen ist. Für das vorliegende Beispiel ergibt sich hier ein für viele Anwendungen nicht ausreichender Wert von nur $\varphi_{PM}\approx30°$. Auf ähnliche Weise kann im Schnittpunkt mit der positiv-reellen Achse bei ω_{360} der Kehrwert der Verstärkungsreserve $|L_{0,360}|=1/A_{GM}$ abgelesen werden. Auch hier kann der ermittelte Wert von $A_{GM}\approx1/0,85\approx1,18 \to a_{GM}\approx1,4$ dB nicht als ausreichend groß angesehen werden.

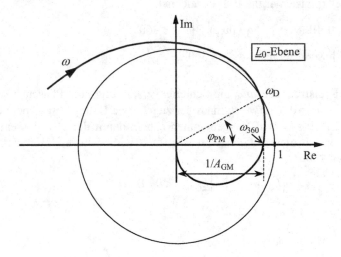

Bild 1.7   Schleifenverstärkung L_0, *Nyquist*-Diagramm mit
Phasenreserve φ_{PM} und Verstärkungsreserve A_{GM}

Es ist darauf hinzuweisen, dass besonders in der Regelungstechnik eine andere Darstellung des *Nyquist*-Diagramms üblich ist. Dabei wird das negative Vorzeichen an der Vergleichsstelle zwischen Führungsgröße (Soll-Zustand) und rückgeführter Ausgangsgröße (Ist-Zustand) nicht als Bestandteil der Schleifenverstärkung angesehen. Es wird also lediglich das Produkt aus den Übertragungsfunktionen des Reglers und der Regelstrecke (identisch zu $L_0^*=-L_0$) dargestellt. Als Konsequenz daraus liegt – in Analogie zur Darstellungsweise in Bild 1.6(b) – dann der „kritische Punkt" im *Nyquist*-Diagramm auf der negativ-reellen Achse bei „-1" (mit einer zugehörigen Phasendrehung von $-180°$).

1.7 Was ist ein Mindestphasen-System?

Der Hintergrund dieser Frage ist ein ganz praktischer Aspekt, der in Abschn. 1.11 ausführlich diskutiert wird: Existiert ein direkter und eindeutiger Zusammenhang zwischen Betragsverlauf und Phasendrehung eines Übertragungssystems?

Die Antwort darauf lautet: Ja, sofern die zugehörige Übertragungsfunktion stabil ist und nur Nullstellen in der linken s-Halbebene oder auf der Imaginär-Achse aufweist. In diesem Fall handelt es sich dann um ein „Mindestphasen-System" (oder auch: Phasenminimum-System).

Eine anschauliche Erklärung dafür geht von den Signalverzögerungen frequenzabhängiger Netzwerke aus – verursacht durch die mit Amplitudenänderungen verknüpften Phasendrehungen. Zusätzlich zu diesen systematischen Phasenänderungen können systembedingte und unvermeidbare Verzögerungen, die von der Signalfrequenz weitgehend unabhängig sind, weitere Phasenverschiebungen verursachen. Dabei kann es sich um Signallaufzeiten im jeweiligen Ausbreitungsmedium handeln oder auch um Verzögerungen, wie sie als „Totzeiten" z. B. bei mechanischen oder pneumatischen Komponenten in regelungstechnischen Systemen auftreten.

Oftmals werden aber auch ganz gezielt spezielle elektronische Schaltungen als reines Laufzeitglied zur Signalverzögerung oder zum Ausgleich von Laufzeitschwankungen eingesetzt. Ein elektrischer Übertragungsvierpol, der lediglich eine konstante Signalverzögerung τ ohne Amplitudenveränderung verursachen soll, müsste formal zwischen Eingangs- und Ausgangsspannung die einfache Beziehung

$$u_2(t) = u_1(t-\tau)$$

ermöglichen, aus der die zugehörige Systemfunktion durch Anwendung der *Laplace*-Transformation zu ermitteln ist:

$$\underline{H}_\tau(s) = \mathrm{e}^{-s\tau}. \tag{1.14}$$

Eine elektronische Realisierung dieser transzendenten Funktion mit einer endlichen Anzahl diskreter Bauelemente ist nur als Annäherung möglich. Zu diesem Zweck wird Gl. (1.14) in eine Potenzreihe entwickelt und nach dem dritten Glied abgebrochen, wodurch eine neue Funktion $\underline{H}_{\tau,1}(s)$ definiert wird:

$$\underline{H}_{\tau,1}(s) = 1 + (-s\tau) + \frac{(-s\tau)^2}{2!}. \tag{1.15}$$

Eine andere Näherung ergibt sich aus Gl. (1.14) durch Logarithmierung beider Seiten und Berücksichtigung nur des ersten Gliedes der Reihenentwicklung für den Ausdruck $\ln(\underline{H}_\tau)$. Dadurch entsteht mit Gl. (1.16) eine Funktion, die auch als *Padé*-Approximation 1. Ordnung bekannt geworden ist:

$$\underline{H}_{\tau,2}(s) = \frac{2 - s\tau}{2 + s\tau}. \tag{1.16}$$

Da Zähler und Nenner von Gl. (1.16) den gleichen Betrag besitzen, stellt die Übertragungsfunktion $\underline{H}_{\tau,2}(s)$ gleichzeitig eine Allpassfunktion ersten Grades dar – gekennzeichnet durch einen konstanten und von der Frequenz unabhängigen Amplitudengang. Es kommt lediglich zu einer von der Frequenz bestimmten Phasendrehung. Als charakteristisches Merkmal aller Allpassfunktionen gibt es zu jedem Pol in der linken s-Halbebene genau eine spiegelbildlich zur $j\omega$-Achse liegende Nullstelle in der rechten s-Halbebene.

Wichtig im hier diskutierten Zusammenhang ist nun die Tatsache, dass für beide Näherungen die Nullstellen einen positiven Realteil aufweisen. Diese Eigenschaft kann verallgemeinert werden und führt zur folgenden Aussage:

> Übertragungssysteme mit Phasenverschiebungen, die durch reine Laufzeiteffekte hervorgerufen werden, haben eine Übertragungsfunktion, die eine oder mehrere Nullstellen in der rechten s-Halbebene aufweist. In Umkehrung dieser Aussage werden alle stabilen Systeme ohne Nullstellen in der rechten Halbebene als „Phasenminimum-Systeme" oder „Mindestphasen-Systeme" bezeichnet mit Phasendrehungen, die in einem direkten Zusammenhang mit den frequenzabhängigen Amplitudenänderungen stehen.

Aufgrund dieser Aussage kann jedes System mit Nullstellen in der rechten s-Halbebene fiktiv aufgeteilt werden in ein Mindestphasen-System und ein Allpassglied. Deshalb werden reine Mindestphasen-Systeme auch allpassfreie Systeme genannt.

Die Laufzeiteigenschaften der Allpässe werden gezielt ausgenutzt, um beispielsweise alle Signalanteile innerhalb eines begrenzten Frequenzbereichs gleichmäßig zu verzögern, ohne die Amplituden zu verändern. In diesem Fall muss der Allpass einen möglichst linearen Phasengang aufweisen, d. h. eine möglichst konstante Gruppenlaufzeit besitzen, s. Abschn. 1.15.

1.8   Wie viel Stabilitätsreserve ist sinnvoll?

Eine rückgekoppelte Anordnung – z. B. ein Verstärker mit Gegenkopplungsbeschaltung oder ein Regelkreis (z. B. Spannungsregler, Phasenregelkreis PLL) – muss über eine ausreichende Stabilitätsreserve verfügen. Dieser Sicherheitszuschlag soll zunächst verhindern, dass nicht vorhersehbare Änderungen der Schleifenverstärkung (Betrag und/oder Phasendrehungen bzw. Laufzeiteffekte) das System in den Bereich der Stabilitätsgrenze bringen können.

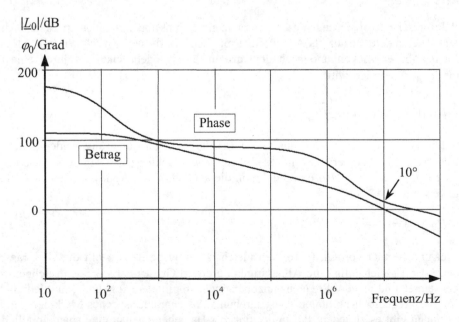

Bild 1.8   Schleifenverstärkung, Spannungsfolger ($v = 1$) mit OPV-Modell LM108

Unabhängig davon beeinflusst die Stabilitätsreserve aber auch die Genauigkeit, mit der das rückgekoppelte System die gewünschte Funktion realisieren kann. Als anschauliches Beispiel dafür soll der Operationsverstärker LM108 betrachtet werden, der mit voller Gegenkopplung ($F_R=-1$) als reiner Spannungsfolger mit dem Ziel einer Verstärkung $v=1$ betrieben wird. In Bild 1.8 sind Betrag und Phase der Schleifenverstärkung $\underline{L}_0(j\omega)$ aufgetragen, wobei der Betrag wegen $F_R=-1$ identisch ist zum Betrag der offenen Verstärkung $\underline{v}_0(j\omega)$ des OPV.

Dieser Operationsverstärker ist nicht universal-kompensiert und weist im Verstärkungsbereich oberhalb von 0 dB zwei Polfrequenzen auf. Deshalb liegt der Verstärkungsabfall im Bereich der Durchtrittsfrequenz ($f_D=10^7$ Hz) auch nur wenig unterhalb der Grenze von 40 dB/Dekade. Das vereinfachte Stabilitätskriterium (s. Abschn. 1.6) ist deshalb nur mäßig erfüllt und die aus Bild 1.8 ablesbare Phasenreserve beträgt nur $\varphi_{PM}\approx10°$.

Die Konsequenzen aus dieser geringen Stabilitätsreserve offenbaren sich dann sowohl im Frequenzgang der geschlossenen Verstärkung, Bild 1.9 als auch in der Sprungantwort des Spannungsfolgers, Bild 1.10.

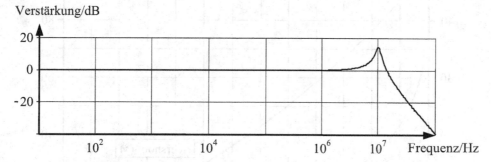

Bild 1.9   Spannungsfolger ($v=1$) mit LM108, Frequenzgang der Verstärkung

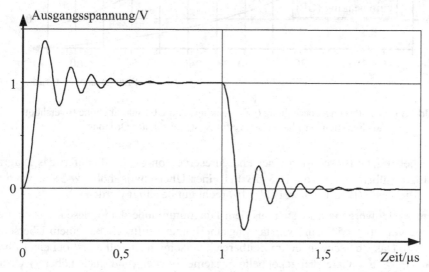

Bild 1.10   Spannungsfolger ($v=1$) mit LM108, Sprungantwort

Die Verstärkung weist im Bereich der Durchtrittsfrequenz bei $f_D \approx 10^7$ Hz eine deutliche Überhöhung (gain peaking) von etwa 15 dB auf, die für viele Anwendungen nicht akzeptabel sein wird. Im Zeitbereich zeigt die Sprungantwort einen ausgeprägten Einschwingvorgang mit einer Frequenz, die mit etwa 10^7 Hz der Durchtrittsfrequenz entspricht. Die maximale Amplitude (Überschwinghöhe, overshoot) liegt etwa 40% über dem Endwert, der im eingeschwungenen Zustand erreicht wird. Auch dieses Verhalten verbietet einen Einsatz dieses Verstärkertyps bei voller Gegenkopplung.

Diese Simulationsergebnisse sind auch dem Diagramm in Bild 1.11 zu entnehmen, in dem die Werte der Verstärkungsüberhöhung sowie die Höhe des Überschwingens der Sprungantwort für allgemeine Systeme 2. Ordnung in Abhängigkeit von der Phasenreserve aufgetragen sind.

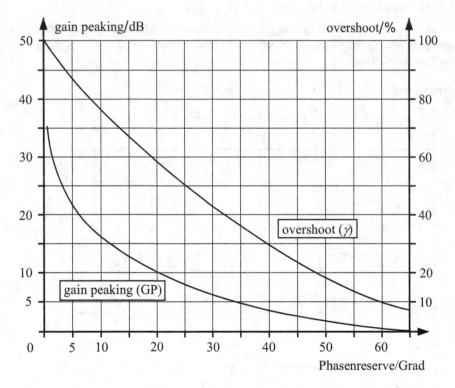

Bild 1.11 Verstärkungsüberhöhung (gain peaking) und Überschwinghöhe (overshoot)
als Funktion der Phasenreserve für Systeme zweiter Ordnung

Für das hier behandelte Beispiel mit einer Phasenreserve von $\varphi_{PM}=10°$ liefert das Diagramm eine Verstärkungsüberhöhung von 16,3 dB bei einer Überschwinghöhe $\gamma=38\%$, womit die Simulationsergebnisse (Bild 1.9 bzw. Bild 1.10) recht gut bestätigt werden.

Als wichtige Systemvorgabe lässt sich aus dem Diagramm außerdem ablesen, dass bei einer Phasenreserve von etwa 65° keine Verstärkungsüberhöhung auftritt – bei einem Überschwingen von $\gamma=8\%$. Das Überschwingen im Zeitbereich verschwindet völlig erst bei einer Phasenreserve von 76,3°. Für viele rückgekoppelte Systeme zweiter (und auch höherer) Ordnung wird deshalb für die Phasenreserve ein Mindestwert von $\varphi_{PM} \approx 60°...65°$ angestrebt.

1.9   Gibt es mehrere *Nyquist*-Stabilitätskriterien?

Es gibt nur ein einziges unter diesem Namen bekannt gewordenes Kriterium zur Kennzeichnung der Stabilitätseigenschaften eines rückgekoppelten Systems. Das Prinzip besteht darin, die Stabilität eines geschlossenen Kreises aus dem Verhalten des geöffneten Rückkopplungskreises zu beurteilen. Auf diese Weise umgeht man die oft aufwendige Berechnung der Pole bei geschlossener Schleife, deren Realteil bei stabilen Systemen stets negativ sein muss.

Allerdings findet man in der Fachliteratur eine ganze Reihe unterschiedlicher Formulierungen für dieses Kriterium. Dazu kommt, dass unter bestimmten Voraussetzungen auch vereinfachte Betrachtungen erlaubt sind. Es erscheint deshalb lohnenswert und sinnvoll, hier einen kurzen Überblick über die verschiedenen Formen und Formulierungen des *Nyquist*-Kriteriums zu geben.

1.9.1 Theoretischer Hintergrund

Die theoretische Grundlage dieses bereits 1932 von *Nyquist* angegebenen Kriteriums bildet ein Satz aus der Theorie komplexer Funktionen: Das Residuen-Theorem von *Cauchy* [1][2] über die Pol- und Nullstellenverteilung einer Funktion $\underline{F}(s)$.

Danach wird ein beliebiger geschlossener Kurvenzug Σ aus der komplexen s-Ebene abgebildet in die $\underline{F}(s)$-Ebene durch eine ebenfalls geschlossene Kurve Γ, wobei Form und Verlauf von Γ einen Rückschluss auf die Zahl der Pole und Nullstellen innerhalb des Σ-Gebietes der s-Ebene erlauben. Erfasst und beschrieben wird der Γ-Verlauf dabei durch den Winkel, den ein Zeiger vom Koordinatenursprung der $\underline{F}(s)$-Ebene zur Γ-Kontur überstreicht. Der daraus folgende Satz wird hier ohne Beweis angegeben:

> Weist eine Funktion $\underline{F}(s)$ innerhalb eines geschlossenen Kurvenzuges Σ in der s-Ebene z Nullstellen und p Polstellen auf, so umläuft die zugehörige Kurve Γ in der $\underline{F}(s)$-Ebene den Koordinatenursprung genau $(z-p)$-mal im mathematisch negativen Sinn (Uhrzeigerrichtung).

Bei der Stabilitätsprüfung wird dieser Satz auf die Übertragungsfunktion der offenen Schleife – also auf die Schleifenverstärkung $\underline{L}_0(s)$ – angewendet.

Besondere Bedeutung haben diese Stabilitätsbetrachtungen für Regelkreise, bei denen das zu regelnde System (Regelstrecke) mit der zugehörigen Steuereinheit (Regler mit Mess- und Stellglied) in einer Schleife zusammengeschaltet wird. Die weiteren Überlegungen gehen deshalb von dem in der Regelungstechnik gebräuchlichen Standard-Regelkreis aus, dessen Blockschaltbild in Bild 1.12 wiedergegeben ist.

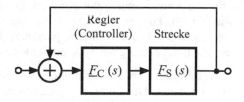

Bild 1.12   Standard-Regelkreis, Blockschaltbild

In Analogie zu Gl.(1.10) – jetzt aber unter Berücksichtigung des Minuszeichens an der Vergleichsstelle – gilt dann zwischen Ein- und Ausgang des Blockschaltbildes die Systemfunktion

$$\underline{H}(s) = \frac{\underline{Z}(s)}{\underline{N}(s)} = \frac{\underline{F}_C(s) \cdot \underline{F}_S(s)}{1 + \underline{F}_C(s) \cdot \underline{F}_S(s)} \qquad (1.17)$$

mit der komplexen Schleifenverstärkung (s. Abschn. 1.4)

$$\underline{L}_0(s) = -\underline{L}_0^*(s) = -\underline{F}_C(s) \cdot \underline{F}_S(s) \,.$$

Es ist unmittelbar ersichtlich, dass die Nullstellen der Nennerfunktion $\underline{N}(s)$ den Polen der Funktion $\underline{H}(s)$ sowie die Pole von $\underline{N}(s)$ auch den Polen von $\underline{L}_0(s)$ entsprechen. Aus praktischen Gründen ist es in der Regelungstechnik üblich, lediglich das Produkt der Einzelfunktionen $\underline{L}_0^*(s) = \underline{F}_C(s) \cdot \underline{F}_S(s)$ – also die negativ bewertete Schleifenverstärkung – im *Nyquist*-Diagramm zu untersuchen.

Es wird also der oben zitierte Satz auf die Funktion

$$\underline{L}_0^*(s) = \underline{F}_C(s) \cdot \underline{F}_S(s) = \underline{N}(s) - 1$$

angewendet, wobei hinsichtlich der Umlaufzahl der Koordinatenursprung nunmehr durch den kritischen Punkt „–1" (*Nyquist*-Prüfpunkt) ersetzt werden muss. Man vergleiche dazu auch die Ausführungen in Abschn. 1.5 und das Prinzip der invertierten Ortskurve, Bild 1.6(b), mit der Stabilitätsgrenze bei „– 1".

1.9.2 Das allgemeine Stabilitätskriterium

Mit der Forderung, dass die Funktion $\underline{N}(s)$ aus Stabilitätsgründen keine Nullstellen in der rechten *s*-Halbebene und damit die Funktion $\underline{L}_0^*(s) = \underline{N}(s) - 1$ keine Nullstellen „rechts von –1" aufweisen darf ($z = 0$), folgt aus dem oben zitierten Satz das allgemeine Stabilitätskriterium nach *Nyquist*. Dieses Kriterium gilt auch für instabile Funktionen $\underline{L}_0^*$ mit Polen in der rechten *s*-Halbebene. Für das *Nyquist*-Kriterium existieren zwei unterschiedliche Formulierungen: Das Umlauf-Kriterium und das Winkel-Kriterium (Schnittpunkt-Kriterium).

Umlaufkriterium

> Eine offene Kette von Übertragungsvierpolen, deren Elemente die Übertragungsfunktion $\underline{L}_0^*(j\omega)$ bilden, führt bei Schließung dann zu einem stabilen Regelkreis, wenn die geschlossene Ortskurve der Funktion $\underline{L}_0^*(j\omega)$ im Bereich $-\infty < \omega < +\infty$ den „*Nyquist*-Punkt" $(-1, j \cdot 0)$ der komplexen $\underline{L}_0^*$-Ebene genau *p*-mal im mathematisch positiven Sinn umschließt (im Gegenuhrzeigersinn). Dabei ist *p* die Anzahl der Pole von $\underline{L}_0^*$ in der rechten *s*-Halbebene.

Obwohl bei den meisten praktischen Anwendungen die Funktion $\underline{L}_0^*(s)$ keine Polstellen mit positivem Realteil besitzen wird ($p = 0$), können in Sonderfällen durchaus Instabilitäten der offenen Schleife auftreten – verursacht z. B. durch interne parasitäre Rückkopplungen. Eine Stabilisierung ist dann eventuell durch Schließung der äußeren Schleife möglich.

Hinweis. Normalerweise ist durch Messungen, Rechnung oder Simulation lediglich der $\underline{L}_0^*$-Verlauf für positive Werte von ω bekannt. Die komplette geschlossene *Nyquist*-Kontur (mit einem Kurventeil auch für negative ω) entsteht dann einfach durch Spiegelung des für positive Frequenzen gültigen Teils an der reellen Achse der komplexen Ebene.

Sonderfall. Enthält der offene Kreis ein integrierendes Element, so dass die Ortskurve für $\underline{L}_0{}^*$ bei $\omega = 0$ im Unendlichen liegt, kann durch die Spiegelung kein geschlossener Kurvenzug erzeugt werden. In diesem Fall ist deshalb die Schließung gedanklich zu vollziehen, indem ein Kreisbogen in mathematisch negativer Richtung (im Uhrzeigersinn) mit theoretisch unendlich großem Radius von 0_- nach 0_+ gebildet wird. Der Kreisbogen wird – unter vorzeichenrichtiger Berücksichtigung des Umlaufsinns – bei der Ermittlung der Umlaufzahl um den kritischen Punkt „–1" mitgezählt. Bei zwei Integrationen ist zusätzlich ein weiterer derartiger Umlauf zu berücksichtigen.

Winkelkriterium

Bei einer anderen gleichwertigen Formulierung des Kriteriums wird die Zahl der Umläufe durch die zugehörige Winkeldifferenz ausgedrückt, wobei nur positive Frequenzen berücksichtigt werden müssen:

> Ein geschlossener Regelkreis ist dann stabil, wenn die Winkeländerung $\Delta\varphi$ des Zeigers vom kritischen Punkt „–1" zum laufenden Punkt der Ortskurve $\underline{L}_0{}^*$ $(j\omega)$ im Bereich $0 < \omega < \infty$ die folgende Gleichung erfüllt:
>
> $$\Delta\varphi = \varphi\big|_{\omega \to \infty} - \varphi\big|_{\omega=0} = \pi \cdot \left(p + \frac{p_i}{2} \right).$$
>
> (p: Anzahl der Pole von $\underline{L}_0{}^*$ (s) mit positivem Realteil;
> p_i: Anzahl der Pole von $\underline{L}_0{}^*$ (s) auf der Im-Achse bzw. im Koordinatenursprung).

Bei der Anwendung des Kriteriums in dieser Form müssen alle Winkeländerungen vorzeichenrichtig erfasst werden.

Bode-Diagramm: Schnittpunkt-Kriterium

Wegen seiner weiten Verbreitung und seiner Anschaulichkeit liegt es nahe, das *Bode*-Diagramm zu Stabilitätsuntersuchungen heranzuziehen. Dabei werden die Forderungen des allgemeinen *Nyquist*-Kriteriums übertragen auf die separate Darstellung des Betrags- und des Phasenverlaufs von $\underline{L}_0{}^*$ $(j\omega)$. Entscheidend dabei sind eventuell auftretende Schnittpunkte der Ortskurve mit der negativ-reellen Achse links vom *Nyquist*-Punkt „–1", also für Beträge $|\underline{L}_0{}^*| > 1$. Dabei zeigt sich z. B. auch, dass bei zwei derartigen Schnittpunkten – gleichbedeutend mit einer Rückkehr des Phasenwinkels zu Werten unterhalb von 180° – Stabilität zwar nicht gesichert, aber durchaus möglich ist.

In diesem Zusammenhang ist die Richtung der Durchgänge der Ortskurve durch die negativ-reelle Achse – also durch die ±180°-Linie – von entscheidender Bedeutung. Diese Richtung wird deshalb durch folgende Definitionen erfasst:

- „Positiver" Schnittpunkt S^+: Übergang von der oberen in die untere Halbebene (ansteigender Phasenwinkel bei steigender Frequenz im *Bode*-Diagramm);
- „Negativer" Schnittpunkt S^-: Übergang von der unteren in die obere Halbebene (abfallender Phasenwinkel bei steigender Frequenz im *Bode*-Diagramm);
- Sonderfall: Wertung als „halber" Schnittpunkt $S^+/2$ (oder $S^-/2$) für einen Phasenwinkel, der bei kleinen Frequenzen –180° beträgt und mit der Frequenz ansteigt (bzw. noch negativer wird, oder für kleine Frequenzen bereits negativer ist als –180°).

Zusammen mit dem oben angegebenen Winkel-Kriterium folgt dann für die Darstellung von $\underline{L}_0^*(j\omega)$ im *Bode*-Diagramm der Satz:

Ein geschlossener Regelkreis ist dann stabil, wenn im *Bode*-Diagramm für $\underline{L}_0^*(j\omega)$ die im Bereich $|\underline{L}_0^*(j\omega)| > 0$ dB auftretenden Übergänge des Phasengangs durch die $\pm 180°$-Linie mit positivem (S^+) bzw. negativem (S^-) Vorzeichen folgende Bedingung erfüllen:

$$\Delta S = S^+ - S^- = p/2 \qquad \text{(für } p_i = 0, 1),$$

$$\Delta S = S^+ - S^- = (p+1)/2 \quad \text{(für } p_i = 2),$$

$$\Delta S = S^+ - S^- = 0 \qquad \text{(für } p = 0, \ p_i = 0).$$

(p: Anzahl der Pole von $\underline{L}_0^*(s)$ mit positivem Realteil;
p_i: Anzahl der Pole von $\underline{L}_0^*(s)$ auf der Im-Achse bzw. im Koordinatenursprung).

1.9.3 Das vereinfachte *Nyquist*-Kriterium

In der Praxis muss das Stabilitätskriterium relativ selten in seiner allgemeinen Form angesetzt werden, da der offene Kreis meistens stabil ist und also keine Pole mit positivem Realteil aufweist ($p=0$). Da außerdem jede reale Funktion $\underline{L}_0^*(j\omega)$ für $\omega \to \infty$ in den Koordinatenursprung einläuft, reicht zur Stabilitätsprüfung ein vereinfachtes und anwendungsfreundliches Kriterium aus. Für dieses vereinfachte *Nyquist*-Kriterium stehen wiederum unterschiedliche Formulierungen zur Auswahl.

Vereinfachtes Umlaufkriterium

Ein geschlossener Regelkreis ist dann stabil, wenn die als stabil vorausgesetzte Übertragungsfunktion der in Serie geschalteten Teilglieder zu einer geschlossenen Ortskurve $\underline{L}_0^*(j\omega)$ führt, die im Bereich $-\infty < \omega < +\infty$ den kritischen Punkt „-1" nicht umschließt.

Linke-Hand-Regel

Ein geschlossener Regelkreis ist dann stabil, wenn der kritische Punkt „-1" beim Durchlaufen einer Ortskurve von $\underline{L}_0^*(j\omega)$ im Bereich $0 < \omega < +\infty$ mit wachsender Frequenz links von der Ortskurve bleibt. Voraussetzung dabei ist, dass die als stabil angesetzte Funktion $\underline{L}_0^*(s)$ nicht mehr als zwei Pole bei $s=0$ besitzt (maximal zwei Integrationen, $p_i \leq 2$).

Sonderfall (Phasenrandkriterium)

Ein geschlossener Regelkreis ist dann stabil, wenn die als stabil vorausgesetzte Übertragungsfunktion $\underline{L}_0^*(j\omega)$ der in Serie geschalteten Teilglieder im Bereich $0 < \omega < +\infty$ zu einer Ortskurve führt, die den Einheitskreis um „-1" nur einmal schneidet und dieser Schnittpunkt in der unteren Halbebene liegt – der zugehörige Phasenwinkel also noch nicht die $180°$-Grenze erreicht hat. Damit ist die Phasenreserve positiv.

Anmerkung. Sofern die Ortskurve die negativ-reelle Achse mehrmals schneidet, würde für die Schnittpunkte, die links von „-1" liegen, die formale Ermittlung der Verstärkungsreserve fälschlicherweise Instabilität signalisieren. Folglich kann ein System auch bei einer negativen Verstärkungsreserve stabil sein: $|\underline{L}_0^*(j\omega)| > 0$ dB bei $\varphi_0 = -180°$.

Bode-Diagramm: Vereinfachtes Schnittpunkt-Kriterium

Für die Anwendung des Stabilitätskriteriums in seiner einfachsten Form (*Bode*-Diagramm) gelten für eine Auswertung folgende Voraussetzungen, die in der Praxis häufig erfüllt sind:

- Die Funktion $\underline{L}_0^*(s)$ ist stabil ($p=0$) und hat maximal eine doppelte Nullstelle im Nullpunkt (d. h. maximal zwei Integrationen);

- Es gibt nur einen Schnittpunkt der Betragsfunktion mit der 0-dB-Linie bei der Durchtrittsfrequenz $\omega=\omega_D$;

- Es gibt nur einen Schnittpunkt der Phasenfunktion mit der 180°-Linie bei der Frequenz $\omega=\omega_\pi$ (also ist $S^+=S^-=0$).

Unter diesen Voraussetzungen ist ein geschlossener Regelkreis dann stabil, wenn die bei $\omega=\omega_D$ ablesbare Phasenreserve und/oder die bei $\omega=\omega_\pi$ ablesbare Verstärkungsreserve positiv ist.

Weitere Vereinfachung. Sofern die Funktion $\underline{L}_0^*(j\omega)$ ein Mindestphasensystem ist – also keine Allpassglieder enthält, vgl. Abschn. 1.7 – ist dieses vereinfachte Kriterium identisch zur Forderung, dass die Neigung der Betragsfunktion $|\underline{L}_0^*(j\omega)|$ beim Durchgang durch die 0-dB-Linie an der Stelle $\omega=\omega_D$ geringer sein muss als 40 dB/Dekade.

1.9.4   Beispiel zum *Nyquist*-Kriterium

Ein Beispiel soll die korrekte Anwendung des *Nyquist*-Kriteriums verdeutlichen. Gegeben sei die Systemfunktion der geöffneten Schleife eines Regelkreises (Schleifenverstärkung):

$$\underline{L}_0(s) = -K\frac{s+0{,}1}{s(s-1)(s+10)},$$

$$\underline{L}_0^*(j\omega) = -\underline{L}_0(j\omega) = K\frac{j\omega+0{,}1}{j\omega(j\omega-1)(j\omega+10)}.$$

Der offene Kreis ist instabil mit einem Pol bei $s_p=+1$ und einem Pol im Koordinatenursprung. Zur Stabilitätsprüfung des geschlossenen Kreises ist deshalb das vollständige *Nyquist*-Kriterium in seiner allgemeinen Form mit $p=1$ und $p_i=1$ anzuwenden. Zu diesem Zweck zeigt Bild 1.13 die Ortskurve von $\underline{L}_0^*$ als *Nyquist*-Diagramm für drei Werte des konstanten Vorfaktors: $K=5, 10, 20$. Aus Gründen der Übersichtlichkeit ist der für negative Frequenzen gültige Teil der Ortskurve nur für den Fall $K=20$ dargestellt.

Umlaufkriterium

Wegen des Pols im Ursprung bei $s=0$ erfordert ein geschlossener Kurvenzug der Ortskurve für negative und positive ω-Werte die – gestrichelt eingetragene – Verbindung von $\omega=0_-$ nach $\omega=0_+$ im mathematisch negativer Richtung. Wird jetzt die gesamte Ortskurve von $\omega \to -\infty$ bis $\omega \to +\infty$ durchfahren, wird der Punkt „-1" nur für den Fall $K=20$ einmal im mathematisch positiven Sinn umlaufen. In Übereinstimmung mit dem Umlaufkriterium, Abschn. 1.9.2, und mit $p=1$ ist also der geschlossene Kreis für $K=20$ stabil. Da die Ortskurve den kritischen Punkt für $K=10$ gerade berührt, wird das hier untersuchte System also nur für $K>10$ stabil arbeiten. Für $K<10$ liegt der Punkt „-1" außerhalb der geschlossenen Ortskurve – gleichbedeutend mit Instabilität der geschlossenen Schleife.

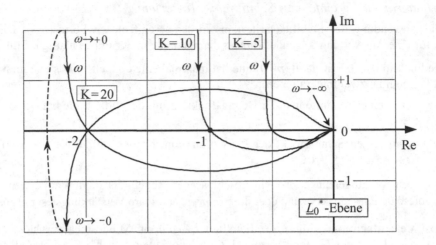

Bild 1.13 *Nyquist*-Diagramm zum Beispiel ($p=1$, $p_i=1$)

Winkelkriterium

Hier ist die Winkeldifferenz zu ermitteln, den ein Zeiger zwischen „–1" und dem positiven Ortskurventeil im Bereich zwischen $\omega=0$ und $\omega\to\infty$ überstreicht. Das Winkelkriterium aus Abschn. 1.9.2 fordert dafür mit $p=p_i=1$:

$$\Delta\varphi = \pi\cdot\left(p+\frac{p_i}{2}\right)=\frac{3}{2}\pi \;\to\; 270^\circ.$$

Eine Auswertung der drei Ortskurven ergibt nur für $K=20$ den korrekten Wert

$$\Delta\varphi = \varphi\big|_{\omega\to\infty}-\varphi\big|_{\omega=0} = 0-(-270^\circ) = 270^\circ \;\Rightarrow\; \text{stabil.}$$

Anmerkung. Die Ortskurven in Bild 1.13 kommen (beginnend bei $\omega=+0$) von oben aus dem Unendlichen. Aus diesem Grund ergibt sich für die Verbindung zwischen „–1" und dem Punkt auf der Ortskurve für den Grenzfall $\omega=0$ ein Winkel von -270°.

Schnittpunkt-Kriterium (Bode-Diagramm)

Die zu den Ortskurven in Bild 1.13 gehörenden *Bode*-Diagramme zeigt Bild 1.14. Mit $p=p_i=1$ und unter Berücksichtigung des Phasenwinkels von -270° bei $\omega=0$ erhält man für $K=20$ im Bereich $|\underline{L}_0^*|>0$ dB die zur Stabilitätsprüfung erforderlichen Schnittpunkt-Informationen, vgl. Abschn. 1.9.2:

$$\Delta S = S^+ - S^- = p/2 = 1/2 \quad \text{(für } p_i = 0,\ 1),$$
$$\Delta S = 1-1/2 = 1/2 \;\Rightarrow\; \text{stabil.}$$

Aus den *Bode*-Diagrammen wird deutlich, dass die Phasenfunktion im Bereich $|\underline{L}_0^*|>0$ dB nur für $K>10$ durch die 180°-Linie läuft (mit $S^+=1$), d. h. für alle Werte $K\leq10$ kann mit $S^+=0$ die Stabilitätsbedingung nicht erfüllt werden.

Anmerkung. Es sei noch einmal darauf hingewiesen, dass für dieses Beispiel mit einer instabilen offenen Schleife ($p=1$) die Anwendung des vereinfachten Stabilitätskriteriums durch Ermittlung der Verstärkungs- bzw. Phasenreserve zu einem falschen Ergebnis geführt hätte. Den Diagrammen ist zu entnehmen, dass der Betrag der Schleifenverstärkung $\underline{L}_0{}^*(\mathrm{j}\omega)$ für $K=20$ bei $f=f_\pi$ (Phasendrehung 180°) größer ist als 0 dB; trotzdem arbeitet der geschlossene Kreis im stabilen Bereich.

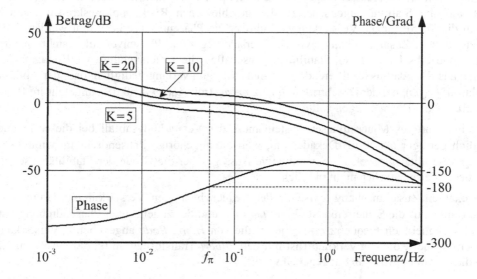

Bild 1.14 *Bode*-Diagramme zum Beispiel ($p=1$, $p_\mathrm{i}=1$)

1.10 Was versteht man unter bedingter Stabilität?

Viele rückgekoppelte Anordnungen arbeiten nur stabil, sofern die Verstärkung innerhalb der Schleife einen bestimmten Maximalwert nicht überschreitet. In der Praxis sind damit jedoch keine besonderen Risiken verbunden, da eine versehentliche oder ungewollte Erhöhung der Verstärkung normalerweise ausgeschlossen werden kann.

Als kritisch dagegen sind solche Systeme anzusehen, die instabil werden können, sobald die Grundverstärkung unter einen bestimmten Grenzwert fällt. Gründe dafür sind z. B. Alterungserscheinungen, Ausfälle bzw. Verringerung von Versorgungsspannungen oder andere nicht vorhersehbare und unbeabsichtigte Änderungen der Betriebsbedingungen. Derartige Systeme werden gemeinhin als „bedingt stabil" bezeichnet (conditionally stable).

Dieser Fall kann besonders dann auftreten, wenn der offene Kreis einen Pol mit positivem Realteil aufweist – also instabil ist – und erst durch Schließung der Regelschleife stabilisiert werden kann. Das in Abschnitt 1.9.4 hinsichtlich seiner Stabilitätseigenschaften untersuchte System ist ein Beispiel für so einen bedingt stabilen Regelkreis. Die Anwendung des *Nyquist*-Kriteriums und die Auswertung der Darstellungen in Bild 1.14 haben nämlich ergeben, dass Stabilität nur für Verstärkungsfaktoren $K>10$ sichergestellt werden kann.

1.11 Sind Betrags- und Phasenverlauf voneinander abhängig?

Eine besonders einfache und anschauliche Methode zur Beurteilung der Stabilität eines rück-gekoppelten Systems besteht darin, Betrag und Phase der Verstärkung $\underline{L}_0(\mathrm{j}\omega)$ des aufgeschnit-tenen Kreises (Schleifenverstärkung) in Abhängigkeit von der Frequenz gemeinsam in Form eines *Bode*-Diagramms darstellen zu lassen von einem geeigneten PC-Simulationsprogramm.

Unter bestimmten Voraussetzungen (s. dazu Abschn. 1.9.3) kann man aus dieser Darstellung dann auf die Stabilitätseigenschaften des geschlossenen Rückkopplungskreises schließen, indem die Werte für die Verstärkungs- und/oder die Phasenreserve bestimmt werden. Sofern ein eindeutiger Zusammenhang zwischen Verstärkungs- und Phasenverlauf besteht, reicht für eine grobe Abschätzung der Stabilitätseigenschaften die Untersuchung der Betragsfunktion alleine aus. Das daraus resultierende Stabilitätskriterium verlangt lediglich, dass der Abfall der Funktion $|\underline{L}_0(\mathrm{j}\omega)|$ bei der Durchtrittsfrequenz $\omega=\omega_\mathrm{D}$ (mit $|\underline{L}_0(\mathrm{j}\omega_\mathrm{D})|=0$ dB) ungefähr im Bereich von 20...30 dB/Dekade liegen sollte.

Für ein derartiges Mindestphasen-System muss der Verstärkungsabfall bei dieser Frequenz deutlich geringer als 40 dB/Dekade sein, weil die zugehörige Phasendrehung bereits $-180°$ beträgt (Stabilitätsgrenze). Eine quantitative Aussage über die Größe der Stabilitätsreserve ist auf diese Weise natürlich nicht möglich.

Den exakten Zusammenhang zwischen der frequenzbedingten Verstärkungsänderung – hier angewendet auf die Schleifenverstärkung $\underline{L}_0(\mathrm{j}\omega)$ – und der zugehörigen Phasendrehung $\varphi_0(\omega)$ bei einer beliebigen Frequenz $\omega=\omega_\mathrm{x}$ liefert die von *H. W. Bode* angegebene „Verstärkungs-Phasen-Formel", die eng verknüpft ist mit der *Hilbert*-Transformation (s. dazu Abschn. 1.20) und die hier ohne Ableitung angegeben wird:

$$\varphi_0\left(\omega=\omega_\mathrm{x}\right)=\frac{1}{\pi}\int\limits_{u=-\infty}^{u=+\infty}\frac{\mathrm{d}A}{\mathrm{d}u}\cdot\lg\left|\frac{\omega+\omega_\mathrm{x}}{\omega-\omega_\mathrm{x}}\right|\mathrm{d}u\approx\frac{\pi}{2}\frac{\mathrm{d}A}{\mathrm{d}u}\ ,\tag{1.18}$$

$$\text{mit}\quad u=\lg\left(\frac{\omega}{\omega_\mathrm{x}}\right)\quad\text{und}\quad A=\lg\left|\underline{L}_0(\mathrm{j}\omega)\right|.$$

Nach dieser Formel wird die Phasendrehung bei $\omega=\omega_\mathrm{x}$ also bestimmt durch den geometrisch zu ermittelnden Anstieg der Verstärkungsfunktion, wobei sowohl die Verstärkung als auch die Frequenz im logarithmischen Maßstab anzusetzen sind. Für das Verständnis dieser Formel ist die Erkenntnis hilfreich, dass wegen der Logarithmusfunktion die angegebenen Integrations-grenzen den Bereich von $\omega=0$ bis $\omega\to\infty$ abdecken.

Beispielsweise hat eine integrierende Funktion $\underline{L}_0(\mathrm{j}\omega)=1/\mathrm{j}\omega T$, bei der eine Verzehnfachung der Frequenz zu einer Verstärkungsabnahme um den Faktor 10 (entsprechend 20 dB) führt, den Anstieg $\mathrm{d}A/\mathrm{d}u=-1$ (bzw. -20 dB/Dekade) und deshalb eine Phasendrehung $\varphi_0=-\pi/2$.

In Gl. (1.18) kann der Ausdruck $\lg|(\omega+\omega_\mathrm{x})/(\omega-\omega_\mathrm{x})|$ unter dem Integral aufgefasst werden als „Gewichtsfunktion" $F_\mathrm{G}(\omega)$, die sich sowohl für ganz kleine als auch für sehr große Frequenzen dem Wert Null nähert und bei $\omega=\omega_\mathrm{x}$ über alle Grenzen wächst ($F_\mathrm{G}\to\infty$). Diese Selektivität der Funktion F_G im Bereich um ω_x führt dazu, dass der Verstärkungsabfall bei und in direkter Umgebung von ω_x sehr viel mehr zur Phasenverschiebung beiträgt als die weiter entfernten Anteile, deren Einfluss bei größer oder kleiner werdender Frequenz immer geringer wird.

Der physikalische Hintergrund von Gl. (1.18) ist die Tatsache, dass der Verstärkungsabfall verursacht wird von (zumeist) kapazitiven Einflüssen, die gleichzeitig und in vorhersehbarer Weise auch die Phasenfunktion bestimmen. Grundvoraussetzung für die Anwendbarkeit des erwähnten vereinfachten Stabilitätskriteriums ist damit also die Forderung, dass alle Phasendrehungen auch in entsprechenden Betragsänderungen zum Ausdruck kommen. Gerade diese Voraussetzung ist nun aber nicht erfüllt, sofern im rückgekoppelten System Laufzeiten zu berücksichtigen sind, welche – wie in Abschn. 1.7 dargelegt – keinen oder keinen eindeutigen Zusammenhang mit dem Betragsverlauf aufweisen.

Als Beispiel dafür sind in Bild 1.15 die Phasendrehungen sowohl für ein Element mit reiner Laufzeitverzögerung, Gl. (1.14), als auch für ein Allpassglied ersten Grades nach Gl. (1.16) in Abhängigkeit von der Frequenz dargestellt – und zwar jeweils für $\tau = 1$ µs.

Die Phasenfunktion für das Verzögerungsglied wird aus der Übertragungsfunktion, Gl. (1.14), ermittelt:

$$\varphi(\omega) = \arctan\left(-\frac{\mathrm{Im}\left(e^{-j\omega\tau}\right)}{\mathrm{Re}\left(e^{-j\omega\tau}\right)}\right) = -\omega\tau \quad \text{(mit } \varphi \text{ in rad/s)}.$$

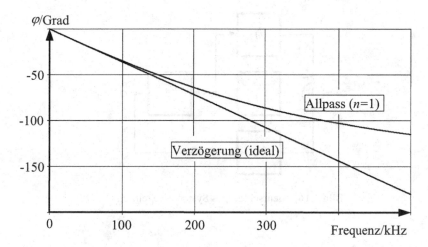

Bild 1.15   Phasenfunktionen für ideales Verzögerungsglied ($\tau = 1$ µs) und Allpass ersten Grades

Vor dem Hintergrund der in Abschn. 1.7 angesprochenen Polverteilung von Allpassgliedern und anderen Elementen mit Laufzeiteffekten ist deshalb bei der Anwendung des vereinfachten Stabilitätskriteriums im *Bode*-Diagramm die folgende Einschränkung zu beachten:

Das vereinfachte Schnittpunkt-Kriterium aus Abschn. 1.9.3 mit der alleinigen Auswertung der Neigung der Betragsfunktion bei der Durchtrittsfrequenz ω_D ist nur anwendbar unter der Voraussetzung, dass die zu untersuchende Funktion $|\underline{L}_0(j\omega)|$ stabil ist und außerdem keine Allpasselemente enthält – also ein Mindestphasen-System ist, welches keine Nullstellen oder Pole mit positivem Realteil aufweist.

1.12 Wie prüft man die Stabilität mehrschleifiger Systeme?

Unter dem Oberbegriff „Blockschaltbild-Algebra" sind in allen einschlägigen Lehr- und Fachbüchern – speziell zur Regelungstechnik – Rechenregeln zusammengestellt, mit deren Hilfe jede Anordnung, die mehrere Rückkopplungspfade beinhaltet, in ein äquivalentes System mit nur einer Rückkopplungsschleife überführt werden kann. Die Äquivalenz bezieht sich dabei auf die Übertragungsfunktion bei geschlossener Schleife.

Wie das folgende Beispiel zeigt, gibt es grundsätzlich aber immer mehrere Alternativen bei der Anwendung dieser Rechenregeln zur Reduktion eines mehrschleifigen Systems. Es ist deshalb zu untersuchen, ob diese unterschiedlichen Vorgehensweisen auch hinsichtlich der Stabilitätsprüfung als gleichwertig anzusehen sind.

1.12.1 Beispiel: Regelkreis mit zwei Rückführungen

Es soll das in Bild 1.16 skizzierte System in einen gleichwertigen Regelkreis mit nur einem Rückkopplungspfad überführt werden, um so die Schleifenverstärkung zu ermitteln mit dem Ziel, eines der Stabilitätskriterien aus Abschn. 1.9 anwenden zu können. Es hat sich gezeigt, dass es bei diesem Beispiel drei unterschiedliche Wege bei der Anwendung der Umformungsregeln gibt.

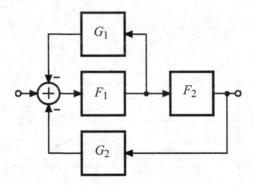

Bild 1.16 Mehrschleifiges System (Regelkreis)

Weg 1

Wenn der Eingang für G_1 nicht bei F_1, sondern am Ausgang von F_2 angeschlossen wird, muss G_1 zur Korrektur dieser Änderung durch F_2 dividiert werden. Damit ist die Serienschaltung F_1F_2 über die beiden parallel liegenden Zweige G_2 bzw. G_1/F_2 rückgekoppelt, die dann durch Addition in einen einzigen Rückkopplungspfad (G_2+G_1/F_2) zusammengefasst werden können. Damit ist die Schleifenverstärkung des nunmehr einschleifigen Kreises

$$L_{0,1} = -F_1F_2\left(G_2 + G_1/F_2\right) = -(F_1G_1 + F_1F_2G_2).$$

Durch direkten Vergleich mit der Standardform für rückgekoppelte Systeme, Gl. (1.10), kann auch die Übertragungsfunktion sofort angegeben werden:

$$H_1 = \frac{F_1F_2}{1 + F_1F_2\left(G_2 + G_1/F_2\right)} = \frac{F_1F_2}{1 + F_1F_2G_2 + F_1G_1}. \tag{1.19}$$

Weg 2

Wenn zuerst die kleine Schleife aus F_1 und G_1 eliminiert – d. h. durch einen neuen Block mit der Funktion $F_1/(1+F_1G_1)$ ersetzt – wird, ist ein einschleifiges System entstanden mit der Schleifenverstärkung

$$L_{0,2} = -\frac{F_1 F_2 G_2}{1 + F_1 G_1}$$

und der resultierenden Übertragungsfunktion

$$H_2 = \frac{\dfrac{F_1 F_2}{1 + F_1 G_1}}{1 + \dfrac{F_1 F_2 G_2}{1 + F_1 G_1}} = \frac{F_1 F_2}{1 + F_1 F_2 G_2 + F_1 G_1}.$$

Weg 3

Als dritte Möglichkeit der Umwandlung wird der Eingang von G_2 nicht am Ausgang von F_2, sondern nun am Ausgang von F_1 angeschlossen. Gleichzeitig muss G_2 mit F_2 multipliziert werden. Damit ist nun der Block F_1 über die beiden Zweige G_1 bzw. F_2G_2 rückgekoppelt. Wenn jetzt die F_2G_2-Schleife eliminiert wird, entsteht der Block $F_1/(1+F_1F_2G_2)$, der zusammen mit G_1 eine Rückkopplungsschleife bildet mit

$$L_{0,3} = -\frac{F_1 G_1}{1 + F_1 F_2 G_2}.$$

Der außerhalb der Schleife liegende Block F_2 muss bei der Aufstellung der Gesamt-Übertragungsfunktion als Faktor berücksichtigt werden:

$$H_3 = \frac{\dfrac{F_1}{1 + F_1 F_2 G_2}}{1 + \dfrac{F_1 G_1}{1 + F_1 F_2 G_2}} \cdot F_2 = \frac{F_1 F_2}{1 + F_1 F_2 G_2 + F_1 G_1}.$$

■

Auswertung

Alle drei Alternativen zur Vereinfachung der mehrschleifigen Anordnung aus Bild 1.16 haben auf einen einschleifigen Regelkreis mit drei identischen Übertragungsfunktionen geführt: $H_1 = H_2 = H_3$.

Dieses Ergebnis war zu erwarten, da diese Strukturvereinfachung – bei korrekter Anwendung der Umwandlungsregeln – zu keiner Veränderung des Übertragungsverhaltens führen darf. Bemerkenswert ist allerdings, dass sich in allen drei Fällen unterschiedliche Ausdrücke für die Schleifenverstärkung ergeben haben: $L_{0,1} \neq L_{0,2} \neq L_{0,3}$.

Diese überraschende Tatsache lässt sich aber leicht erklären, wenn man die Definition der Schleifenverstärkung heranzieht, nach der die Rückkopplungsschleife an einer beliebigen Stelle zwecks Einspeisung eines Testsignals aufgetrennt werden muss. Wird diese Definition auf eine Rückkopplungsstruktur mit n Schleifen – ohne Systemvereinfachung – angewendet, muss es natürlich auch n unterschiedliche Ausdrücke für die n Schleifenverstärkungen geben.

Im vorliegenden Fallbeispiel, Bild 1.16, gibt es grundsätzlich drei Möglichkeiten zur Öffnung der Schleife(n):

- Gleichzeitige Öffnung beider Teilschleifen (direkt vor oder hinter F_1),
- Öffnung nur der unteren Schleife (z. B. zwischen F_2 und G_2),
- Öffnung nur der oberen Schleife (vor oder hinter G_1).

Wenn die drei Schleifenverstärkungen, die sich aus diesen drei Möglichkeiten ergeben, unter Zugrundelegung der erwähnten Definition ermittelt werden, ergeben sich in dieser Reihenfolge genau die drei zuvor auf dem Wege der Blockschaltbild-Vereinfachung (Weg 1, 2 bzw. 3) gefundenen Funktionen.

Zusammenfassung. Können in einer Rückkopplungsstruktur n unterschiedliche Schleifen identifiziert werden, existieren auch n verschiedene Schleifenverstärkungen. Diese können auch auf dem Wege der Blockschaltbild-Vereinfachung gefunden werden, da es genau n unterschiedliche Strategien gibt, die Originalstruktur in einen einschleifigen Kreis zu überführen.

1.12.2   Stabilitätsprüfung

Die Anwendung des Stabilitätskriteriums nach *Nyquist* in einer der möglichen Formulierungen aus Abschn. 1.9 kann bei mehrschleifigen Strukturen zwei Zielsetzungen haben:

- Feststellung der Stabilitätsreserve für jede einzelne Schleife (zwecks Entscheidung darüber, ob zufällige Verstärkungs-, Laufzeit- oder Phasenänderungen innerhalb jeder Schleife das geschlossene System in den instabilen Bereich bringen können);

- Identifizierung einer „dominanten" Schleife, deren Stabilitätsreserve zwecks Verbesserung der Übertragungseigenschaften des geschlossenen Systems erhöht werden soll.

Im ersten Fall ist dann natürlich jede einzelne der n Schleifen bzw. ihre Übertragungsfunktion (Schleifenverstärkung) separat zu untersuchen, wobei die jeweils anderen Schleifen geschlossen bleiben müssen.

Einen Sonderfall stellt in diesem Zusammenhang eine Struktur dar, die über zwei separate und parallel angeordnete Rückkopplungspfade – eventuell mit zwei verschiedenen Vorzeichen (Kombination aus Mit- und Gegenkopplung) – verfügt, die beide an einen gemeinsamen Auskopplungsknoten angeschlossen sind. In diesem Fall sind die Übertragungsfunktionen beider Schleifen zu kombinieren, was einer gleichzeitigen Öffnung beider Schleifen und der additiven Zusammenfassung zu einer einzigen Schleife entspricht. Ein bekanntes Beispiel dafür aus der Elektronik wird in Abschn. 3.6 angesprochen.

Oftmals können in einem mehrschleifigen System aber eine oder auch mehrere lokale Rückkopplungsschleifen sowie zusätzlich eine „über-alles-Rückkopplung" identifiziert werden. In diesem Fall kann man normalerweise dann davon ausgehen, dass die lokalen Schleifen auch mit relativ kleinen Zeitkonstanten ausgestattet sind, denn eine schnelle Reaktionsfähigkeit ist zumeist auch der eigentliche Grund für die Existenz derartiger kurzer Rückkopplungswege. Das Übertragungsverhalten des Systems wird dann primär durch die „langsame" äußere Schleife bestimmt, deren Phasen- und/oder Verstärkungsreserve ermittelt und gegebenenfalls erhöht werden muss.

Als Beispiel dafür kann wieder die Anordnung in Bild 1.16 herangezogen werden mit einer dominierenden Rückkopplungsschleife aus F_{1R}, F_2 und G_2, wobei F_{1R} dann durch die lokale Gegenkopplung bestimmt wird: $F_{1R}=F_1/(F_1+G_1)$.

1.13 Ist die Schleifenverstärkung aus der Systemfunktion ablesbar?

Im vorigen Abschnitt wurde eine Struktur untersucht, die über drei Rückkopplungsschleifen mit drei unterschiedlichen Schleifenverstärkungen $\underline{L}_0(s)$ verfügt. Diese drei Funktionen $\underline{L}_0(s)$ können bei bekannter Systemfunktion

$$\underline{H}(s) = \frac{\underline{Z}(s)}{\underline{N}(s)} = \frac{\underline{Z}(s)}{1 - \underline{L}_0(s)}$$

auch durch Vergleich mit dem Nenner $\underline{N}(s)$ direkt abgelesen werden, sofern dieser in Normalform (mit der „1" als Konstantglied) erscheint. Es kann leicht überprüft werden, dass alle drei Schleifenverstärkungen $\underline{L}_0$ aus Abschn. 1.12 aus den drei möglichen Normalformen abzuleiten sind, wenn Zähler und Nenner der Funktion $\underline{H}(s)$, Gl. (1.19), zuvor durch einen „passenden" Ausdruck dividiert worden sind. Was aber bedeutet in diesem Zusammenhang „passend"?

Es muss nämlich betont werden, dass diese Vorgehensweise keine eindeutigen Ergebnisse liefern kann, da durch mathematisch einwandfreie Manipulationen auch Formen des Nenners möglich sind, die zu keiner realen Schleifenverstärkung führen. So würde beispielsweise eine Division von Zähler und Nenner bei Gl. (1.19) durch das Produkt $F_1 G_1$ ebenfalls eine Normalform ergeben, aus der aber durch den formalen Ansatz $\underline{L}_0(s) = 1 - \underline{N}(s)$ keine Funktion abgeleitet werden kann, die zu einer der Schleifen des zugehörigen Blockschaltbildes, Bild 1.16, gehört:

$$H = \frac{F_1 F_2}{1 + F_1 F_2 G_2 + F_1 G_1} = \frac{\dfrac{F_2}{G_1}}{1 + \dfrac{1}{F_1 G_1} + \dfrac{F_2 G_2}{G_1}} \xrightarrow[\quad L_0 = 1 - \text{Nenner} \quad]{\text{formal}} L_{0,\text{fiktiv}} = -\frac{1}{F_1 G_1} - \frac{F_2 G_2}{G_1}.$$

Wie das folgende Beispiel zeigt, ist es sogar bei einem einfachen System mit Rückkopplung – ohne zusätzliche Informationen (Grundverstärkung, Rückkopplungsfaktor, Schaltung, Blockschaltbild) – problematisch, auf die zugehörige Schleifenverstärkung schließen zu wollen.

Beispiel

Für einen einfachen idealisierten und in seinen Eigenschaften von der Frequenz unabhängigen Verstärker v_0 mit dem Gegenkopplungsfaktor F_R sei die resultierende Gesamtverstärkung über folgenden Ausdruck zahlenmäßig bekannt:

$$v = \frac{1000}{1 + 0{,}1 \cdot 1000} = \frac{10}{1 + 0{,}001 \cdot 10} = 9{,}90099.$$

Der Vergleich mit der allgemeinen Form nach Gl. (1.10)

$$v = \frac{v_0}{1 - L_0} = \frac{v_0}{1 - F_R v_0} = 9{,}90099$$

zeigt, dass der Verstärkungswert $v = 9{,}90099$ z. B. durch $v_{01} = 1000$ mit $F_{R1} = -0{,}1$ oder auch – nach Division durch 100 – durch $v_{02} = 10$ mit $F_{R2} = -0{,}001$ entstanden sein kann. Trotz gleicher Gesamtverstärkung ergeben sich für die Schleifenverstärkung damit dann unterschiedliche Werte:

$$F_{R1} v_{01} = L_{01} = -100 \quad \text{bzw.} \quad F_{R2} v_{02} = L_{02} = -0{,}01.$$

1.14 Ist der gegengekoppelte Verstärker ein Regelkreis?

Bei einem Regelkreis wird die Ausgangsgröße („Ist-Zustand") in geeigneter Form auf den Systemeingang rückgeführt, um dort durch Vergleich mit der Führungsgröße („Soll-Zustand") ein Korrektursignal zu erzeugen, welches vorzeichenrichtig auf das Stellglied im Kreis einwirkt und den Unterschied zwischen Soll- und Ist-Zustand (Regelfehler) reduziert – auch bei variabler Führungsgröße (Folgeregelung).

Bei einem gegengekoppelten Verstärker wird ein Teil des Ausgangssignals auf den Eingang rückgeführt und dort mit dem eigentlichen Eingangssignal überlagert. Da der rückgekoppelte Anteil in Gegenphase zum Eingangssignal ist, ist diese Überlagerung – wie der Soll-Ist-Vergleich beim Regelkreis – gleichbedeutend mit einer Differenzbildung.

Deshalb kann jeder Verstärker mit Gegenkopplung – ausgehend von dem Blockschaltbild in Bild 1.17 – auch als Regelkreis aufgefasst werden. Der Block „Wandler" in der Rückführung wird oft auch der zu regelnden Strecke zugerechnet und hat allgemein die Aufgabe, ein zur Ausgangsgröße proportionales Signal zwecks Vergleich mit der Sollgröße zu erzeugen. In der Verstärkertechnik wird diese Einheit durch das externe Rückkopplungsnetzwerk F_R gebildet; alle anderen Teile – einschließlich der Differenzbildung – sind Bestandteile des Verstärkers.

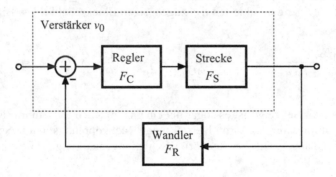

Bild 1.17 Verstärker mit Rückkopplung als Regelkreis

Ausgehend von Gl. (1.17) ist die Verstärkung vom Eingang zum Ausgang

$$v = \frac{F_C \cdot F_S}{1 + F_C \cdot F_S \cdot F_R} = \frac{v_0}{1 + v_0 F_R}. \qquad (1.20)$$

Die folgenden Beispiele zeigen, dass diese Betrachtungsweise eine einfache und durchsichtige Berechnung des Verstärkers ermöglicht und darüber hinaus besonders hilfreich sein kann bei der Identifizierung der eigentlichen Rückkopplungsschleife und der Schleifenverstärkung.

Beispiel 1: Invertierende Schaltung mit Operationsverstärker (OPV)

Der Übergang von der elektronischen Schaltung zur regelungstechnischen Darstellung wird zunächst demonstriert am Beispiel eines invertierenden Verstärkers, Bild 1.18. Die im Zusammenhang mit Bild 1.4 definierten Ein- und Rückkopplungsfaktoren F_E bzw. F_R werden hier nur durch die beiden Widerstände R_1 und R_2 bestimmt:

$F_E = R_2/(R_1 + R_2) = 1 - F_R$ und $F_R = R_1/(R_1 + R_2)$.

Der Differenzeingang des Operationsverstärkers entspricht dem Eingangssummierer in Bild 1.18(b), der aus dem Soll-Ist-Vergleich das Fehlersignal bildet. Das zweite Summierglied hat die Aufgabe, gemäß Überlagerungssatz die Spannung am invertierenden Eingang als Summe aus Eingangs- und Rückkopplungsanteil nachzubilden. Beide Summierglieder können dann zusammengefasst werden, wobei das Minuszeichen – in Übereinstimmung mit den Regeln zur Umwandlung von Blockdarstellungen – beim Verstärkungswert berücksichtigt wird, Bild 1.18(c).

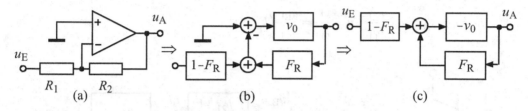

(a)   (b)   (c)

Bild 1.18 OPV-Inverter in regelungstechnischer Darstellung

Aus regelungstechnischer Sicht soll die mit F_R multiplizierte Spannung u_A der mit dem Faktor $(1-F_R)$ multiplizierten Eingangsspannung u_E nachgeführt werden. Für die Verstärkung ergibt sich mit Gl. (1.20) und unter Berücksichtigung des Vorfaktors dann der bekannte Ausdruck

$$v = \frac{u_A}{u_E} = \left(1-F_R\right)\frac{-v_0}{1+v_0 F_R} \xrightarrow{v_0 \to \infty} -\frac{1-F_R}{F_R} = 1-\frac{1}{F_R} = -\frac{R_2}{R_1}.$$

Beispiel 2: Nicht-invertierende Schaltung mit Stromrückkopplungs-Verstärker

Zur Untersuchung der Stabilitätseigenschaften von Stromrückkopplungs-Verstärkern (Current-Feedback Amplifier, CFA) wird die Schleifenverstärkung herangezogen, deren Ermittlung über die regelungstechnische Darstellung besonders einfach wird. Nähere Erläuterungen zur Schaltung in Bild 1.19(a) und zur Ableitung des Rückkopplungsmodells in Bild 1.19(b) enthält Abschn. 3.20. Da beim CFA die steuernde Eingangsgröße ein Strom (i_D) ist, werden – analog zur offenen OPV-Verstärkung v_0 – die Übertragungseigenschaften durch die Transimpedanz $\underline{Z}_{TR}(j\omega)$ beschrieben.

Damit muss der Rückkopplungs-„Faktor" F_R die Einheit $1/\Omega$ haben. Für das Beispiel des Nicht-Inverters ist $F_R = -1/R_2$ und damit die aus Bild 1.19(b) ablesbare Schleifenverstärkung

$$\underline{L}_0 = \underline{Z}_{TR}\cdot F_R = -\underline{Z}_{TR}/R_2.$$

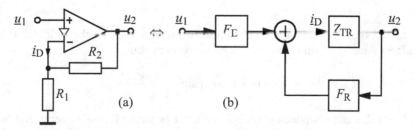

(a)   (b)

Bild 1.19 Stromrückkopplungs-Verstärker als Nicht-Inverter,
(a) Schaltbild, (b) Rückkopplungsmodell

Beispiel 3: Transistor in Kollektorschaltung

Bei einem Bipolartransistor in Kollektorschaltung, Bild 1.20(a), ist die Rückkopplungsschleife durch reines Betrachten der Schaltung nicht zu identifizieren. Aus diesem Grunde ist eine regelungstechnische Darstellung wie in Bild 1.20(b) besonders sinnvoll. Zu diesem Zweck werden folgende Entwurfsgleichungen direkt in ein Blockschaltbild umgesetzt:

$$u_{BE} = u_1 - u_2 \quad \text{mit} \quad u_2 = i_E R_E,$$

$$i_E = i_C + i_B = u_{BE} \frac{h_{21}}{h_{11}} + u_{BE} \frac{1}{h_{11}} = \frac{u_{BE}}{h_{11}}(h_{21} + 1).$$

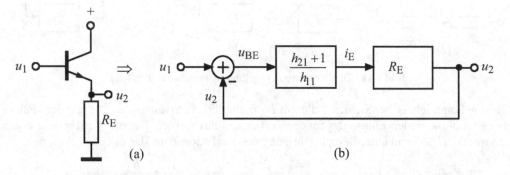

Bild 1.20   Kollektorschaltung in regelungstechnischer Darstellung

Der Ausdruck für die Schleifenverstärkung kann direkt aus dem Blockschaltbild abgelesen werden:

$$L_0 = -R_E \cdot \left(\frac{h_{21}}{h_{11}} + \frac{1}{h_{11}} \right) = -R_E \cdot \left(g + \frac{1}{h_{11}} \right) \quad \text{mit der Transistorsteilheit } g.$$

1.15 Wie unterscheiden sich Phasen- und Gruppenlaufzeit?

Ein linearer Vierpol mit der komplexen Übertragungsfunktion

$$\underline{A}(j\omega) = |A(\omega)| e^{j\varphi(\omega)}$$

und sinusförmiger Eingangsspannung

$$u_1(t) = \hat{u}_1 \sin \omega t$$

produziert als Ausgangsspannung eine ebenfalls sinusförmige Zeitfunktion gleicher Frequenz mit i. a. anderer Amplitude und zusätzlicher Phasenverschiebung:

$$u_2(t) = |A(\omega)| \hat{u}_1 \sin(\omega t + \varphi(\omega)) = |A(\omega)| \hat{u}_1 \sin \omega \left(t + \frac{\varphi(\omega)}{\omega} \right).$$

Im Hinblick auf das zu behandelnde Thema erscheint es sinnvoll, die weiteren Betrachtungen zur Laufzeit auf reale Vierpole (z. B. Leitungen, Filter) zu beschränken, bei denen der Winkel φ negativ ist und das Ausgangssignal demzufolge dem Eingang nacheilt.

Dabei entspricht der Quotient φ/ω im Argument der Sinus-Funktion einer negativen Zahl mit der Einheit „Zeit", die damit – bis auf das Vorzeichen – die Verzögerung von u_2 im Vergleich zur Zeitfunktion von u_1 angibt.

Diese Überlegungen führen zur Definition der Phasenlaufzeit:

$$t_\mathrm{p} = -\frac{\varphi(\omega)}{\omega}. \tag{1.21}$$

Diese Zeit t_p ist die von der jeweiligen Frequenz abhängige Laufzeit, die jeder einzelne Schwingungszustand – also auch die gesamte Schwingung – benötigt, um den Vierpol zu durchlaufen.

Bei der Übertragung von Nachrichten werden Signale benutzt, die aus Teilschwingungen mit unterschiedlichen Frequenzen zusammengesetzt sind. Sollen die einzelnen Signalanteile mit gleicher Verzögerung – also konstanter Laufzeit (ohne „Phasenverzerrungen") – am Ausgang erscheinen, muss die Phasenlaufzeit t_p konstant sein. Für eine konstante Phasenlaufzeit muss nach Gl. (1.21) aber der Betrag der Phasenverschiebung zwischen Eingang und Ausgang mit der Frequenz linear ansteigen:

$$\left|\varphi(\omega)\right| = t_\mathrm{p}\omega. \tag{1.22}$$

In der Praxis kann diese Vorgabe durch reale Netzwerke allerdings nur als Annäherung in einem begrenzten Frequenzband erfüllt werden – beispielsweise durch einen Tiefpass mit einer arctan-Funktion für die Phase. Glücklicherweise ist aber die Bedeutung der Phasenlaufzeit für die Nachrichtenübertragung nicht besonders groß, da ihre Definition auf ungestörten Sinus-schwingungen ohne Nachrichteninhalt beruht.

Werden jedoch Informationen beispielsweise durch Modulation der Amplitude einer Träger-frequenz übertragen, handelt es sich um ein Frequenzgemisch, das aufgefasst werden kann als eine Gruppe dicht benachbarter Einzelfrequenzen, die eine bestimmte Bandbreite belegen.

Um die Signallaufzeit der eigentlichen Nachricht zu ermitteln, ist es deshalb sinnvoll, die Zeit zu bestimmen, den ein informationstragender Teil – wie z. B. das Hüllkurvenmaximum – zum Durchlauf durch den Übertragungsvierpol benötigt. Diese Überlegungen führen direkt zur Definition der Gruppenlaufzeit.

Bei der etwas umständlichen mathematischen Herleitung werden unterschiedliche Phasenlauf-zeiten der beteiligten Frequenzanteile (der „Frequenzgruppe") berücksichtigt, aus denen das Ausgangssignal zusammengesetzt ist. Für die bei der Berechnung angesetzte Potenzreihe gilt die Einschränkung, dass die maximale Frequenzdifferenz innerhalb dieser Gruppe deutlich kleiner sein muss als deren Mittelwert. Es muss sich also um ein Schmalbandsignal handeln.

Im Gegensatz zur Phasenlaufzeit mit dem Quotienten aus Phase und Kreisfrequenz erhält man als Ergebnis dieser Rechnung die Gruppenlaufzeit über den Differentialquotienten:

$$t_\mathrm{G} = -\frac{\mathrm{d}\varphi(\omega)}{\mathrm{d}\omega}. \tag{1.23}$$

Für eine konstante Gruppenlaufzeit t_G muss die Phasenfunktion also „nur" einen gleichmäßig linearen Verlauf im interessierenden Frequenzbereich besitzen, ohne dass sie durch den Null-punkt laufen muss, wie es Gl. (1.22) für eine konstante Phasenlaufzeit vorschreibt. Es wird also für die betroffene jeweilige Frequenzgruppe lediglich ein konstanter Anstieg der Phasen-funktion verlangt, damit die Gruppenlaufzeit konstant ist.

Bei Netzwerken mit relativ komplizierten Übertragungsfunktionen ist es oft sinnvoll und ein-facher, die Gruppenlaufzeit nicht über den Differentialquotienten, Gl. (1.23), zu berechnen, sondern Phasengang und Laufzeit über die Pol- und Nullstellenverteilung auszudrücken. Eine entsprechende Formel dafür ist in [3] zu finden. Diese Formel zeigt auch ganz anschaulich Art und Umfang des Einflusses, den die Pol- und Nullstellenverteilung auf die Gruppenlaufzeit t_G hat:

- Pole in der linken und Nullstellen in der rechten s-Halbebene erhöhen die Gruppenlaufzeit;
- Nullstellen in der linken s-Halbebene verringern die Gruppenlaufzeit.

Eine besonders wichtige Rolle spielen die Laufzeiteffekte in Filterschaltungen. Es ist übliche Praxis, elektrische Filter auf der Grundlage von Bandbreiten- und Dämpfungsanforderungen zu dimensionieren – also durch Vorgaben im Frequenzbereich. Es gibt jedoch viele Anwen-dungen, bei denen neben der Filterwirkung auch ein ganz bestimmtes Zeitverhalten gefordert wird, wie z. B. eine möglichst unverfälschte Sprungsignalübertragung. In diesem Zusammen-hang sind die Filter mit *Thomson-Bessel*-Charakteristik zu erwähnen, die in ihrem jeweiligen Durchlassbereich eine relativ gute Phasenlinearität bzw. eine gute Laufzeitkonstanz besitzen. Als eine Art Faustregel gilt für Filternetzwerke, dass die Phasensteilheit – und damit auch die Größe der Gruppenlaufzeit – sowohl mit der Filterordnung als auch mit sinkender Bandbreite ansteigt.

Ein spezieller Filtertyp – der Allpass – wird ausschließlich im Hinblick auf seine zeitlichen Eigenschaften eingesetzt. Das gemeinsame Kennzeichen der Allpassfunktionen ist ein von der Frequenz unabhängiger konstanter Betrag mit einer frequenzabhängigen Phasendrehung, deren Verlauf durch die Filterparameter und den Filtergrad festgelegt werden kann.

Der Zähler einer Allpass-Systemfunktion 2. Grades erzeugt ein konjugiert komplexes Null-stellenpaar mit positivem Realteil (rechte s-Halbebene) – spiegelbildlich zur Polanordnung in der linken s-Halbebene. Zähler und Nenner sind also konjugiert-komplex zueinander, s. dazu auch Abschn. 1.7.

Die Laufzeiteigenschaften von Allpässen werden gezielt ausgenutzt, um beispielsweise alle Signalanteile innerhalb eines begrenzten Frequenzbereichs zu verzögern, ohne die Amplituden zu beeinflussen (Einsatz als reines Verzögerungselement). Bevorzugt werden Allpässe aber eingesetzt, um die durch Tiefpässe verursachten Schwankungen der Laufzeit auszugleichen (delay equalizer). Dieses ist besonders dann der Fall, wenn *Thomson-Bessel*-Filter wegen ihrer schlechten Selektivität nicht eingesetzt werden können [4].

1.16 Kann die Gruppenlaufzeit auch negativ sein?

Es gibt passive Netzwerke und Aktivschaltungen, die in einem begrenzten Frequenzbereich über einen ansteigenden Phasengang verfügen. In diesen Fällen führt die Definitionsgleichung der Gruppenlaufzeit, Gl. (1.23), auf negative Ergebnisse. Es stellt sich damit die Frage, ob dieses Ergebnis sinnvoll ist bzw. wie negative Laufzeiten zu interpretieren sind.

Derartige Elemente werden beispielsweise in der Regelungstechnik als Korrekturglieder mit PD-T1-Charakteristik (lead-lag-Verhalten) eingesetzt, um den Phasengang zur Stabilitätsver-besserung anzuheben – bei gleichzeitiger Verringerung der Reaktionszeit. Frequenzbereiche mit ansteigender Phase finden sich auch bei Filterschaltungen mit Übertragungsnullstellen, wie z. B. bei inversen *Tschebyscheff*- oder *Cauer*-Charakteristiken und bei Bandsperrfiltern [4].

Als Beispiel wird nachfolgend ein Bandsperrfilter näher untersucht mit einer Übertragungs-funktion, die im oberen Teil von Bild 1.21 skizziert ist (Betrag und Phase). Die Sperrfrequenz beträgt $f_Z = 50$ Hz mit einer Sperrdämpfung von nur 35 dB, damit der positive Phasenanstieg gut darstellbar ist und bei 50 Hz ausgewertet werden kann (mit Umrechnung ins Bogenmaß):

$$\left.\frac{d\varphi}{df}\right|_{50Hz} \approx 160^\circ/\text{Hz} \quad \Rightarrow \quad t_{G,50} = -\frac{d\varphi}{d\omega} \approx -\frac{160 \cdot \pi}{2\pi \cdot 180} = -0,5 \text{ s.}$$

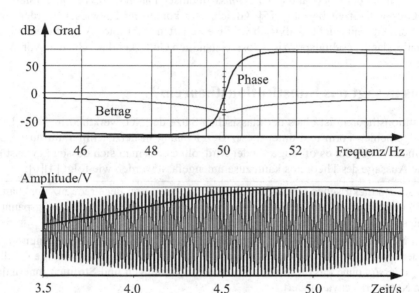

Bild 1.21 Bandsperrfilter (50 Hz), Übertragungsverhalten im Frequenz- und im Zeitbereich

Zum Nachweis der oben errechneten negativen Gruppenlaufzeit wird auf das Sperrfilter ein amplitudenmoduliertes Signal gegeben mit einer Trägerfrequenz, bei der die Phasensteilheit maximal ist (50 Hz). Das Modulationssignals mit einer Frequenz von nur 0,25 Hz erzeugt zwei Seitenbänder bei $(50 \pm 0,25)$ Hz, die noch im quasi-lineare Teil der Phasenfunktion liegen.

Der untere Teil von Bild 1.21 zeigt als Ergebnis einer Schaltungssimulation den zeitlichen Verlauf der modulierten Trägerspannung am Ausgang des Sperrfilters im eingeschwungenen Zustand zwischen 3,5 und 5,5 Sekunden. Zur besseren Auswertung wird dieser Spannungs-verlauf nicht mit dem zugehörigen Modulationssignal am Filter-Eingang, sondern direkt mit der modulierenden Spannung (0,25 Hz) verglichen. In überraschend genauer Übereinstim-mung mit der zuvor berechneten negativen Gruppenlaufzeit $t_{G,50}$ erscheint das Spannungs-Maximum am Filterausgang etwa um 0,5 s vor dem Spannungs-Maximum am Filtereingang.

Diese Tatsache darf aber nicht als Verletzung des Ursache-Wirkungs-Prinzips interpretiert werden. In diesem Zusammenhang sei an die Definition der Phasenlaufzeit, Gl. 1.21, erinnert, die für positive Phasenverschiebungen ebenfalls negative Zahlenwerte liefert. Dieses Ergebnis bedeutet ja lediglich, dass sinusförmige Vorgänge in manchen Fällen (z. B. differenzierende Schaltungen, Hoch- und Bandpässe) voreilende Phasenverschiebungen bewirken – ein in der Analogelektronik und Filtertechnik bekannter Effekt.

Die Erklärung für das in Bild 1.21 präsentierte Ergebnis liefert der allgemeine Grundsatz, dass – unabhängig vom Kausalitätsprinzip – die ersten von Null verschiedenen Anteile eines aus sinusförmigen Vorgängen zusammengesetzten Signals genug Informationen beinhalten, um den zeitlichen Verlauf „vorhersagen" bzw. vorzeitig erzeugen zu können.

In diesem Beispiel wurden die Laufzeiteffekte für eine schmalbandige Amplitudenmodulation im Zusammenwirken mit einem Bandsperrfilter analysiert. Ähnliche Ergebnisse sind zu erwarten für alle Spannungsverläufe, die analytischen Funktionen entsprechen. Experimentelle Untersuchungen bei der Übertragung von *Gauss*-Impulsen haben theoretische Vorhersagen zur negativen Gruppenlaufzeit bestätigt [5]. Gleichzeitig konnte nachgewiesen werden, dass für alle Signalformen mit nicht-analytischen Eigenschaften (abrupte Amplitudenänderungen, Sprungsignale) das Kausalitätsprinzip selbstverständlich Gültigkeit hat: Ursache vor Wirkung.

1.17 Was besagt das Substitutionstheorem?

Das Substitutionstheorem ist eines der klassischen Sätze der Netzwerktheorie. Trotzdem ist es in seiner allgemeinen Form und unter dieser Bezeichnung in der Fachliteratur ausgesprochen selten zu finden – obwohl es oft angewendet wird, ohne dass man sich dessen bewusst ist. Die wesentliche Aussage des Theorems kann zusammengefasst werden wie folgt [4][6]:

> Gegeben sei ein elektrisches Netzwerk mit beliebig vielen von der Frequenz unabhängigen Elementen und Signalquellen (unabhängig oder gesteuert), welches für alle Zweigspannungen und Zweigströme genau eine Lösung besitzt.
>
> In diesem Netzwerk kann der Widerstand eines Zweiges k mit der Zweigspannung U_k und dem fließenden Zweigstrom I_k ersetzt werden durch eine weitere unabhängige Quelle der Größe U_k oder I_k, ohne dass sich dadurch an den Spannungen und Strömen innerhalb des gesamten Netzwerks etwas ändert.
>
> Wenn das Netzwerk frequenzabhängige Elemente enthält, ist auch der jeweilige Phasenwinkel an beiden Knoten des Zweiges k nachzubilden; bei einem nicht geerdeten (schwimmenden) Zweig sind dazu zwei auf Masse bezogene Ersatzquellen erforderlich.

Dieser Satz kann auch herangezogen werden zum Beweis anderer Sätze der Netzwerktheorie (Satz zur Ersatzspannungsquelle). Häufig wird er aber angewendet bei der Schaltungsanalyse, wie z. B. bei der Berechnung einer Serienschaltung aus nicht rückwirkungsfreien Vierpolen.

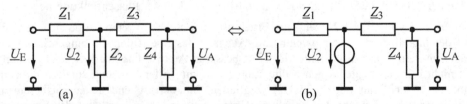

Bild 1.22   Zwei äquivalente Netzwerke: Substitution von $\underline{Z}_2$ durch die Quelle $\underline{U}_2$

Als Beispiel sei die Abzweigschaltung in Bild 1.22(a) betrachtet, bei der die Übertragungsfunktion $\underline{U}_A/\underline{U}_E$ auf einfache Weise durch zweimaliges Ansetzen der Spannungsteilerregel ermittelt werden kann. Dazu werden die Quotienten $\underline{U}_2/\underline{U}_E$ und $\underline{U}_A/\underline{U}_2$ separat berechnet und anschließend miteinander multipliziert. Aus Bild 1.22(b) wird deutlich, dass diese Vorgehensweise nur erlaubt ist aufgrund der Existenz des Substitutionstheorems.

Ähnliche Verhältnisse liegen vor bei einer Kette aus mehreren Verstärkerstufen, die nicht voneinander entkoppelt sind und aus deren Teilverstärkungen die Gesamtverstärkung durch Produktbildung berechnet wird. Ein weiteres typisches Beispiel zur Anwendung des Theorems bei der Netzwerkberechnung enthält Abschn. 5.2 (Beispiel zu Bild 5.2).

Modifikation des Substitutionstheorems

An dieser Stelle soll noch kurz auf eine spezielle Formulierung des Substitutionstheorems eingegangen werden, aus der sich – besonders im Hinblick auf die Schaltungssimulation – einige interessante Anwendungen ergeben. Gezielte Untersuchungen zur Anwendbarkeit des Theorems auf rückgekoppelte Systeme bei einer Frequenz, die zu einer Schleifenverstärkung $L_0=1$ führt (Schwingbedingung), haben nämlich gezeigt, dass in diesem Fall als Voraussetzung für die Ersetzbarkeit eines Schaltungszweiges durch eine unabhängige Quelle eine einzige Lösung nur für den Quotienten aus Zweigspannung und Zweigstrom gefordert wird [7].

In Umkehrung dieser Modifikation des Substitutionstheorems kann deshalb folgender Satz formuliert werden [4]:

> Wird in einem rückgekoppelten System die Impedanz $\underline{Z}_i$ eines Schaltungszweiges ersetzt durch eine Wechselspannungsquelle $\underline{U}_z$ mit der Frequenz f_z, so ergibt sich in diesem Zweig ein Spannungs-Strom-Verhältnis, welches einer neuen Impedanz $\underline{Z}_k$ entspricht, die statt $\underline{Z}_i$ in den Zweig einzufügen ist, damit bei $f=f_z$ für die Schleifenverstärkung $L_0=1$ gilt.

Es ist offensichtlich, dass auf diese Weise harmonische Oszillatorschaltungen, welche auf die Bedingung $L_0=1$ ausgelegt werden, durch eine gezielte Modifikation eines Schaltungszweiges auf die Sollfrequenz nachgestimmt werden können. Aber auch Abweichungen bei Aktiv-Filterschaltungen – verursacht durch Bauteiltoleranzen und reale Verstärkerdaten – sind zu korrigieren, indem für die Simulation durch eine Zusatzbeschaltung die Bedingung $L_0=1$ bei einer bestimmten Frequenz erzwungen wird. Es hat sich gezeigt, dass es vorteilhaft ist, dafür die Polfrequenz des Filters zu wählen. Wichtige Voraussetzung für eine effektive Anwendung dieser Korrekturmethode ist natürlich ein möglichst realistisches Simulationsmodell für den eingesetzten Operationsverstärker.

Dieses Verfahren der „Polanpassung" ist in [4] ausführlich beschrieben und an einem Beispiel demonstriert.

1.18 Gibt es negative Frequenzen?

Da die Beantwortung dieser Frage mehr als ein einfaches „ja" oder „nein" erfordert, ist es sinnvoll, zunächst einmal die Definition des Begriffs „Frequenz" für das Gebiet Nachrichten-technik/Signalverarbeitung heranzuziehen. Im eigentlichen Sinne existieren keine Frequenzen als physikalische Erscheinung – es sind nur sinusförmig verlaufende Vorgänge zu beobachten (Schwingungen), deren Eigenschaften sich beschreiben lassen. Eine dieser Eigenschaften ist die Anzahl der Wiederholungen pro Zeiteinheit (Perioden), für die der Begriff „Frequenz" vereinbart worden ist (Symbol f, Einheit Hz).

Eine andere Betrachtungsweise geht aus von dem Begriff der Kreisfrequenz ω, die identisch ist zur Winkelgeschwindigkeit eines rotierenden Zeigers in der komplexen Ebene und definiert wird über die mathematische Ableitung des überstrichenen Winkels φ nach der Zeit: $\omega = \mathrm{d}\varphi/\mathrm{d}t$.

Unter Verwendung einer von *L. Euler* formulierten fundamentalen Beziehung zwischen den Winkelfunktionen und der e-Funktion gilt deshalb auch:

$$e^{j\varphi(t)} = e^{j\omega \cdot t} = \cos(\omega \cdot t) + j \cdot \sin(\omega \cdot t) \quad \text{mit: } \varphi = \omega \cdot t \text{ und } \omega = 2\pi f. \quad \text{(Gl. 1.24)}$$

Die Rückkehr zu einer der beiden Winkelfunktionen ist dann einfach durch Bildung des Real- oder Imaginärteils möglich, was der Projektion eines mit der Winkelgeschwindigkeit ω in der komplexen Ebene rotierenden Zeigers auf die reelle bzw. imaginäre Achse entspricht.

Dieser Zusammenhang lässt sich besonders anschaulich darstellen, wenn die komplexe Ebene durch eine dritte Variable – die laufende Zeit t – erweitert wird, s. Bild 1.23. Die e-Funktion in Gl. (1.24) kann damit also als Spirale aufgefasst werden, die mit der Winkelgeschwindigkeit ω entgegen der Uhrzeigerrichtung durchlaufen wird. Lässt man in Gl. (1.24) mit dφ/dt<0 formal auch negative Exponenten zu, ändert sich bei weiterhin positiver Zeitzählung lediglich die Umlaufrichtung in Bild 1.23.

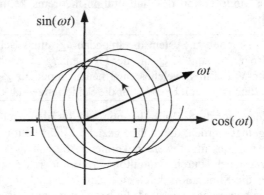

Bild 1.23   *Euler*-Formel in 3-D-Darstellung

Ausgehend von der *Euler*-Gleichung, Gl. (1.24), können sinusförmige Vorgänge mit der Amplitude A deshalb auch in folgender Form geschrieben werden:

$$A\sin(\omega \cdot t) = A\frac{e^{j\omega \cdot t} - e^{-j\omega \cdot t}}{2j} = A\frac{Q_+ - Q_-}{2j} = \frac{A}{2j}Q_+ - \frac{A}{2j}Q_-,$$

$$A\cos(\omega \cdot t) = A\frac{e^{j\omega \cdot t} + e^{-j\omega \cdot t}}{2} = A\frac{Q_+ + Q_-}{2} = \frac{A}{2}Q_+ + \frac{A}{2}Q_- \cdot$$

$$\text{(1.25)}$$

Im Zusammenhang mit dem Thema „negative Frequenzen" ist es bei der Interpretation der *Euler*-Gleichungen sinnvoll und hilfreich, sich gedanklich von dem Wort „Frequenz" als Kennzeichen einer Schwingung zu lösen und stattdessen den Begriff „Phasor" (Phasen-Vektor) zu benutzen, der in Gl. (1.25) als Abkürzung für die e-Funktionen mit dem Symbol Q eingeführt worden ist. Jede der beiden Winkelfunktionen kann also erzeugt werden durch Bildung der Differenz bzw. der Summe aus zwei gegenläufig mit der Winkelgeschwindigkeit ω rotierenden Zeigern (Phasoren). Zwar mag diese Visualisierung in manchen Fällen hilfreich sein, sie liefert aber noch keinen zwingenden Grund, über die Existenz negativer Frequenzen nachzudenken.

Anders ist es jedoch, wenn die *Euler*-Gleichungen zwecks Berechnung der spektralen Eigenschaften periodischer Signale mit der Periode T in die *Fourier*-Reihendarstellung eingeführt werden. In vielen Fach- und Lehrbüchern wird ausschließlich diese kompakte Form der komplexen *Fourier*-Reihe benutzt:

$$f(t) = \sum_{n=-\infty}^{\infty} \underline{c}_n \cdot e^{jn2\pi t/T} \quad \text{mit} \quad \underline{c}_n = \frac{1}{T} \int_0^T f(t) e^{-jn2\pi t/T} dt. \tag{1.26}$$

Aus der Darstellung eines periodischen Signals durch die klassische reelle *Fourier*-Reihe ist bekannt, dass sich das zugehörige Amplitudenspektrum aus der Grundschwingung mit der Frequenz f_0 und Oberschwingungen mit ganzzahligen Vielfachen von f_0 zusammensetzt. Dieses aus einer Summe von Sinus- und Kosinus-Funktionen bestehende Spektrum kann nach Gl. (1.25) aber auch interpretiert werden als Summe positiver und negativer Phasoren Q. Da jedem Phasor auch ein bestimmter Wert des Parameters ω zugeordnet ist, kann – analog zum oben erwähnten reellen Amplitudenspektrum – auch ein Phasor-Spektrum erzeugt werden, welches dann allerdings auch negative Anteile aufweist und mit Gl. (1.26) über die Koeffizienten $\underline{c}_n$ berechnet werden kann [3].

Eine typische Eigenschaft dieses Spektrums ist seine Symmetrie zu $\omega = 0$ – gleichbedeutend damit, dass positive und negative Spektralkomponenten immer paarweise auftreten. Wie bereits aus Gl. (1.25) ersichtlich, sind dann aber die Amplituden jeder Komponente genau halb so groß wie die zugehörigen Amplituden des reellen Frequenzspektrums.

Zusammenfassung

• Zu einem periodischen Signal gehört ein Amplitudenspektrum, das sich aus der Grundwelle mit der Frequenz f_0 und anderen Anteilen mit ausschließlich positiven ganzzahligen Vielfachen von f_0 zusammensetzt. Die spektralen Anteile können berechnet werden über die reelle *Fourier*-Reihe.

• Mathematisch einfacher und kompakter in der Darstellung ist zumeist aber der Ansatz der *Fourier*-Entwicklung in ihrer komplexen Form, Gl. (1.26). Dabei wird (zunächst) das sich über positive und negative Werte erstreckende Spektrum von Phasoren (Q_+ bzw. Q_-) ermittelt, die mit den gesuchten Frequenzkomponenten in einem einfachen mathematischen Zusammenhang stehen.

• Die symmetrisch auftretenden Anteile des Phasoren-Spektrums können gem. Gl. (1.25) paarweise zusammengefasst werden und bilden so das einseitige und nur aus positiven Frequenzanteilen bestehende Amplitudenspektrum.

• Der Begriff des Phasors wurde nur eingeführt, um den Ausdruck „negative Frequenz" zu umgehen. Alternativ dazu wird verbreitet aber auch vom „zweiseitigen Frequenzspektrum" gesprochen, dessen Komponenten Amplituden aufweisen, die genau halb so groß sind wie die entsprechenden Anteile beim einseitigen Spektrum.

• Negative Komponenten in einem Frequenzspektrum haben keine physikalische Realität; sie stellen praktisch nur „mathematische" Frequenzen dar, die ausschließlich definiert sind zum Zwecke einer kompakteren Darstellung und einer einfacheren rechnerischen Behandlung. Der negative Bereich des Spektrums beinhaltet keine für die Signalform relevanten Zusatzinformationen, sondern ist lediglich das Ergebnis einer speziellen Formulierung der Zusammenhänge zwischen Zeit- und Frequenzbereich.

1.19 Was bedeutet die Operation „Faltung"?

Die Übertragungseigenschaften eines linearen und zeitinvarianten (LTI)-Systems werden im Frequenzbereich durch die Systemfunktion $\underline{H}(s)$ gekennzeichnet:

$$\underline{Y}(s) = \underline{H}(s) \cdot \underline{X}(s), \tag{1.27}$$

wobei $\underline{X}(s)$ und $\underline{Y}(s)$ die *Laplace*-Transformierten des Eingangs- und Ausgangssignals $x(t)$ bzw. $y(t)$ sind.

Wenn die Übertragungseigenschaften im Zeitbereich formuliert werden sollen, wird nach dem direkten Zusammenhang zwischen $x(t)$ und $y(t)$ gefragt. Wegen Gl. (1.27) ist zu erwarten, dass dieser Zusammenhang in irgendeiner Weise durch eine Funktion $h(t)$ hergestellt wird, deren *Laplace*-Transformierte $\underline{H}(s)$ ist:

$$h(t) = \mathfrak{L}^{-1}\left\{\underline{H}(s)\right\}.$$

Eine Schlüsselrolle spielt dabei die Delta-Funktion $\delta(t)$ (auch: Stoß-, Impuls- oder *Dirac*-Funktion), deren Eigenschaften über das folgende Integral definiert werden [3]:

$$\int_{-\infty}^{\infty} \delta(t)\mathrm{d}t = 1 \quad \text{mit } \delta(t) = 0 \text{ für } t \neq 0. \tag{1.28}$$

Da $\delta(t)$ nur bei $t=0$ existiert, kann die e-Funktion im Integral der *Laplace*-Transformation für die Delta-Funktion ersetzt werden durch $\exp(-s \cdot 0)=1$ und es gilt auch:

$$\mathfrak{L}\left\{\delta(t)\right\} = 1.$$

Wenn als Eingangsgröße also $x(t)=\delta(t)$ bzw. $\underline{X}(s)=1$ gewählt wird, ist mit Gl. (1.27)

$$\underline{H}(s) = \underline{Y}(s) \xrightarrow{\ \mathfrak{L}^{-1}\ } h(t) = y(t)\ .$$

Die zur Systemfunktion $\underline{H}(s)$ gehörende inverse *Laplace*-Transformierte $h(t)$ ist also identisch mit dem Ausgangssignal $y(t)$ für den Fall, dass das Eingangssignal $x(t)=\delta(t)$ ist. Die Funktion $h(t)$ wird deshalb auch als Impuls- oder Stoßantwort bezeichnet.

Der Ausdruck $\delta(t)$ stellt im streng mathematischen Sinn eigentlich keine echte Funktion dar, weil ihr Wert nicht durch ein einzusetzendes Argument bestimmt wird. Die Delta-Funktion wird deshalb primär dadurch beschrieben, dass ihre Wirkung auf eine andere Funktion $f(t)$ betrachtet wird („Ausblendeigenschaft"). Aus Gl. (1.28) folgt nämlich unmittelbar:

$$\int_{-\infty}^{\infty} f(t) \cdot \delta(t - t_0)\mathrm{d}t = f(t_0)\ . \tag{1.29}$$

Da diese Delta-Funktion nur bei $t=t_0$ existent ist, wird auch nur der Funktionswert $f(t)$ zum Zeitpunkt $t=t_0$ ausgewählt. Damit kann eine beliebige Eingangsfunktion $x(t)$ auch als Integral über alle Funktionswerte dargestellt werden, wenn t_0 durch die neue Zeitvariable τ ersetzt wird:

$$x(t) = \int_{-\infty}^{\infty} x(\tau) \cdot \delta(t - \tau)\mathrm{d}\tau. \tag{1.30}$$

Dabei wird die laufende Zeit durch das Symbol t und der ebenfalls variable Zeitpunkt, zu dem der Beitrag der einzelnen Delta-Funktionen berücksichtigt wird, mit τ gekennzeichnet.

Da nun nach der Ausgangsfunktion $y(t)$ als Reaktion auf eine beliebige Eingangserregung $x(t)$ gefragt wird, muss Gl. (1.30) hinsichtlich des Beitrags zu $y(t)$ ausgewertet werden. Da der erste Faktor $x(\tau)$ unter dem Integral keine Funktion von t ist, bleibt dieser unverändert erhalten; für den zweiten Faktor ist die Ausgangsreaktion bekannt als $h(t-\tau)$. Damit wird durch die Eingangsgröße $x(t)$ die folgende Ausgangsgröße erzeugt:

$$y(t) = \int_{-\infty}^{\infty} x(\tau) \cdot h(t-\tau)\mathrm{d}\tau \quad \xrightarrow[\text{"Faltungsprodukt"}]{\text{Schreibweise:}} \quad y(t) = \{x * h\}(t). \qquad (1.31)$$

Interpretation

Das zeitliche Ausgangssignal kann also aufgefasst werden als Summenbildung über unendlich viele Proben des Eingangssignals, die zu den Zeitpunkten $t=\tau$ genommen und mit dem Beitrag der einzelnen Impulsantworten zu den Zeiten t gewichtet worden sind.

Zwecks grafischer Interpretation dieser Prozedur können die beiden Funktionen unter dem Integral als Funktion der Zeitvariablen τ dargestellt werden. Dabei erscheint $x(\tau)$ für ansteigende und positive Zeitpunkte τ als rechtsseitige („normale") Funktion. Die andere Funktion ist die als bekannt vorausgesetzte Impulsantwort des Systems, die aber wegen des negativen Vorzeichens von τ an der Ordinate mit $t=0$ gespiegelt (umgeklappt, gefaltet) werden muss. Aus dieser Interpretation leiten sich die Bezeichnungen „Faltungsintegral" für den linken Teil bzw. „Faltungsprodukt" für den rechten Teil von Gl. (1.31) ab. In der Praxis hat man es nur mit kausalen Systemen und positiven Zeiten $t>0$ zu tun. Deshalb wird die Funktion $h(t-\tau)$ mit wachsender Zeit t dann nach rechts verschoben.

Das Produkt beider Funktionen ist natürlich nur in den Zeitbereichen ungleich Null, in denen beide Funktionen existieren – sich also überlappen. Die Tatsache, dass über dieses Produkt das Integral gebildet wird, kann anschaulich dadurch gedeutet werden, dass das Produkt der beiden im Überlappungsbereich liegenden Flächen als Maß für das Faltungsprodukt – also für das Ausgangssignal y zum Zeitpunkt t – angesehen wird. Da die Funktion $h(t-\tau)$ bei steigendem t kontinuierlich nach rechts an der Funktion $x(\tau)$ vorbei geschoben wird, ändert sich auch der Überlappungsbereich beider Funktionen, so dass das oben erwähnte Flächenprodukt somit ein Maß für die Funktion $y(t)$ ist [3].

Auf diese Weise kann bei geometrisch einfachen Funktionen das Faltungsintegral bzw. der zeitliche Verlauf der Ausgangsspannung nur durch logisches Überlegen und ohne Rechnung ermittelt werden. Bei der rechnerischen Auswertung des Faltungs-Integrals in Gl. (1.31) kann die Integration auf den Bereich von $\tau=0$ bis $\tau=t$ beschränkt werden.

Anmerkung

Hintergrund und Bedeutung des Begriffs „Faltung" wurden erklärt am Beispiel des fundamentalen Zusammenhangs zwischen dem zeitlichen Verlauf von Eingangs- und Ausgangssignal eines LTI-Übertragungssystems (→Faltung im Zeitbereich). Umgekehrt führt die Multiplikation zweier Funktionen im Zeitbereich auf eine Spektralfunktion, die in analoger Weise über ein Faltungsintegral im Frequenzbereich ermittelt werden kann [3].

1.20 Welche Bedeutung hat die *Hilbert*-Transformation?

Es gibt mehrere Möglichkeiten, sich der Beantwortung dieser Frage zu nähern, wie z. B. über den mathematischen Zusammenhang im Frequenzbereich zwischen Betrags- und Phasengang einer allpassfreien Übertragungsfunktion. Ein anderer Weg der Herleitung geht aus von den Bedingungen, die ein System erfüllen muss, um als „kausal" bezeichnet werden zu können. Beispielsweise wäre der ideale Tiefpass mit einer Rechteck-Übertragungsfunktion ein nicht-kausales System, da die Reaktion $h(t)$ auf einen bei $t=0$ auf das System gegebenen Impuls $\delta(t)$ bereits bei negativen Zeiten einsetzen müsste – also vor der eigentlichen Erregung.

Umgekehrt wird deshalb von einem realen und kausalen System verlangt, dass seine Impuls-antwort nur für $t>0$ existiert, was mathematisch zum Ausdruck gebracht werden kann durch Multiplikation der Impulsantwort des Kausalsystems $h_k(t)$ mit der Einheitssprungfunktion $\sigma(t)$, die nur für $t>0$ definiert ist:

$$h_k(t) = h_k(t) \cdot \sigma(t) \ .$$

Die *Fourier*-Transformation dieses Produkts führt auf ein Faltungsprodukt, welches der zur Impulsantwort $h_k(t)$ gehörenden Übertragungsfunktion des Kausalsystems entspricht [2]:

$$\underline{A}_k(\mathrm{j}\omega) = \frac{1}{\pi} \cdot \underline{A}_k(\mathrm{j}\omega) * \frac{1}{\mathrm{j}\omega} \ .$$

Da das zweite Faltungselement nur aus einem negativen Imaginärteil besteht, ergibt sich eine auffällige Symmetrie, wenn man Real- und Imaginärteil von $\underline{A}_k(\mathrm{j}\omega)$ bildet:

$$\mathrm{Re}\left(\underline{A}_k(\mathrm{j}\omega)\right) = \frac{1}{\pi}\mathrm{Im}\left(\underline{A}_k(\mathrm{j}\omega)\right) * \frac{1}{\omega} = \mathfrak{H}\left\{\mathrm{Im}\left(\underline{A}_k(\mathrm{j}\omega)\right)\right\} \quad \text{und}$$

$$\mathrm{Im}\left\{\underline{A}_k(\mathrm{j}\omega)\right\} = -\frac{1}{\pi}\mathrm{Re}\left\{\underline{A}_k(\mathrm{j}\omega)\right\} * \frac{1}{\omega} = -\mathfrak{H}\left\{\mathrm{Re}\left(\underline{A}_k(\mathrm{j}\omega)\right)\right\} . \tag{1.32}$$

Real- und Imaginärteil können somit durch Faltung und Division durch π ineinander überführt werden; für diese Operation wurde in Gl. (1.32) bereits das Symbol $\mathfrak{H}$ verwendet – entsprechend der Definition der *Hilbert*-Transformation einer Funktion $\underline{X}(\mathrm{j}\omega)$:

$$\mathfrak{H}\left\{\underline{X}(\mathrm{j}\omega)\right\} = \frac{1}{\pi} \cdot \underline{X}(\mathrm{j}\omega) * \frac{1}{\omega}. \tag{1.33}$$

Beide Teile von Gl. (1.32) sind sowohl eine hinreichende als auch eine notwendige Bedingung dafür, dass $\underline{A}_k(\mathrm{j}\omega)$ die Übertragungsfunktion eines kausalen Systems darstellt.

Eine wichtige Konsequenz aus Gl. (1.32) ist, dass Real- und Imaginärteil der Übertragungs-funktion eines Kausalsystems nicht unabhängig voneinander vorgegeben werden können. Deshalb kann auch der Quotient beider Teile – also der Tangens des Übertragungswinkels und damit der Winkel selber – nicht unabhängig vom Betrag der Übertragungsfunktion sein.

Man kann zeigen, dass dieser sich aus der *Hilbert*-Transformation ergebende Zusammenhang zwischen dem Betrags- und dem Phasenverlauf einer kausalen Funktion auf die bereits in Abschn. 1.11 mit Gl. (1.18) angegebene Betrags-Phasen-Beziehung führt, die von *H. W. Bode* auf anderem Wege abgeleitet worden ist.

2 Elektronik

2.1 Sind Bipolartransistoren strom- oder spannungsgesteuert?

Wie einige Zitate aus aktuellen Quellen zeigen, ist die Antwort auf diese Frage scheinbar nicht ganz selbstverständlich:

- „Es fließt ein Kollektorstrom I_C, der mit dem Basisstrom gesteuert werden kann."[8];
- „...erzeugt der Basisstrom einen wesentlich größeren Kollektorstrom..."[9];
- „Beim Bipolartransistor steuert ein Strom I_B im Basis-Emitter-Kreis einen (stärkeren) Strom I_C im Kollektor-Emitter-Kreis." (wikipedia);
- „Da die Ströme I_B und I_C exponentiell von U_{BE} abhängen..."[10].
- „Das GPM (Gummel-Poon-Modell) ist ein physikalisch-realistisches Modell...Beim GPM wird das Prinzip der Ladungssteuerung des Bipolartransistors umgesetzt."[11].

Es ist überraschend, dass nach mehr als 50 Jahren seit Einführung des bipolaren Transistors immer noch widersprüchliche Beschreibungen zu seinem Wirkungsprinzip existieren.

Zunächst soll aber klargestellt werden, dass es bei der praktischen Auslegung und Berechnung von Transistorschaltungen auf der Basis der bekannten formelmäßigen Zusammenhänge nicht von großer Bedeutung ist, welche physikalische Vorstellung man sich vom Funktionsprinzip des bipolaren Transistors macht. Trotzdem ist es in manchen Fällen sinnvoll oder sogar notwendig, die wirklichen physikalischen Abläufe von der Ursache bis zur Wirkung zu kennen und zu verstehen. Im besonderen Maße gilt das beispielsweise für Transistorkombinationen, die nach dem „translinearen" Prinzip arbeiten (Abschn. 2.5).

Es kann und soll hier keine ausführliche Darstellung des Transistorprinzips erfolgen; eine vereinfachte Betrachtungsweise – unter Vernachlässigung von Sekundäreffekten – reicht schon aus zur Beantwortung der gestellten Frage. Ursache für die Ladungsträgeremission am Emitter ist zweifellos eine Spannung U_{BE} über der Basis-Emitterstrecke, wobei diese Spannung durchaus auch als „Spannungsabfall" durch einen eingespeisten Strom verursacht sein kann. Da nicht alle freigesetzten Ladungsträger als Strom I_C zum Kollektor gelangen, entsteht als Folge dieser Emission bzw. der Spannung U_{BE} auch ein (kleiner) über den Basisanschluss abfließender Strom I_B. Dieser Strom übt mit Sicherheit keine steuernde Wirkung auf I_C aus – beide Ströme haben ja eine gemeinsame Ursache. Ganz im Gegenteil: Der Strom I_B ist eine parasitäre Größe, die leider nicht vermieden bzw. beliebig klein gehalten werden kann, sondern die in einem näherungsweise festen Verhältnis zu I_C steht.

Das führt zur Definition des bekannten Parameters „Stromverstärkung", wobei diese Wortwahl leider oft falsch interpretiert wird. Der Strom I_B wird nämlich keinesfalls verstärkt, vielmehr wird der Ausgangsstrom I_C – zahlenmäßig ausgedrückt über die „Steilheit" – gesteuert durch die Basis-Emitterspannung bzw. ihren Einfluss auf die Dicke der ladungsträgerverarmten Zone zwischen Basis und Emitter, wobei ein bestimmter Prozentsatz von I_C dann als Basisstrom „verloren" geht. Konsequenterweise wird deshalb auch in allen Programmen zur Schaltungsanalyse das SPICE-Transistormodell nach *Gummel-Poon* verwendet, bei dem der Kollektorstrom durch eine spannungsgesteuerte Stromquelle erzeugt wird, welche den Spannungs-Strom-Zusammenhang am pn-Übergang nachbildet (Shockley-Gleichung).

In diesem Zusammenhang sei erwähnt, dass manche Halbleiter-Hersteller sogar für MOS-Feldeffekttransistoren, bei denen es sich zweifellos um rein spannungsgesteuerte Halbleiter handelt, den Quotienten aus Drainstrom und parasitärem Gatestrom etwas missverständlich in ihren Datenblättern als „Stromverstärkung" des MOSFET bezeichnen.

2.2   Was ist ein negativer Widerstand?

Zum Zweck der Vorzeichendefinition zeigt Bild 2.1(a) den klassischen Ohmwiderstand, der als Stromsenke einen Strom I_1 aufnimmt – getrieben durch die Spannung U_1. Für die im Bild angegebenen Richtungen von Spannung und Strom wird der zugehörige Quotient nach dem Verbraucher-Zählpfeilsystem als positiver Widerstandswert definiert.

Im Gegensatz dazu wird der Widerstand mit einem negativen Wert berücksichtigt, wenn Strom- und Spannungspfeil zwischen den Widerstandsanschlüssen nicht die gleiche Richtung haben, vgl. das modifizierte Schaltsymbol in Bild 2.1(b). In diesem Fall fließt der Strom I_2, dessen Größe weiterhin proportional zu U_2 ist, also „aus dem Widerstand heraus". Es handelt sich damit um eine Stromquelle, die durch U_2 gesteuert wird. Derartige gesteuerte Quellen sind aktive Schaltungen und erfordern zur technischen Realisierung Signalverstärker.

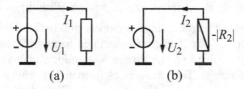

(a)   (b)

Bild 2.1   Widerstandsdefinition
(a) positiv   (b) negativ

Die schaltungstechnische Umsetzung eines Zweipols mit negativem Eingangswiderstand $-|R_2|$ erfolgt meistens durch einen Operationsverstärker, der als „Negativ-Impedanzkonverter" (NIC) beschaltet ist. Die beiden möglichen Schaltungsvarianten dafür können Bild 2.2 entnommen werden: Typ A wie gezeigt, Typ B mit vertauschten Vorzeichen am OPV-Eingang.

Die am Knoten „1" angeschlossene und hier komplex angesetzte Quellimpedanz $\underline{Z}_Q$ ist dabei kein Bestandteil der Widerstandsnachbildung, ist aber für Stabilitätsbetrachtungen von großer Bedeutung. Die Spannung u_X am Ausgang des Verstärkers wird lediglich für die Berechnung benötigt und stellt keine zu verwertende Ausgangsspannung dar.

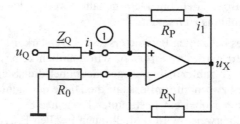

Bild 2.2   Negativ-Impedanzkonverter (NIC), Typ A
(Typ B: Vertauschte OPV-Eingänge)

NIC-Typ A

Der Operationsverstärker (OPV) wird mit zwei Rückkopplungsschleifen zur gleichzeitigen Mit- und Gegenkopplung versehen. Dabei bestimmt die Quellimpedanz $\underline{Z}_Q$ des am p-Eingang des Operationsverstärkers anzuschließenden Netzwerks zusammen mit dem Widerstand R_P den Grad der Mitkopplung.

NIC-Typ B

Werden die beiden Eingänge des Verstärkers miteinander vertauscht, wird die Mitkopplungsschleife zur Gegenkopplungsschleife (und umgekehrt). Auf diese Weise entsteht der Negativ-Impedanzkonverter vom Typ B mit ganz ähnlichen Eigenschaften.

Eingangswiderstand (Typ A)

Mit dem Ansatz $u_P = u_N$ für den idealisierten Operationsverstärker in Bild 2.2 gilt für den durch R_P fließenden Strom i_1

$$ i_1 = \frac{u_P - u_X}{R_P} \quad \text{mit} \quad u_P = u_N = u_X \frac{R_0}{R_0 + R_N} . $$

Damit lässt sich der auf Massepotential bezogene NIC-Eingangswiderstand am Knoten „1" angeben:

$$ \frac{u_P}{i_1} = -\frac{R_P}{R_N} R_0 = -|R_E| . $$

Stabilitätseigenschaften

Die Konverterschaltung vom Typ A ist nur dann im linearen Arbeitsbereich des Operationsverstärkers mit stabilem Arbeitspunkt, wenn die über R_P und $\underline{Z}_Q$ rückgekoppelte Spannung (Mitkopplung) betragsmäßig geringer ist als die über R_N und R_0 erzeugte Gegenkopplungsspannung. Es muss also die folgende Ungleichung erfüllt sein:

$$ \frac{|\underline{Z}_Q|}{R_P} < \frac{R_0}{R_N}, $$

(Stabilitätsbedingung für NIC, Typ A) . (2.1)

$$ |\underline{Z}_Q| < \frac{R_P}{R_N} R_0 = |R_E| . $$

Für den NIC-Typ B gilt diese Stabilitätsbedingung mit umgekehrtem Ungleichheitszeichen.

Anwendungen

Der negative Eingangswiderstand der NIC-Schaltung wird bevorzugt ausgenutzt, um den Einfluss von dämpfend wirkenden Wirkwiderständen in Filtern, Oszillatoren und Übertragungsleitungen zu reduzieren bzw. zu kompensieren. Als Beispiel sei der NIC-Integrator erwähnt, dessen Schaltung und Funktion in Abschn. 3.18 erläutert werden. Bei anderen Anwendungen werden geeignete Kombinationen positiver und negativer Widerstände eingesetzt, um extrem große Widerstandswerte bzw. Zeitkonstanten realisieren zu können.

Bei allen Kombinationen aus NIC und „echten" Widerständen gelten die klassischen Regeln
für die Netzwerkberechnung:

- Parallelschaltung: $R_Q \| (-|R_E|) = \dfrac{R_Q \cdot (-|R_E|)}{R_Q - |R_E|} \xrightarrow{R_Q = |R_E|} \infty$,

- Serienschaltung: $R_Q + (-|R_E|) = R_Q - |R_E| \xrightarrow{R_Q = |R_E|} 0$.

2.3   Was ist ein frequenzabhängiger Widerstand?

Zur Klarstellung ist zunächst festzuhalten, dass mit dem Begriff „frequenzabhängiger Widerstand" keine kapazitive oder induktive Impedanz gemeint ist. Das Kennzeichen der Netzwerke
mit Kapazitäten und/oder Induktivitäten ist nämlich eine von der Frequenz abhängige Phasendrehung – im Gegensatz zu einem Widerstand, bei dem lediglich sein Wert von der Frequenz
bestimmt wird.

Bei der technischen Realisierung eines solchen Bauteils wird die Tatsache ausgenutzt, dass das
Produkt aus einem reellen Leitwert $1/R$ und zwei kapazitiven Blindwiderständen (mit jeweils
90° Phasendrehung zwischen Strom und Spannung) zu einem reellen Wert führt, der allerdings
negativ ist, aber trotzdem als Widerstand gedeutet werden kann:

$$\frac{1}{j\omega C_1} \cdot \frac{1}{j\omega C_2} \cdot \frac{1}{R} = -\frac{1}{\omega^2 R C_1 C_2} = -\frac{1}{\omega^2 D} \quad \text{mit} \quad D = RC_1 C_2. \tag{2.2}$$

Man kann sich leicht davon überzeugen, dass zu diesem Ausdruck die Einheit V/A=Ω gehört.
Auf diese Weise ist ein neues „Bauelement" D definiert worden, das als „frequenzabhängiger
negativer Widerstand" bezeichnet wird (Frequency Dependent Negative Resistor, FDNR) und
dessen negativer Widerstandswert sich umgekehrt proportional zum Quadrat der Frequenz
verhält.

Die schaltungstechnische Umsetzung erfordert einen bzw. zwei Operationsverstärker, wobei
erwähnt werden muss, dass mit vertretbarem Aufwand nur einseitig geerdete FDNR-Elemente
zu erzeugen sind.

Schaltung mit einem Operationsverstärker

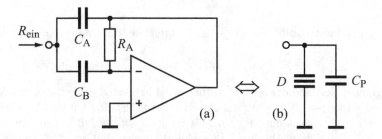

Bild 2.3   FDNR-Element, verlustbehaftet
(a) Schaltung, (b) Symboldarstellung

Unter der Annahme eines idealen Operationsverstärkers wird für die Schaltung in Bild 2.3(a) der Eingangsleitwert ermittelt:

$$Y_{ein} = 1/Z_{ein} = -\omega^2 R_A C_A C_B + j\omega(C_A + C_B) = -\omega^2 D + j\omega C_P. \tag{2.3}$$

Ein Vergleich mit Gl. (2.2) zeigt, dass mit der gezeigten Schaltung das Verhalten eines FDNR-Elements nachgebildet werden kann – allerdings gestört durch eine Parallelkapazität C_P. Man beachte das neue Schaltsymbol für den FDNR in Bild 2.3(b). Man spricht in diesem Zusammenhang auch von einer „verlustbehafteten" FDNR-Schaltung.

Dagegen ermöglicht die nachfolgend angegebene Schaltung mit zwei Operationsverstärkern eine ungestörte FDNR-Charakteristik.

Schaltung mit zwei Operationsverstärkern

Die klassische FDNR-Realisierung besteht aus einem mit zwei Kondensatoren und drei Widerständen beschalteten „Allgemeinen Impedanz-Konverter" (Generalized Impedance Converter, GIC), s. Bild 2.4, mit dem Eingangswiderstand

$$R_{ein} = -\frac{1}{\omega^2 R_5 C_2 C_6} = -\frac{1}{\omega^2 D}. \tag{2.4}$$

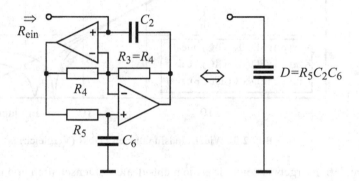

Bild 2.4 GIC-Block als FDNR-Element

Dieser geerdete FDNR-Block spielt eine bedeutende Rolle in der Filtertechnik bei der aktiven Nachbildung von passiven RLC-Kettenleiterstrukturen. Außerdem kann die negative Widerstandscharakteristik des FDNR in Oszillatorschaltungen ausgenutzt werden, um die dämpfende Wirkung eines parallel liegenden Verlustwiderstandes bei einer bestimmten Frequenz nach dem Prinzip der „Widerstandsresonanz" zu kompensieren.

Beispiel

Eine FDNR-Schaltung wird nach beiden Realisierungsvarianten – mit einem bzw. mit zwei idealisierten Operationsverstärkern – dimensioniert und der Verlauf des Eingangswiderstandes in Abhängigkeit von der Frequenz mit einem Programm zur Schaltungsanalyse simuliert und dargestellt.

Vorgabe: R_{ein} (f=1 kHz)=10 kΩ .

Damit kann – ausgehend von Gl. (2.4) – der Zahlenwert für D ermittelt und die Bauelemente für die Schaltung nach Bild 2.4 festgelegt werden:

$$D = R_5 C_2 C_6 = \frac{1}{10^4 \left(2\pi \cdot 10^3\right)^2} = 2,53 \cdot 10^{-12}\ \frac{\text{As}^2}{\text{V}}.$$

Wahl: $R_3 = R_4 = 1$ kΩ, $R_5 = 25,3$ kΩ, $C_2 = C_6 = 10$ nF.

Bild 2.5 zeigt das Ergebnis einer Simulation des als FDNR betriebenen GIC-Blocks in Bild 2.4 sowohl für ein idealisiertes als auch für ein reales Modell des Operationsverstärkers (Standard-Typ 741). Zum Vergleich ist der Widerstandsverlauf der verlustbehaftete FDNR-Schaltung (Bild 2.3) ebenfalls eingetragen für die Werte R_A=25,3 kΩ und C_A=C_B=10 nF.

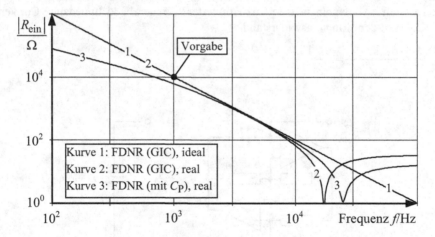

Bild 2.5 Widerstandsfunktionen FDNR (Vergleich)

Das Simulationsergebnis zeigt, dass die nicht-idealen Eigenschaften von Operationsverstärkern den Einsatzbereich der FDNR-Schaltung nur bis zu einer Frequenz erlauben, die etwa einem Hundertstel der Transitfrequenz f_T des Verstärkers entspricht (Simulation mit Makromodell für Standardverstärker 741, $f_T \approx 1$ MHz).

2.4 Wozu dienen Stromspiegel?

Ein Stromspiegel ist eine Stromquelle, deren Wert durch einen Steuerstrom festgelegt wird (stromgesteuerte Stromquelle). Bei vielen Anwendungen sollen beide Ströme – mit einem Steuerfaktor von „1" – gleich groß sein. Das Prinzip des Stromspiegels beruht darauf, dass durch zwei Transistoren mit identischen Eigenschaften der gleiche Strom fließen muss, sofern beide Steuerspannungen zwischen Basis und Emitter (bzw. Gate und Source) auch gleich sind. Stromspiegel können z. B. die Arbeitswiderstände in Transistorverstärkern ersetzen und sind deshalb wichtige Grundelemente in Verstärker-ICs. Ihre Anwendung soll an zwei typischen Beispielen demonstriert werden.

Beispiel 1: Operationsverstärker (Eingangsstufe)

Der relevante Teil der Eingangsstufe eines typischen Operationsverstärkers, Bild 2.6, besteht aus einem Differenzverstärker (T_1, T_2, T_3) mit aktiver Last (T_4, T_5).

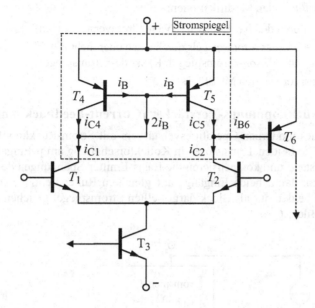

Bild 2.6 Differenzverstärker mit Stromspiegel

Die Aufgabe des aus T_4 und T_5 gebildeten Stromspiegels ist es, die im Normalbetrieb gegenläufigen Stromänderungen in T_1 und T_2 zu kombinieren und an T_6 weiterzugeben, um so den Übergang vom symmetrischen auf unsymmetrischen Betrieb zu realisieren.

Dabei wird Transistor T_4 mit kurzgeschlossener Kollektor-Basisstrecke als Diode betrieben, arbeitet trotzdem aber noch im aktiven Bereich der Kennlinien. Wegen identischer Basis-Emitter-Spannungen von T_4 und T_5 sind auch die zugehörigen Kollektorströme gleich. Die im Bild eingetragenen Stromrichtungen gelten für die jeweiligen Ruheströme und werden in nachfolgenden Formeln für die Stromänderungen (Signalströme) vorzeichenrichtig angesetzt.

Bei idealer Symmetrie – d. h. T_1 und T_2 bzw. T_4 und T_5 jeweils identisch – lassen sich aus der Schaltung folgende Zusammenhänge direkt ablesen:

$$T_1: \quad i_{C1} = i_{C4} + 2 \cdot i_B \,,$$
$$T_2: \quad -i_{C1} = i_{C4} + i_{B6} \quad (\text{mit: } i_{C2} = -i_{C1} \text{ und } i_{C5} = i_{C4})\,.$$

Die Differenz aus beiden Gleichungen führt dann auf $i_{B6} = -2(i_{C1} - i_B)$.

Der auskoppelnde Transistor T_6 wird also praktisch mit dem doppelten Signalstrom der beiden Eingangstransistoren ($i_{B6} \approx -2 i_{C1}$) angesteuert. Damit kann der Übergang vom symmetrisch arbeitenden Differenzverstärker auf die nachfolgende unsymmetrische Stufe (T_6) ohne Verluste an Dynamik erfolgen, wobei eventuell vorhandene Gleichtaktanteile durch die Addition der gegenläufigen Stromänderungen in T_1 bzw. T_2 zum großen Teil eliminiert werden.

Die aus Symmetriegründen erforderliche Gleichheit der Arbeitspunkte von T_1 und T_2 bzw. von T_4 und T_5 wird dadurch erzwungen, dass der durch T_2 fließende Basis-Ruhestrom I_{B6} genauso groß gewählt wird wie der durch T_1 fließende Ruhestrom $I_{B4}+I_{B5}=2I_B$.

Bei anderen Anwendungen kann die durch Basisströme verursachte Unsymmetrie verringert werden durch eine der folgenden Modifikationen:

- Ersatz der pnp-Transistoren durch npn-Typen (höhere Stromverstärkungen),
- Erweiterung/Verbesserung des Stromspiegels durch einen oder mehrere zusätzliche Transistoren (*Wilson*-Stromspiegel, Kaskode-Stromspiegel),
- Ersatz bipolarer Transistoren durch MOSFETs .

Beispiel 2: Stromrückkopplungs-Verstärker (Current-Feedback-Amplifier)

Die Eingangsstufe eines modernen Operationsverstärkers mit Strom-Rückkopplung (CFA) ist in Bild 2.7 skizziert. Die beiden Transistoren in Kollektorschaltung am p-Eingang sichern den hohen Eingangswiderstand und kompensieren die Basis-Emitter-Spannungen der jeweils nach-folgenden Transistoren, damit beide Eingänge auf gleichem Ruhepotential liegen (normaler-weise Null Volt). Die beiden nur als Block dargestellten Stromspiegel gleichen im Prinzip der Anordnung T_4-T_5 in Bild 2.6.

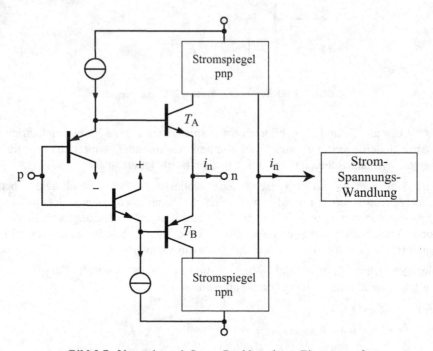

Bild 2.7 Verstärker mit Strom-Rückkopplung, Eingangsstufe

Wird durch externe Signale die Gleichheit der durch T_A und T_B fließenden Ströme gestört, wird die dadurch hervorgerufene Stromdifferenz als Signalstrom i_n durch die Stromspiegel auf die nächsten Stufen übertragen und steht nach Verstärkung als Signalspannung am Ausgang zur Verfügung. Damit kann das Übertragungsverhalten (Verstärkung) des CFA beschrieben werden durch das Verhältnis von Ausgangsspannung und Eingangsstrom i_n (Transimpedanz).

2.5 Was sind translineare Schaltungen?

Bei elektronischen Schaltungen, die nach dem translinearen Prinzip arbeiten, werden die Eingangs- und Ausgangsgrößen durch Signalströme gebildet (Strom-Modus), die so klein sind, dass bipolare Transistoren dabei im nichtlinearen Anlaufgebiet ihrer Steuerkennlinie betrieben werden. Der Zusammenhang zwischen Kollektorstrom und der steuernden Basis-Emitter-Spannung U_{BE} kann für sehr kleine Ströme dann bekanntlich durch eine ungestörte e-Funktion beschrieben werden ($U_T \approx 26...30$ mV):

$$I_C = I_S\left(e^{U_{BE}/U_T} - 1\right) \xrightarrow{\quad U_{BE} > 0,1 \text{ V} \quad} I_S \cdot e^{U_{BE}/U_T} \, .$$

Der Anstieg dieser Funktion – die innere Transistorsteilheit g – ergibt sich daraus direkt über die Bildung des Differentialquotienten:

$$\frac{dI_C}{dU_{BE}} = g = \frac{I_C}{U_T} \, .$$

Damit ist der Zusammenhang zwischen der Steilheit (transconductance) und dem zugehörigen Kollektorstrom linear, was zu der Bezeichnung „translinear" für alle Schaltungen geführt hat, bei denen dieser Zusammenhang gezielt ausgenutzt wird [12].

Die sich daraus ergebende Beziehung zwischen den fließenden Strömen in Schaltungen mit mehr als einem bipolaren Transistor wird nachfolgend an zwei Beispielen verdeutlicht.

2.5.1 Beispiel 1 (Stromspiegel, s. Abschn. 2.4)

Um den Formalismus beim translinearen Prinzip erkennen zu können, wird ein idealisierter npn-Stromspiegel betrachtet (mit $I_{C1} = I_{C2}$), bei dem beide Basis-Emitter-Strecken über den gemeinsamen Masseanschluss eine geschlossene Schleife bilden, s. Bild 2.8.

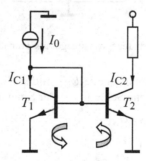

Bild 2.8 Einfacher npn-Stromspiegel

Das translineare Prinzip gilt ebenso für bipolare pnp- und für MOS-Feldeffekt-Transistoren. Um bei den folgenden Betrachtungen unabhängig vom gewählten Transistortyp zu sein, wird die Polarität der steuernden Eingangsspannung aller Transistoren durch die Indizes „pn" bzw. „np" berücksichtigt. Für beide npn-Transistoren in Bild 2.8 gilt darum mit $U_{BE} \equiv U_{pn}$:

$$I_{C1} = I_{C2} = I_C = I_S \cdot e^{U_{pn}/U_T} \quad \Rightarrow \quad U_{pn} = U_T \ln\left(\frac{I_C}{I_S}\right) \, .$$

Für die über beide Basis-Emitter-Strecken und Masseanschluss geschlossene Schleife ist

$$U_{\mathrm{pn},1} + U_{\mathrm{np},2} = 0 \quad \Rightarrow \quad U_{\mathrm{pn},1} = U_{\mathrm{pn},2} \quad \text{wegen} \quad U_{\mathrm{np},2} = -U_{\mathrm{pn},2}\,,$$

$$\Rightarrow U_{\mathrm{T}} \ln\!\left(\frac{I_{\mathrm{C1}}}{I_{\mathrm{S1}}}\right) = U_{\mathrm{T}} \ln\!\left(\frac{I_{\mathrm{C2}}}{I_{\mathrm{S2}}}\right),$$

$$\Rightarrow I_{\mathrm{C1}} = I_{\mathrm{C2}} = I_0\,.$$

Die letzte Gleichung gilt nur unter der Voraussetzung, dass beide Transistoren identisch sind (Sperrströme $I_{\mathrm{S1}} = I_{\mathrm{S2}}$) und die Vernachlässigung des Basisstroms zulässig ist.

2.5.2 Beispiel 2 (Spannungsgesteuerter Stromspiegel)

Die erweiterte Stromspiegelschaltung in Bild 2.9 besteht aus zwei npn- und zwei pnp-Transistoren.

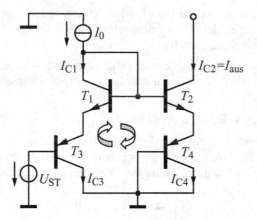

Bild 2.9 Steuerbarer Stromspiegel als Translinear-Schleife

Zusammen mit der externen Spannungsquelle U_{ST} bilden die Basis-Emitter-Strecken der vier Transistoren wieder eine geschlossene Schleife mit der Spannungsgleichung

$$U_{\mathrm{np},3} + U_{\mathrm{np},1} + U_{\mathrm{pn},2} + U_{\mathrm{pn},4} - U_{\mathrm{ST}} = 0\,,$$

$$U_{\mathrm{pn},2} + U_{\mathrm{pn},4} = U_{\mathrm{pn},3} + U_{\mathrm{pn},1} + U_{\mathrm{ST}}\,,$$

$$U_{\mathrm{T}} \ln\!\left(\frac{I_{\mathrm{C2}}}{I_{\mathrm{S2}}}\right) + U_{\mathrm{T}} \ln\!\left(\frac{I_{\mathrm{C4}}}{I_{\mathrm{S4}}}\right) = U_{\mathrm{T}} \ln\!\left(\frac{I_{\mathrm{C3}}}{I_{\mathrm{S3}}}\right) + U_{\mathrm{T}} \ln\!\left(\frac{I_{\mathrm{C1}}}{I_{\mathrm{S1}}}\right) + U_{\mathrm{ST}}\,.$$

Werden beide Seiten der Gleichung durch U_{T} dividiert und zum Exponenten einer e-Funktion erhoben, erhält man die Stromgleichung

$$I_{\mathrm{C2}} \cdot I_{\mathrm{C4}} = I_{\mathrm{C1}} \cdot I_{\mathrm{C3}} \cdot \mathrm{e}^{U_{\mathrm{ST}}/U_{\mathrm{T}}}\,.$$

Dabei wurden sowohl für das npn- als auch für das pnp-Paar jeweils gleiche Eigenschaften vorausgesetzt ($I_{\mathrm{S1}} = I_{\mathrm{S2}}$ und $I_{\mathrm{S3}} = I_{\mathrm{S4}}$).

Bei Vernachlässigung der Basisströme ist außerdem

$$I_0 = I_{C1} = I_{C3} \quad \text{und} \quad I_{C2} = I_{C4} = I_{\text{aus}} \, .$$

Damit kann vereinfacht werden:

$$I_{\text{aus}} = I_0 \cdot e^{U_{ST}/2U_T} \, .$$

Im Ausgangskreis fließt also ein Strom, der für U_{ST}=0 dem Referenzstrom I_0 gleicht und über eine e-Funktion durch die Spannung U_{ST} in beide Richtungen verändert werden kann.

Sonderfall. Für den speziellen Fall, dass U_{ST}=0 ist, entsteht das ungestörte Gleichungssystem für eine aus vier pn-Übergängen bestehende „Translinear-Schleife":

$$U_{\text{pn},2} + U_{\text{pn},4} = U_{\text{pn},3} + U_{\text{pn},1} \, ,$$

$$I_{C2} \cdot I_{C4} = I_{C1} \cdot I_{C3} \, .$$

2.5.3 Das translineare Prinzip

Auf dem Wege einer Verallgemeinerung der Ergebnisse aus den beiden Beispielen kann das Prinzip translinearer Schaltungen nun formuliert werden. Eine „Translinear-Schleife" TL wird gebildet aus einer Zusammenschaltung mehrerer Transistoren, wenn folgende Bedingungen erfüllt sind [13]

- Die Schleife TL besteht nur aus pn-Übergängen, die in diesem Zusammenhang dann als „translineare" Elemente bezeichnet werden;

- Die Anzahl der pn-Übergänge (vom positiven zum negativen Potential) ist bei einem Spannungsumlauf in Uhrzeigerrichtung (clockwise, cw) genauso groß wie in entgegengesetzter Richtung (counter clockwise, ccw);

- Gleiche Transistortypen haben untereinander jeweils exakt die gleichen Eigenschaften (Stromverstärkung, Sättigungssperrstrom, Temperaturniveau).

Für jede translineare Schleife gilt dann, dass das Produkt der einzelnen Ströme I_{TL} innerhalb jeder der beiden Translinear-Gruppen (cw bzw. ccw) jeweils identisch ist. Das Translinear-Prinzip kann in Kurzform deshalb durch eine Summengleichung für Spannungen und eine Produktgleichung für Ströme ausgedrückt werden:

$$\sum_{\text{cw}} U_{\text{pn}} = \sum_{\text{ccw}} U_{\text{pn}} \, ,$$

$$\prod_{\text{cw}} I_{TL} = \prod_{\text{ccw}} I_{TL} \, .$$

(2.5)

2.5.4 Translineare Schaltungen mit MOSFET

Einleitend wurde bereits darauf hingewiesen, dass für translineare Schaltungen auch MOS-FETs – durchaus auch in Kombination mit bipolaren Transistoren – zur Anwendung kommen können. Feldeffektransistoren verfügen im Normalbetrieb aber über eine nahezu quadratische Steuerkennlinie. Diese Charakteristik scheint zunächst zum Translinear-Konzept im Widerspruch zu stehen, welches ja auf dem Zusammenhang zwischen Spannung und Strom nach einer e-Funktion beruht.

Werden jedoch selbstsperrende MOSFETs vom Anreicherungstyp im Bereich der schwachen Inversion unterhalb ihrer Schwellenspannung betrieben, zeigen auch sie die für translineare Anwendungen erforderliche Strom-Spannungs-Charakteristik nach einer e-Funktion. In diesem Bereich fließt – wie beim pn-Übergang bipolarer Transistoren – ein reiner Diffusionsstrom im pA- bis μA-Bereich.

In Bild 2.10 ist die Strom-Spannungs-Kennlinie eines selbstsperrenden n-Kanal-MOSFET mit einer Schwellenspannung von etwa 1,6 Volt aufgetragen. Die Darstellung mit einer linearen Skalierung (links) zeigt den klassischen Verlauf mit quadratischer Steuerkennlinie. Wenn die Bereiche kleiner Ströme unterhalb der Schwellenspannung durch logarithmische Skalierung hervorgehoben werden (rechts), erscheint der nach einer e-Funktion verlaufende Kurventeil als gerader Anstieg im Bereich etwa zwischen 1 pA und 1μA.

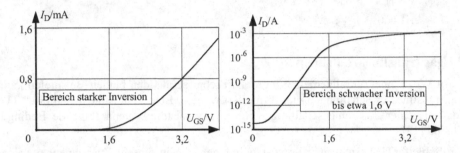

Bild 2.10   n-MOSFET, Kennlinie I_D=f(U_{GS}), Darstellung linear und logarithmisch

Es ist möglich, die MOSFET-Eigenschaften gezielt im Hinblick auf diese Spezialanwendung zu optimieren, da das Translinear-Prinzip sinnvoll sowieso nur in IC-Technologie realisiert werden kann (CMOS, BiCMOS). Der Hauptgrund dafür ist die bei der Ableitung von Gl. (2.5) vorausgesetzte Gleichheit der Sättigungssperrströme I_S sowie die Gleichheit der durch die Temperatur der pn-Übergänge bestimmten Spannung U_T.

2.5.5 Anwendung translinearer Schaltungen

Das translineare Prinzip bildet die Grundlage elektronischer Schaltungen zur analogen Signalverarbeitung im „Logarithmus-Modus" (log domain, Log-Modus). Dieser speziellen Technik kommt heute eine ganz besondere Bedeutung zu im Hinblick auf mobile Kommunikations-Endgeräte mit extrem kleinen Versorgungsspannungen (s. Abschn. 2.6).

2.6   Was bedeutet Signalverarbeitung im „Log-Modus"?

Angeregt und motiviert durch extreme Anforderungen der sich rasant entwickelnden mobilen Kommunikationsdienste – mit Betriebsspannungen unterhalb von einem Volt – wurde innerhalb der letzten 15 Jahre für die analoge Signalverarbeitung eine spezielle Technik entwickelt, bei der die Verstärkerelemente (Transistoren) im nichtlinearen Anlaufbereich ihrer Spannungs-Strom-Kennlinien betrieben werden können [14]. Dieses gilt auch für MOSFETs im Bereich schwacher Inversion (s. Abschn. 2.5).

Dabei bewirkt der einer e-Funktion folgende Kennlinienverlauf zunächst eine logarithmische Verzerrung der Eingangssignale. Dieser Effekt muss in einer speziellen Stufe am Ausgang durch eine entsprechende Entzerrung wieder kompensiert werden. Damit stellt diese Art der Signalverarbeitung im Logarithmus-Modus (Log-Modus-Technik) eine spezielle Form der Kompandierung (Kompression-Expansion) dar, bei der die Dynamik von der Signalamplitude bestimmt wird nach dem Prinzip der Momentanwert-Kompandierung.

2.6.1 Beispiel: Tiefpass

Das Log-Modus-Prinzip soll am Beispiel eines einfachen Tiefpassfilters demonstriert werden. Das zu verarbeitende Signal muss in Form eines Stromes vorliegen, um an einem pn-Übergang eine in der Dynamik komprimierte Spannung nach der Funktion des natürlichen Logarithmus erzeugen zu können. Nach der Filterung erfolgt die Expansion in umgekehrtem Sinne über eine Spannungs-Strom-Wandlung an der e-Funktion eines weiteren pn-Übergangs.

Folglich erscheinen Ein- und Ausgangssignale des eigentlichen Log-Modus-Filters als Ströme. Zur Vorspannungserzeugung (Ruheströme) und zur Potentialangleichung sind noch weitere Transistoren – teilweise in Stromspiegelschaltung – erforderlich. Je nach Realisierungsprinzip liegen die Betriebsspannungen dafür in der Größenordnung von einer oder zwei Diffusions-spannungen (0,6....1,2 V) mit Ruheströmen im unteren Mikroampere-Bereich.

Die schematische Darstellung in Bild 2.11 demonstriert die Funktionen der drei nichtlinearen Baugruppen: Kompression, Signalverarbeitung, Expansion. Im Idealfall kann zwischen dem Eingangsstrom I_E und dem Ausgangsstrom I_A ein linearer Zusammenhang in Form einer her-kömmlichen Übertragungsfunktion angegeben werden.

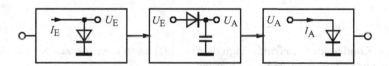

Bild 2.11 Log-Modus-Filterung, Prinzipdarstellung

Bei der schaltungsmäßigen Umsetzung zeigt sich, dass in vielen Fällen die Transistoren eine Translinear-Schleife bilden, so dass bei der rechnerischen Behandlung derartiger Schaltungen die in Abschn. 2.5 mit Gl. (2.5) formulierte Gesetzmäßigkeit angewendet werden kann.

Die Schaltung eines Tiefpassfilters ersten Grades mit vier signalverarbeitenden npn-Transistoren ist in Bild 2.12 wiedergegeben. Erzwungen durch die im Bild nur als Symbol dargestellten vier identischen Stromquellen werden die vier Transistoren jeweils im gleichen Arbeitspunkt betrieben.

Die zu filternde Signalgröße wird als Strom i_E eingespeist und durch die Eingangskennlinie des Transistors T_1 nach der natürlichen Logarithmusfunktion komprimiert. Dadurch wird die Eingangsspannung erzeugt für den eigentlichen Tiefpass, der durch den Widerstand des pn-Übergangs von T_2 und den Kondensator C gebildet wird. Der Transistor T_3 wirkt als reiner Spannungspuffer mit Potentialanhebung auf das Niveau des Eingangstransistors T_1. Damit arbeiten die beiden Transistoren T_1 und T_4 im gleichen Arbeitspunkt und die Kennlinie des pn-Übergangs von T_4 überführt die Filterausgangsspannung – bei gleichzeitiger Linearisierung (Expansion gemäß e-Funktion) – in den Ausgangsstrom i_A.

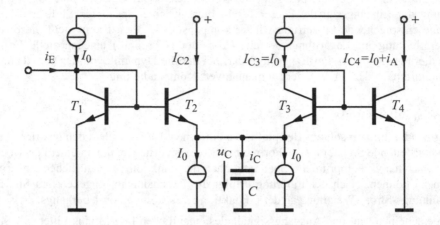

Bild 2.12 Log-Modus-Tiefpass ersten Grades

Die Basis-Emitter-Strecken der Transistoren bilden – ausgehend von T_1 über T_2, T_3, T_4 und über den gemeinsamen Massepunkt – eine klassische Translinear-Schleife (s. Abschn. 2.5), so dass mit Gl. (2.5) und für idealisierte Bedingungen mit vier identischen Transistoren und vernachlässigbaren Basisströmen der folgende Berechnungsansatz gilt:

$$I_{C1}I_{C3} = I_{C2}I_{C4} \tag{2.6}$$

mit

$$I_{C2} = I_0 + i_C(t) \quad \text{und} \quad I_{C3} = I_0 \,.$$

Der durch den Kondensator fließende Signalstrom $i_C(t)$ kann über die zeitliche Ableitung der Kondensatorspannung $u_C(t)$ ausgedrückt werden:

$$I_{C2} = I_0 + i_C(t) = I_0 + C\frac{du_C(t)}{dt} \,.$$

Damit wird aus Gl. (2.6)

$$I_{C1} = \frac{I_{C4}}{I_0}\left(I_0 + C\frac{du_C(t)}{dt} \right) = I_{C4} + \frac{I_{C4}}{I_0}C \cdot \frac{du_C(t)}{dt} \,. \tag{2.7}$$

Der Transistors T_3 überträgt die Kondensatorspannung auf die Basis von T_4, wodurch $u_C(t)$ in den Kollektorstrom I_{C4} überführt wird (Delogarithmierung):

$$I_{C4} = I_0 \cdot e^{u_C(t)/U_T} \quad \Rightarrow \quad \frac{dI_{C4}}{dt} = \frac{I_{C4}}{U_T} \cdot \frac{du_C(t)}{dt} \quad \Rightarrow \quad \frac{du_C(t)}{dt} = \frac{U_T}{I_{C4}} \cdot \frac{dI_{C4}}{dt} \,.$$

Damit wird aus Gl. (2.7)

$$I_{C1} = I_{C4} + \frac{C \cdot U_T}{I_0} \cdot \frac{dI_{C4}}{dt} \,.$$

Mit den aus Bild 2.12 ablesbaren Stromsummen

$$I_{C1} = I_0 + i_E(t) \quad \text{und} \quad I_{C4} = I_0 + i_A(t)$$

entsteht daraus die Differentialgleichung erster Ordnung

$$i_E(t) = i_A(t) + \frac{C \cdot U_T}{I_0} \cdot \frac{\mathrm{d}}{\mathrm{d}t}\big(i_A(t)\big),$$

die über die *Laplace*-Transformation zur Tiefpass-Übertragungsfunktion führt:

$$\frac{I_A(s)}{I_E(s)} = \frac{1}{1 + s\dfrac{C U_T}{I_0}} \quad \text{mit} \quad \omega_G = \frac{I_0}{C U_T}. \tag{2.8}$$

Zur Illustration der Funktionsweise des Log-Modus-Filters aus Bild 2.12 sind in Bild 2.13 die Simulationsergebnisse für Eingangs- und Ausgangsstrom sowie für die beiden zugehörigen Spannungen an den entsprechenden pn-Übergängen dargestellt. Die Versorgungsspannung an den Kollektoranschlüssen von T_2 und T_4 beträgt dabei $U_V = +1$ V.

Filterdaten: $I_0 = 10$ μA, $C = 61{,}2$ nF, $U_T = 26$ mV $\Rightarrow$ $f_G = 1$ kHz.

Eingangssignal: $i_E = \hat{i}_E \cdot \sin(2\pi \cdot f_E \cdot t)$ mit $\hat{i}_E = 8$ μA und $f_E = f_G = 1$ kHz.

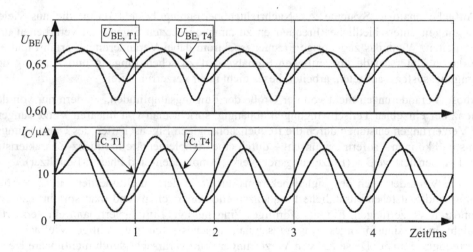

Bild 2.13 Strom- und Spannungsverläufe zur Schaltung in Bild 2.12

Auswertung

Der im oberen Teil von Bild 2.13 aufgetragene Verlauf von Eingangs- und Ausgangsspannung für das innere Log-Modus-Tiefpassfilter zeigt die erwarteten logarithmischen Verzerrungen. Die zugehörigen Ströme (Bild 2.13, unterer Teil) dagegen pendeln sinusförmig um den eingestellten Ruhestrom $I_0 = 10$ μA. Da als Frequenz die 3-dB-Grenzfrequenz gewählt wurde, ist die Amplitude des Ausgangsstromes um den Faktor 0,707 gedämpft und die Phasenverschiebung zwischen den beiden Strömen beträgt erwartungsgemäß 1/8 Periode – entsprechend einem Winkel von −45°.

2.6.2 Anwendung von Log-Modus-Filtern

Die in Bild 2.12 gezeigte Schaltung besteht aus vier Transistoren und vier Stromquellen und erscheint damit für einen Tiefpass ersten Grades unverhältnismäßig aufwendig. Dabei muss jedoch berücksichtigt werden, dass derartige Log-Modus-Grundschaltungen (Integrator, Tiefpass, Bandpass) Bausteine für höhergradige Filter sind, die ausschließlich in integrierter Form hergestellt werden. Grund dafür ist die erforderliche Gleichheit aller pn-Übergänge mit den zugehörigen Temperaturniveaus.

Besondere Vorteile bei der Realisierung verspricht die BiCMOS-Technologie, bei der sowohl bipolare als auch MOS-Transistoren auf einem Chip kombiniert werden. MOS-Transistoren haben darüber hinaus noch den Vorteil, dass kein Strom in den Steuereingang (Gate) fließt.

Potentielle Anwendungsgebiete sind im Prinzip alle Bereiche der mobilen Kommunikation – insbesondere Systeme, bei denen es auf extrem niedrige Versorgungsspannungen und geringen Leistungsverbrauch ankommt. Besonders zu erwähnen in diesem Zusammenhang sind tragbare Endgeräte für moderne Kommunikationsdienste, elektronische Hörhilfen, Elektronik für die medizinische Diagnostik und langlebige Minisender zur Ortung beweglicher Objekte (Vogelzug, Tierwanderungen).

2.7 Verzerrungen – linear oder nichtlinear?

Die Aufgabe analoger Systeme zur Nachrichtenübertragung besteht darin, die aus vielen Schwingungen unterschiedlicher Frequenzen zusammengesetzten Signale zu verarbeiten und weiterzuleiten. Wenn das zugehörige Frequenzspektrum dabei Veränderungen erfährt und als Folge davon Unterschiede im zeitlichen Signalverlauf zwischen Eingang und Ausgang des Übertragungssystems auftreten, arbeitet dieses nicht mehr verzerrungsfrei.

Sind diese Veränderungen nicht von der Größe der Eingangsamplituden, sondern nur von der Frequenz der einzelnen Teilschwingungen abhängig, spricht man von linearen Verzerrungen. Diese Verzerrungen entstehen durch die frequenzabhängigen Eigenschaften des Übertragungssystems und können – sofern gewünscht – durch eine komplementäre Frequenz-Charakteristik wieder kompensiert werden (Entzerrungsnetzwerke, Amplituden- und Phasen-Equalizer).

Sofern die Veränderungen des Signalspektrums auch von der Amplitude der Eingangsgröße abhängig sind, entstehen zusätzliche Frequenzanteile (Oberwellen) und man spricht man von nichtlinearen Verzerrungen. Ein sinusförmiges Eingangssignal produziert dann ein verzerrtes und nicht mehr sinusförmiges Ausgangssignal, welches auch ganzzahlige Vielfache der Grundfrequenz enthält. Diese Art von Verzerrungen wird verursacht durch nichtlineare Kennlinien einzelner Übertragungsglieder und kann durch eine Komplementär-Charakteristik nur in Sonderfällen wieder kompensiert werden. Einen derartigen Sonderfall stellen Translinear-Schaltungen dar, vgl. Abschn. 2.5 und 2.6).

Lineare Verzerrungen

Lineare Verzerrungen entstehen dadurch, dass einzelne Frequenzanteile des Signalspektrums beim Durchgang durch das Übertragungssystem in unterschiedlichem Maße verstärkt bzw. gedämpft werden und sich die jeweilige Phasenlage dabei verändert. Man spricht deshalb auch von Dämpfungs- und von Phasenverzerrungen.

Beide Anteile treten immer gleichzeitig auf, da sie eine gemeinsame Ursache haben: Die von der Frequenz abhängigen Übertragungseigenschaften des Systems – primär verursacht durch Halbleiter-Grenzfrequenzen und kapazitive Effekte (s. dazu Abschn. 1.11). In vielen Fällen sind diese Effekte zwar nicht erwünscht, aber im Zusammenhang mit einer notwendigen Bandbegrenzung oft nicht zu vermeiden. Bei anderen Anwendungen (Filtertechnik) wird eine Frequenzabhängigkeit jedoch gezielt hergestellt und ausgenutzt und man spricht dann eher von „spektraler Formgebung" als von Verzerrungen.

Nichtlineare Verzerrungen

Innerhalb der analogen Signalverarbeitung gibt es viele Bereiche mit gezielt nichtlinearen Operationen, wie z. B. bei der Gleichrichtung, Mittelwertbildung, Großsignal-Verstärkung, Frequenzsynthese und Modulation. Im Gegensatz dazu spricht man von nichtlinearen Verzerrungen bei Veränderungen des Signalspektrums – hervorgerufen durch die unvermeidlichen Abweichungen vom linearen Verlauf der Übertragungskennlinien einzelner Bauteile oder Baugruppen. Ein typischer Grenzfall ist die Übersteuerung eines Verstärkers bis zur harten Signalbegrenzung durch die Betriebsspannung.

Da sich diese Art der Verzerrungen bei der analogen Signalübertragung sehr störend bemerkbar machen, werden einzelne Übertragungseinheiten mit viel Aufwand in einem begrenzten Bereich linearisiert (Stichwort: Gegenkopplung). Der verbleibende Grad der Nichtlinearität wird dann als Qualitätsmaß definiert und zum Vergleich mit den Vorgaben oder mit anderen Systemen zahlenmäßig als „Klirrfaktor" angegeben (Total Harmonic Distortion, THD).

In diesem Zusammenhang sei erwähnt, dass das Prinzip der Signalgegenkopplung von *Harold S. Black* im Jahre 1927 eingeführt und beschrieben wurde – mit dem Ziel, die nichtlinearen Verstärkerverzerrungen in Telefonnetzen zu reduzieren.

2.8 Ein digitaler Baustein als Linearverstärker?

Ein CMOS-Inverter besteht aus zwei komplementären MOS-Transistoren, die wie in Bild 2.14 zusammengeschaltet sind (ohne die Widerstände R_1 und R_2).

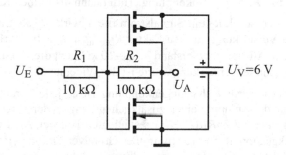

Bild 2.14 CMOS-Inverter (Grundschaltung: $R_1=0$, $R_2 \rightarrow \infty$)

Wenn an den gemeinsamen Gate-Anschluss – zunächst ohne R_1 und R_2 – eine variable Gleichspannung U_E gelegt wird, kann die Übertragungskennlinie der CMOS-Umkehrstufe simuliert werden, vgl. Bild 2.15 (Kurve 1). Die Kennlinie zeigt das bekannte Schaltverhalten mit einem sehr steilen Übergang zwischen beiden Extremwerten.

Für zwei Transistoren mit ideal komplementären Eigenschaften (insbesondere mit gleichen Steilheitskoeffizienten und Schwellenspannungen) erfolgt der Übergang bei $U_G=U_V/2=3V$. In diesem schmalen Übergangsbereich befinden sich beide MOSFETs im gesättigten Zustand und die Kombination kann als Source-Schaltung des unteren n-Kanal-Elements mit einem relativ großen dynamischen Arbeitswiderstand interpretiert werden, der durch den oberen p-Kanal-Transistor gebildet wird. Die zugehörige Spannungsverstärkung entspricht der Steigung der Übertragungskennlinie $U_A=f(U_E)$; im Beispiel: $\Delta U_A/\Delta U_E \approx -1000$ (im Bild nicht ablesbar).

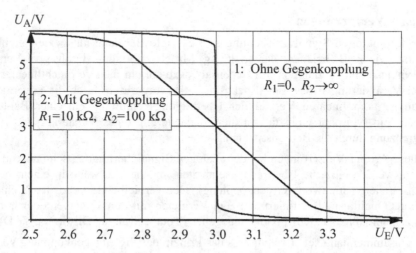

Bild 2.15 CMOS-Inverter, Übertragungskurven, (1) ohne und (2) mit Gegenkopplung

Unter der Voraussetzung, dass ein stabiler Arbeitspunkt im linearen Teil der Übertragungskennlinie eingestellt wird, kann der CMOS-Inverter deshalb auch als invertierender Verstärker eingesetzt werden. Die Kennlinie (1) in Bild 2.15 zeigt, dass bei idealer Symmetrie zwischen beiden Transistoren sowohl die Gleichspannung am Ausgang als auch die zugehörige Gate-Spannung den Wert $U_V/2$ hat. Damit kann ein optimaler und stabiler Arbeitspunkt automatisch dadurch erzeugt werden, dass ein Widerstand R_2 zwischen Ausgang (Drain) und Eingang (Gate) geschaltet wird. Die Signaleinkopplung erfolgt dann über einen Koppelkondensator.

Da im Verstärkerbetrieb durch R_2 ein Signalstrom fließt, wirkt R_2 als Lastwiderstand und verringert die effektive Verstärkung um den Faktor $R_2/(r_{aus,0}+R_2)$. Im vorliegenden Beispiel mit $R_2=100$ kΩ und einem Ausgangswiderstand $r_{aus,0}=10$ kΩ geht die Verstärkung zurück auf den Wert $v_0 \approx -910$. Für kleinere Verstärkungswerte ist der Widerstand R_2 zu reduzieren.

Wegen der zahlreichen Vorteile der Gegenkopplung ist es jedoch ratsam, den gewünschten Verstärkungswert stattdessen durch einen zusätzlichen Längswiderstand R_1 einzustellen. Dabei wird ein durch den Faktor $k_R=R_1/(R_1+R_2)$ festgelegter Teil der Ausgangsspannung auf den Gate-Anschluss rückgekoppelt. Bei relativ großer Grundverstärkung (Beispiel: $v_0 \approx -910$) wird die resultierende Verstärkung – analog zum Inverter-Betrieb eines Operationsverstärkers – dann praktisch nur durch das Verhältnis R_2/R_1 bestimmt. Die Neigung der Kennlinie bestätigt diese Abschätzung: $R_2/R_1=10$, Kurve (2) in Bild 2.15 mit $\Delta U_A/\Delta U_E=-2/0,2=-10$.

Wird der CMOS-Inverter mit bzw. ohne Gegenkopplung einer AC-Simulation unterzogen, erhält man den Amplitudengang in Bild 2.16. Die Signalspannung wurde dabei über einen ausreichend groß dimensionierten Koppelkondensator eingespeist.

Die Verstärkungsüberhöhung der gegengekoppelten Schaltung oberhalb von 1 MHz deutet hin auf ein System 2. Ordnung – hier verursacht durch die kapazitiven Eingangsimpedanzen beider Transistoren und durch ihren Einfluss auf die Schleifenverstärkung.

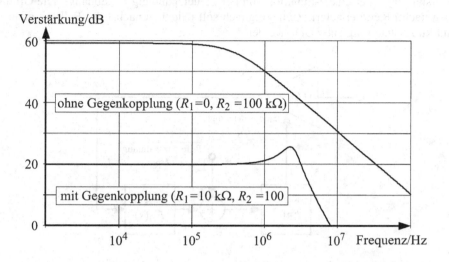

Bild 2.16 CMOS-Inverter, Verstärkungsverlauf mit/ohne Gegenkopplung

Ein weiterer Vorteil, der mit der Gegenkopplung verknüpft ist, besteht in der Verringerung des Ausgangswiderstand um den Faktor $(1 - k_R v_0)$. Für die Schaltung in Bild 2.14 ergibt sich auf diese Weise mit $v_0 = -910$, $k_R = 1/11$ und $r_{aus,0} = 10$ kΩ ein differentieller Ausgangswiderstand von nur $r_{aus} = 119$ Ω. Damit wird der Verstärkungswert zunehmend unabhängiger von einer am Ausgang angeschlossenen Last.

Mehrere CMOS-Inverter im linearen Verstärkerbetrieb, deren Arbeitspunkte jeweils durch einen Widerstand zwischen Drain- und Gate-Anschluss eingestellt und stabilisiert sind, können mit kapazitiver Kopplung in Serie geschaltet und mit einer gemeinsamen Signalgegenkopplung versehen werden.

2.9 Warum sind AGC-Verstärker „linear-in-dB"?

Elektronische Schaltungen zur automatischen Verstärkungsregelung (Automatic Gain Control, AGC) haben die Aufgabe, den Effektivwert U_A der Ausgangsspannung eines Verstärkers auf einem vorgegebenen Sollwert U_R (Referenzspannung) zu halten – und zwar unabhängig von Schwankungen der Eingangsspannung und/oder der Belastung. Zu diesem Zweck wird die Ausgangsspannung in einem Detektor (Gleichrichter) in eine proportionale Gleichspannung gewandelt, um durch anschließenden Vergleich mit der Sollgröße U_R eine Steuerspannung zu erzeugen, die den Verstärkungswert korrigiert und so der Änderung entgegenwirkt.

Das Prinzip dieses Regelkreises ist in Bild 2.17 skizziert. Dabei hat der Regler F_R primär die Aufgabe, dem System eine gewisse Trägheit zu verleihen, damit es auf langsame und schnelle bzw. abrupte Änderungen unterschiedlich reagieren kann.

Wichtigstes Element in diesem geschlossenen System ist der spannungsgesteuerte Verstärker, dessen Charakteristik sowohl die Empfindlichkeit als auch die dynamischen Eigenschaften des Regelkreises bestimmt. Es ist übliche Praxis, dafür eine Funktion $v=f(U_S)$ zu wählen, bei der die Verstärkung über eine e-Funktion von der Steuerspannung U_S abhängt. Die Gründe dafür werden nachfolgend erläutert. Zum Vergleich soll jedoch zunächst der Fall mit einer linearen Verstärkungssteuerung untersucht werden.

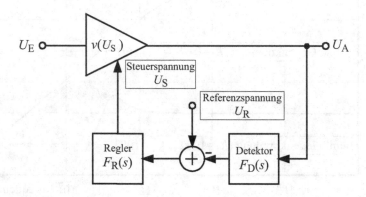

Bild 2.17 Prinzipdarstellung zur automatischen Verstärkungsregelung

Linearer Zusammenhang $v=f(U_S)$

Mit dem Ansatz

$$v = v_N + k_S \cdot U_S$$

stellt sich für eine Steuerspannung $U_S=0$ die Verstärkung v_N (Nennverstärkung) ein, die – je nach Vorzeichen von U_S – größer oder kleiner werden kann. Als Eingangsspannung wird ein zunächst konstanter Wert U_{E0} angenommen, so dass für die Ausgangsspannung gilt:

$$U_A = v \cdot U_{E0} = (v_N + k_S \cdot U_S)U_{E0} = v_N \cdot U_{E0} + k_S \cdot U_S \cdot U_{E0} = U_{A0} + k_S \cdot U_S \cdot U_{E0} \,.$$

Da der Regelkreis nur auf die Schwankungen der Ausgangsspannung U_A reagiert, wird sein dynamisches Verhalten ausschließlich durch die Schleifenverstärkung bestimmt, die sich für Signaländerungen einstellt. Der Signalweg von U_S nach U_A muss als Teil des geschlossenen Kreises deshalb durch den Differentialquotienten berücksichtigt werden:

$$\frac{dU_A}{dU_S} = k_S \cdot U_{E0} \,.$$

Mit den als gegeben angenommenen Übertragungsfunktionen für Gleichrichter und Regler in Bild 2.17 kann die Verstärkung der geöffneten Schleife dann formal aufgeschrieben werden:

$$L_0(s) = -k_S \cdot U_{E0} \cdot F_D(s) \cdot F_R(s) \,.$$

Damit ist festzuhalten, dass die Schleifenverstärkung des AGC-Regelkreises also direkt von der Eingangsspannung U_{E0} abhängt. Deshalb ist eine optimale Auslegung der anderen drei Einflussgrößen (k_S, F_D, F_R) jeweils nur für eine bestimmte Eingangsspannung möglich.

Exponentieller Zusammenhang $v=f(U_S)$

Mit dem Ansatz $v = v_N \cdot e^{k_S \cdot U_S}$

ist $\qquad U_A = U_{E0} \cdot v = U_{E0} \cdot v_N \cdot e^{k_S \cdot U_S} = U_{A0} \cdot e^{k_S \cdot U_S}$

und $\qquad \dfrac{dU_A}{dU_S} = k_S \cdot U_{A0} \cdot e^{k_S \cdot U_S} = k_S \cdot U_A \cdot$

Damit lautet in diesem Fall die Übertragungsfunktion für die geöffnete Schleife:

$$L_0(s) = -k_S \cdot U_A \cdot F_D(s) \cdot F_R(s) \, .$$

Im Unterschied zum ersten Fall mit einer linearen Verstärkungssteuerung ist die Schleifenverstärkung bei einer exponentiellen Steuerungscharakteristik nicht vom Wert der sich ändernden Eingangsspannung abhängig, sondern enthält – neben den vorgegebenen Größen k_S, F_D und F_R – stattdessen als Faktor die Ausgangsspannung U_A, die aber bei arbeitender Regelung als nahezu konstant angesehen werden kann. Die AGC-Schaltung kann deshalb für einen vergleichsweise großen Bereich der Eingangsspannung ausgelegt und optimiert werden.

Bei der Dimensionierung der Teilsysteme des Regelkreises nach Bild 2.17 macht man dann sinnvollerweise von der Möglichkeit der Linearisierung durch Logarithmierung Gebrauch, um die Entwurfsstrategien der linearen Regelungstheorie anwenden zu können. Auf diese Weise wird die Multiplikation bei der Verstärkung in eine Addition überführt, wobei die Eingangs bzw. Ausgangsgrößen nunmehr durch Werte in dBV repräsentiert werden.

Aus systemtheoretischer Sicht ist es also günstig, wenn der Zusammenhang zwischen Steuerspannung und Verstärkungswert durch eine e-Funktion hergestellt wird. Damit verknüpft ist aber auch noch ein weiterer realisierungsbezogener Vorteil: Beim klassischen Bipolar-Differenzverstärker mit spannungsgesteuerter Stromquelle im Emitterzweig besteht bereits der exponentielle Zusammenhang zwischen Verstärkung und Steuerspannung. Diese Eigenschaft wird dann auch direkt ausgenutzt bei einigen kommerziellen AGC-Verstärkerbausteinen zur Erzeugung einer logarithmischen Steuercharakteristik (Stichwort: „linear-in-dB").

2.10 Die Phasenregelschleife (PLL) – linear oder nichtlinear?

Die Phasenregelschleife (phase-locked loop, PLL) ist eine stark nichtlineare Schaltung, deren zeitliche Reaktion auf eine von außen einwirkende Störung formelmäßig nicht eindeutig und klar beschrieben werden kann. Trotzdem wird bei der Dimensionierung von den Entwurfsrichtlinien und Gesetzmäßigkeiten der linearen Regelungstechnik Gebrauch gemacht. Diese Aussage erfordert einige Erläuterungen.

Aufgabe der Regelschleife ist es, das Ausgangssignal $u_0(t)$ eines gesteuerten Oszillators (VCO) nach Frequenz und Phase mit einem Referenzsignal $u_R(t)$ zu synchronisieren. Zu diesem Zweck erzeugt eine Vergleichsschaltung (Phasendetektor, PD) eine Fehlerspannung u_F, die über einen geeigneten Regler (Filter, F_R) als Steuerspannung u_S auf den VCO einwirkt. Das dynamische Verhalten der PLL wird im wesentlichen bestimmt durch das Schleifenfilter und die Art des Phasendetektors, der entweder nur auf die Phasenlage beider Signale anspricht (Multiplizierer, EXOR) oder sowohl auf Frequenz- als auch auf Phasendifferenzen reagieren kann (JK-FF, PD mit Ladungspumpe).

Die weiteren Ausführungen beziehen sich auf das Blockschaltbild eines rein analogen Phasenregelkreises in Bild 2.18(a) mit einem multiplizierenden Phasendetektor. Dieser PLL-Typ ist
auch weiterhin von Bedeutung für Anwendungen im Mikrowellenbereich sowie in der Funkempfangstechnik mit kohärenter Demodulation bei stark verrauschten Referenzsignalen. Die
Ausführungen gelten im Prinzip aber auch für die anderen PLL-Typen mit digital arbeitendem
Phasen-/Frequenzdetektor (PFD).

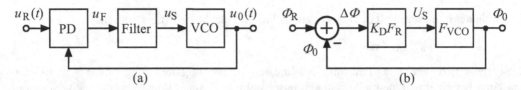

Bild 2.18 Phasenregelschleife, Blockschaltbild (a) und zugehöriges Linearmodell (b)

Mit dem Ansatz für die beiden zu synchronisierenden Spannungen

$$u_R(t) = \hat{u}_R \cdot \sin(\omega_R t + \varphi_R) \quad \text{und} \quad u_0(t) = \hat{u}_0 \cdot \cos(\omega_0 t + \varphi_0)$$

entsteht durch Multiplikation das PD-Ausgangssignal (Fehlerspannung)

$$u_F(t) = \underbrace{\frac{1}{2}\hat{u}_R\hat{u}_0 k_D}_{K_D}\left[\sin\left(\underbrace{(\omega_R - \omega_0)t}_{\omega_D} + \underbrace{(\varphi_R - \varphi_0)}_{\Delta\varphi} \right) + \underbrace{\sin\left((\omega_R + \omega_0)t + (\varphi_R + \varphi_0)\right)}_{\text{vernachlässigbar (Tiefpasswirkung)}} \right]. \quad (2.9)$$

Für den Fall, dass beide Frequenzen gleich sind ($\omega_D=0$) und der Anteil mit der Summe beider
Frequenzen im Tiefpass ausreichend gut unterdrückt wird, gilt der einfache Zusammenhang
zwischen Fehler- bzw. Steuerspannung und der Phasendifferenz beider Signale

$$u_F(t) = K_D \cdot \sin \Delta\varphi \xrightarrow{\Delta\varphi<30°} u_F(t) \approx K_D \Delta\varphi,$$
$$u_S(t) = F_R u_F(t) \approx K_D F_R \Delta\varphi \qquad (K_D: \text{PD-Konstante in V/rad}).$$
(2.10)

Das PLL-Linearmodell

Die zur Ableitung von Gl. (2.10) angesetzte Gleichheit beider Frequenzen ($\omega_D=0$) entspricht
dem angestrebten Betriebszustand des Phasenregelkreises, dessen Funktion und Stabilität unter
dieser Bedingung zu untersuchen bzw. durch eine geeignete Dimensionierung sichergestellt
werden muss. Um dafür die Entwurfswerkzeuge der linearen Regelungstheorie anwenden zu
können, muss der Regelkreis zunächst linearisiert werden. Da man sowohl beim Tiefpassfilter
als auch beim VCO von einer linearen Übertragungs- bzw. Steuercharakteristik ausgehen
kann, verbleibt als einzige nichtlineare Größe die Sinusfunktion in Gl. (2.10), die den Zusammenhang zwischen $\Delta\varphi$ und der Fehlerspannung am Ausgang des Phasendetektors beschreibt.

Wie in Gl. (2.10) angedeutet, wird deshalb als weitere Näherung die Voraussetzung $\Delta\varphi<30°$
eingeführt, um die Sinusfunktion durch ihr Argument ersetzen zu können. Unter diesen Bedingungen lässt sich dann Gl. (2.10) überführen in das lineare PLL-Modell in Bild 2.18(b), in dem
Eingangs- und Ausgangsgrößen jetzt repräsentiert werden durch die beiden Phaseninformationen
im *s*-Bereich – symbolisiert durch die Groß-Buchstaben.

Das Verhältnis zwischen Phasenfunktion am VCO-Ausgang und Steuerspannung führt über die *Laplace*-Transformation zur VCO-Übertragungsfunktion:

$$\underline{F}_{VCO}(s) = \frac{\Phi_0(s)}{U_S(s)} = \frac{K_0}{s} \qquad K_0\text{: Empfindlichkeit (VCO-Konstante) in } \frac{rad}{V \cdot s}.$$

Damit lautet die Übertragungsfunktion der offenen Schleife für das Linearmodell:

$$\underline{L}_0(s) = -K_D K_0 \frac{\underline{F}_R(s)}{s}.$$

Die Anwendung des Stabilitätskriteriums auf das *Bode*-Diagramm von $\underline{L}_0(j\omega)$ führt auf die Forderung, dass die Übertragungsfunktion $\underline{F}_R$ des Tiefpassfilters (Schleifenfilter) nur einen dominierenden Pol aufweisen darf mit einer zusätzlichen Nullstelle im kritischen Bereich um $|L_0| \approx 0$ dB.

Zusammenfassung

Das lineare PLL-Modell in Bild 2.18(b) ist nur gültig für den Fall der „eingerasteten" Regelschleife ($\omega_D = 0$, $\Delta\varphi < 30°$), wobei Eingangs- und Ausgangsgrößen durch die Phasenlage der jeweiligen Signale charakterisiert werden. Beim analogen multiplizierenden Phasendetektor ist das VCO-Signal (cosinus) im synchronisierten Zustand gegenüber dem Referenzsignal (sinus) in der Phase um 90° verschoben. Die für die Steuerspannung relevante Phasenverschiebung $\Delta\varphi$ bezieht sich auf diesen Synchronisationszustand. Die Bedeutung des Linearmodells besteht darin, dass es die Anwendung der etablierten Entwurfswerkzeuge aus der linearen Regelungstheorie gestattet und somit die Ausgangsbasis bildet zur Auswahl der konstanten Größen K_D und K_0 sowie der Tiefpassfunktion $\underline{F}_R(s)$.

Nichtlinearer Betriebszustand

Es stellt sich die Frage, ob eine PLL-Schaltung mit einem nur auf die Phase ansprechenden Phasendetektor in der Lage ist, den oben beschriebenen synchronisierten Zustand selbsttätig zu erreichen – auch wenn die Bedingung der Frequenzgleichheit anfangs nicht erfüllt ist ($\omega_D \neq 0$). Nach Gl. (2.9) wird die Fehlerspannung u_F dann durch die Funktion $\sin[(\omega_R - \omega_0) \cdot t]$ bestimmt, die jedoch nicht sinusförmig ist, weil der Anteil ω_0 im Argument durch die Steuerspannung u_S im geschlossenen Kreis verändert wird – mit der Folge, dass u_S über u_F also auf sich selber zurückwirkt. Dieser stark nichtlineare Prozess ist mathematisch nicht exakt zu beschreiben. Deshalb soll hier eine anschauliche Erklärung für das Verhalten der Phasenregelschleife unter diesen Anfangsbedingungen gegeben werden.

Bei ausreichend guter Unterdrückung der Summenfrequenz im Tiefpass liegt nach Gl. (2.9) am VCO die Steuerspannung

$$u_S(t) = K_D F_R \cdot \sin\big((\omega_R - \omega_0)t + (\varphi_R - \varphi_0)\big) = K_D F_R \cdot \sin\big(\omega_D t + (\varphi_R - \varphi_0)\big).$$

Das bedeutet, dass die VCO-Frequenz im Rhythmus der Differenzfrequenz $\omega_D = \omega_R - \omega_0$ schwankt (oder auch: „gewobbelt" bzw. „gesweept" wird). Unter der Annahme einer momentan positiven Steuerspannung ($u_S > 0$) mit $\omega_D = \omega_R - \omega_0 > 0$ steigt die VCO-Frequenz ω_0 für den vorausgesetzten Fall einer positiven Steuerkennlinie ($K_0 > 0$). Damit sinkt die Wobbelrate ω_D bei gleichzeitig steigender Periodendauer $T_D = 2\pi/\omega_D$. Im umgekehrten Fall sinkt demzufolge die Periodendauer T_D bei abnehmender VCO-Frequenz.

Als Konsequenz daraus wird die VCO-Frequenz ω_0 also gewobbelt mit einer Funktion, deren positive Halbwellen „breiter" sind als die negativen Halbwellen. Diese Unsymmetrie bei den Schwankungen der VCO-Frequenz führt dazu, dass die ebenfalls rhythmisch schwankende Steuerspannung $u_S(t)$ einen positiven Gleichanteil enthält, der eine langsame Annäherung beider Frequenzen bis zur Gleichheit $\omega_R = \omega_0$ bewirkt.

Damit ist nun die Voraussetzung zur Gültigkeit des Linearmodells erfüllt, so dass auch die verbleibenden Phasenunterschiede – bis auf die systematische 90°-Differenz – ausgeregelt werden. Die VCO-Frequenz wird also in Richtung Referenzfrequenz „gezogen", sofern der Frequenzunterschied nicht zu groß ist und innerhalb eines bestimmten Bereichs bleibt. Dieser „Ziehbereich" (pull-in range) ist eine der charakteristischen Größen zur Beschreibung des Verhaltens jeder Phasenregelschleife.

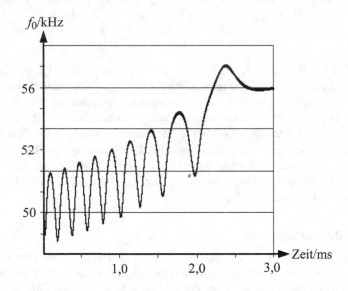

Bild 2.19 Ziehvorgang der VCO-Frequenz von 50 kHz auf 56 kHz

Dieser Vorgang kann durch Schaltungssimulation veranschaulicht werden. Im gezeigten Beispiel wird der VCO mit einer Nennfrequenz $f_{0,N}$=50 kHz innerhalb einer „pull-in time" von etwa drei Millisekunden auf die Referenzfrequenz f_R=56 kHz gezogen, s. Bild 2.19. Obwohl die Summenfrequenz im Bereich von 106...112 kHz bei der Simulation durch ein spezielles Tiefpassfilter zweiten Grades (Grenzfrequenz 20 kHz) zusätzlich um weitere 20 dB gedämpft wurde, ist sie als überlagerte Störung noch deutlich zu erkennen.

Durch ein derartiges Zusatzfilter entsteht aus einem Regelkreis zweiter Ordnung (mit jeweils einem Pol vom Schleifenfilter bzw. von der VCO-Übertragungsfunktion) formal eine PLL vierter Ordnung. Das Polpaar dieses Tiefpasses liegt aber ausreichend weit oberhalb der Durchtrittsfrequenz der Schleifenverstärkung durch die 0-dB-Achse ($f_D \approx 1$ kHz), so dass die Stabilitätseigenschaften und damit die Phasenreserve dadurch nur unwesentlich beeinträchtigt werden.

3 Integrierte Linearverstärker

3.1 Wie wichtig ist die Symmetrie der Spannungsversorgung?

Der interne Aufbau des klassischen Operationsverstärkers ist ausgerichtet auf das Ziel, bei Verwendung einer positiven und einer gleich großen negativen Versorgungsspannung unter idealen Bedingungen am Ausgang eine Ruhespannung von Null Volt gegenüber dem gemeinsamen Bezugspotential („Masse") zu erzeugen, sofern auch beide Eingänge auf Massepotential liegen. Abweichungen von diesem Arbeitspunkt führen zur Definition der Offsetspannung, deren Auswirkungen jedoch durch die Wirkung der Gegenkopplung drastisch reduziert werden und in den meisten Fällen vernachlässigbar sind. Damit verknüpft sind drei wesentliche Vorteile, die erst den äußerst flexiblen Einsatz dieser Spannungsverstärker-ICs ermöglichen:

- Auf Masse bezogene Signalspannungen können ohne Einsatz von Koppelkondensatoren bis zu einer unteren Grenzfrequenz von Null Hertz ein- und ausgekoppelt werden;

- Der OPV-Eingangswiderstand wird nicht durch Widerstände zur Einstellung des Arbeitspunktes verringert;

- Die Kombination mehrerer Verstärkereinheiten erfordert keine besonderen Maßnahmen zur Arbeitspunktanpassung.

Operationsverstärker haben keinen separaten Masseanschluss; der Massebezug wird hergestellt durch das gemeinsame Potential der Versorgungsspannungen. Diese können in einem relativ großen Bereich – innerhalb der vom Hersteller genannten Grenzen – gewählt werden. Die Wahl wird bestimmt durch externe Randbedingungen (Verfügbarkeit der Gleichspannungsquellen) und/oder durch Anforderungen an die Größe der Ausgangssignale bzw. des OPV-Aussteuerungsbereichs.

Normalerweise wird eine symmetrische Spannungsversorgung $\pm U_V$ gewählt, um auch einen symmetrischen Aussteuerungsbereich mit gleichzeitig einsetzender Begrenzung der positiven und negativen Ausgangsamplituden (etwa 1,2 V bis 1,5 V unterhalb von U_V) zu gewährleisten. Dabei ist die Genauigkeit, mit der beide Gleichspannungen U_V auf den gewünschten Wert eingestellt werden, hinsichtlich des Arbeitspunktes jedoch ziemlich unkritisch. Der Grund dafür liegt in der Eigenschaft der Transistoren, als Stromquellen zu wirken und dabei von der Größe ihrer Kollektor-Emitter-Spannung nur in relativ geringem Maße abhängig zu sein.

Besteht das OPV-Ausgangssignal beispielsweise aus einer Pulsfolge mit nur positiven Signalanteilen bis +9 Volt, kann – z. B. mit $U_{V+}=+12$ V – die negative Versorgungsspannung bei Bedarf bis auf etwa $U_{V-}=-3$ Volt verringert werden. Bei noch kleineren Spannungswerten arbeitet der Verstärker nicht mehr einwandfrei (Transistoren nicht mehr im Sättigungsbereich).

Unsymmetrische Versorgungsspannungen wirken sich auf den Arbeitspunkt des Verstärker lediglich wie ein Gleichtaktsignal aus, wobei der Arbeitspunkt nur unwesentlich verschoben wird. So zeigt die Schaltungssimulation eines Operationsverstärkers vom Typ 741 beispielsweise, dass die Gleichspannung am Ausgang des für eine Verstärkung $v=100$ beschalteten Bausteins von 65 mV auf etwa 66,5 mV ansteigt, wenn nur die negative Versorgungsspannung von -15 V auf -3 V verringert wird bei unverändert $U_{V+}=+15$ V.

Für den Fall, dass nur eine Gleichspannungsquelle zur Verfügung steht, kann auf spezielle Verstärkertypen (single supply) zurückgegriffen werden, oder es muss ein künstlicher Bezugspunkt geschaffen werden, s. den folgenden Abschnitt 3.2.

3.2 Operationsverstärker mit nur einer Versorgungsspannung?

Es gibt spezielle Verstärkerarchitekturen, die speziell auf den Betrieb mit nur einer positiven Versorgungsspannung zugeschnitten sind (Beispiel: LM 324). Natürlich ist ein Einsatz nur dann sinnvoll, wenn keine negativen Signalanteile erwartet werden; das Minimum der Ausgangsspannung kann bei diesen „single-supply"-Typen als Grenzfall den Wert Null Volt annehmen, oder sich dieser Untergrenze bis auf weniger als 100 mV nähern.

Falls mit nur einer positiven Versorgungsspannung U_{V+} gearbeitet werden soll und das zu verstärkende Eingangssignal sowohl positive als auch negative Anteile aufweist, muss ein künstlicher Bezugspunkt geschaffen werden, der im Hinblick auf symmetrische Aussteuerung bei $U_{Ref}=U_{V+}/2$ gewählt werden sollte. In Analogie zur Erzeugung der Basis-Vorspannung bei einer einfachen Transistorstufe wird auch hier ein Spannungsteiler aus zwei gleichen Widerständen $R_A=R_B$ eingesetzt. Bild 3.1 zeigt das Schaltungsprinzip für den Fall eines nicht-invertierenden und eines invertierenden Verstärkers.

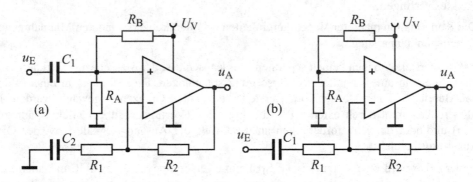

Bild 3.1   OPV mit Einfach-Spannungsversorgung (a) nicht-invertierend, (b) invertierend

Da die OPV-Eingänge nicht mehr frei von einer Vorspannung sind, muss das zu verstärkende Eingangssignal u_E in beiden Fällen über einen Koppelkondensator C_1 eingespeist werden. Der Kondensator C_2 sorgt dafür, dass die Schaltung unter (a) die Gleichspannungsverstärkung $v_{DC}=1$ besitzt. Bei Schaltung (b) wird diese Aufgabe von C_1 übernommen. Dadurch wird die Vorspannung am nicht-invertierenden Eingang $U_{Ref}=U_{V+}/2$ auch auf den Ausgang übertragen, so dass eine Aussteuerung um diesen neuen Bezugspunkt herum möglich ist. Wenn nur der verstärkte Signalspannungsanteil weiterverarbeitet werden soll, ist am Ausgang ein zusätzlicher Koppelkondensator vorzusehen.

Genau wie bei den konventionellen Schaltungen mit symmetrischer Spannungsversorgung wird der gewünschte Verstärkungswert auch hier über das Verhältnis R_2/R_1 bestimmt. Zu beachten ist dabei natürlich, dass dieser Wert sich erst oberhalb der durch die Kondensatoren verursachten unteren Grenzfrequenz einstellt. Damit wird diese OPV-Verstärkerschaltung zu einem reinen Wechselspannungsverstärker mit Hochpass-Wirkung.

Sofern Störsignale über die Spannungsversorgung in den OPV-Eingang gelangen, muss der Widerstand R_A mit einem entsprechend dimensionierten Kondensator überbrückt werden. Für die nicht-invertierende Verstärkerschaltung, Bild 3.1(a), wird dann ein zusätzlicher Entkopplungswiderstand zwischen OPV-Eingang und Spannungsteiler geschaltet; in diesem Fall wird das Eingangssignal u_E über C_1 direkt in den p-Eingang eingespeist.

3.3   Warum Verstärkerbetrieb nur mit Gegenkopplung?

Operationsverstärker sind mehrstufige und monolithisch integrierte Bausteine mit maximalen Verstärkungswerten etwa von 10^4 bis 10^6 (80 bis 120 dB). Die auch bei Präzisionsverstärkern unvermeidbaren Unsymmetrien in den Eingangsstufen haben die gleiche Wirkung wie ein kleines Gleichspannungs-Eingangssignal und verursachen eine Verschiebung des Arbeitspunktes, der idealerweise bei Null Volt liegt, s. Abschn. 3.1. Diese Unsymmetrie wird vom IC-Hersteller als maximal zu erwartende „Fehlspannung" (Offsetspannung) angegeben und ist damit ein aussagefähiger Qualitätsparameter für jeden OPV-Typ.

So würde z. B. die für einen preisgünstigen Universalverstärker typische Offsetspannung von $U_0=1$ mV bei einer offenen Gleichspannungsverstärkung $v_{0,DC}=80$ dB ohne weitere Beschaltung bereits eine Ausgangsspannung von 10 Volt verursachen. Deshalb ist – in Anlehnung an das bei Transistoren praktizierte Prinzip der Stabilisierung des Arbeitspunktes durch Spannungsgegenkopplung – auch bei OPV-Schaltungen eine Widerstandsgegenkopplung unverzichtbar, s. Bild 3.2.

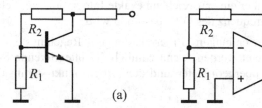

Bild 3.2 Arbeitspunktstabilisierung durch Gegenkopplung
(a) Transistorverstärker   (b) Operationsverstärker

Durch die gegenkoppelnde Wirkung des rückgeführten Spannungsanteils wird die am OPV-Eingang wirksame Offsetspannung – unabhängig vom Betrieb des OPV als Inverter oder als Nicht-Inverter – mit dem deutlich kleineren Faktor $v_n=(1+R_2/R_1)$ verstärkt und verursacht nur eine geringe Verschiebung des Arbeitspunktes ohne wesentliche Beeinträchtigung der symmetrischen Aussteuerungsfähigkeit. Der Vollständigkeit halber soll erwähnt werden, dass die am Eingang des Verstärkers wirksame Rauschspannung ebenfalls um den Faktor v_n vergrößert am Ausgang erscheint – daher ist für v_n auch die Bezeichnung „Rauschverstärkung" üblich (noise gain $v_n \rightarrow$ Index „n").

Im Verstärkerbetrieb wird die zu verstärkende Signalspannung dann entweder direkt in den p-Eingang (Nicht-Inverter) oder über R_1 in den n-Eingang (Inverter) eingespeist. Dass durch den Gegenkopplungszweig dabei gleichzeitig auch die Größe der Signalverstärkung v nicht nur beeinflusst, sondern praktisch vollständig festgelegt wird, ist dabei ein durchaus erwünschter Nebeneffekt, durch den gerade erst die große Vielfalt der OPV-Anwendungen möglich wird.

Ursache dafür ist die außerordentlich hohe Grundverstärkung $\underline{v}_0$ des unbeschalteten OPV, die über eine Größenabschätzung eine Vereinfachung der Formel für die Verstärkung mit Gegenkopplung ermöglicht. Dabei wird der Kehrwert von $\underline{v}_0$ gegenüber dem Rückkopplungsfaktor $\underline{F}_R$ in Gl. (1.10) vernachlässigt:

$$\underline{v}(j\omega) = \frac{\underline{F}_E(j\omega) \cdot \underline{v}_0(j\omega)}{1 - \underline{F}_R(j\omega) \cdot \underline{v}_0(j\omega)} = \frac{\underline{F}_E(j\omega)}{\dfrac{1}{\underline{v}_0(j\omega)} - \underline{F}_R(j\omega)} \xrightarrow{\dfrac{1}{\underline{v}_0(j\omega)} \ll \underline{F}_R(j\omega)} -\frac{\underline{F}_E(j\omega)}{\underline{F}_R(j\omega)} . \qquad (3.1)$$

Wegen der mit steigender Frequenz abnehmenden Verstärkung $\underline{v}_0$ sind diese Überlegungen natürlich nur gültig bis zu einer oberen Frequenzgrenze, die in der Praxis mit ungefähr 1% der OPV-Transitfrequenz f_T angesetzt werden kann.

Sonderfall: Integrator

In diesem Zusammenhang ist eine spezielle Anwendung zu erwähnen: Die OPV-Beschaltung als Integrator mit einem Kondensator im Rückkopplungszweig (*Miller*-Integrator).

Diese Schaltung ist für sich alleine unter den Bedingungen eines realen Operationsverstärkers nicht arbeitsfähig, da die fehlende Gleichspannungs-Gegenkopplung zu einer kontinuierlichen Aufladung des Kondensators und damit zum „Weglaufen" des Arbeitspunktes führen würde. Der Kondensator muss deshalb mit einem passend dimensionierten Parallelwiderstand R_P überbrückt werden, wobei die Integratorschaltung in einen Tiefpass ersten Grades übergeht. Für Frequenzen, die mindestens um den Faktor 10 größer sind als die 3-dB-Grenzfrequenz dieses Tiefpasses, ist dann aber eine ausreichend exakte Integration möglich bis zu einer Obergrenze, die von der Transitfrequenz des OPV bestimmt wird.

Bei vielen praktischen Anwendungen (Filterschaltungen, Regelungstechnik) kann auf den Widerstand R_P aber verzichtet werden, wenn nämlich die integrierende Schaltung eingesetzt wird als Teilelement einer übergeordneten und den Arbeitspunkt stabilisierenden Rückkopplungsschleife.

3.4   Warum Frequenzkompensation?

Operationsverstärker werden mit sehr großen Verstärkungswerten v_0 ausgestattet, damit ihre anwendungsspezifischen Eigenschaften nahezu ausschließlich von der externen Gegenkopplungsbeschaltung bestimmt werden, s. Gl. (3.1). Verursacht durch IC-interne kapazitive Einflüsse und durch die frequenzabhängigen Transistoreigenschaften nimmt diese Verstärkung allerdings kontinuierlich mit steigender Frequenz ab. Problematisch in diesem Zusammenhang sind besonders die damit verknüpften Phasendrehungen, die dazu führen können, dass aus einer eigentlich gewollten Gegenkopplung oberhalb einer bestimmten Frequenzgrenze eine Mitkopplung wird, so dass stabiler Verstärkerbetrieb – auch für Signalfrequenzen unterhalb dieser Grenze – nicht möglich ist (s. dazu auch Abschn. 1.4 und 1.5).

Es hat sich gezeigt, dass die Verstärkungsfunktion von Operationsverstärkern ohne gezielte stabilitätssichernde Schaltungsmaßnahmen – intern im Verstärker-IC oder auch extern – in dem Frequenzbereich mit Verstärkungswerten $|v_0| > 0$ dB zwei oder drei Eckfrequenzen (Pole) besitzt. Im oberen Frequenzbereich treten deshalb negative Phasenverschiebungen von 180° und mehr auf, die zu den oben erwähnten Stabilitätsproblemen führen können.

Entscheidenden Einfluss hat dabei der frequenzabhängige Verlauf der Schleifenverstärkung (Abschn. 1.6), auf die das vereinfachte *Nyquist*-Stabilitätskriterium angewendet werden kann, s. Abschn. 1.9. Die Zusammenhänge werden anhand eines Beispiels erläutert in Bild 3.3.

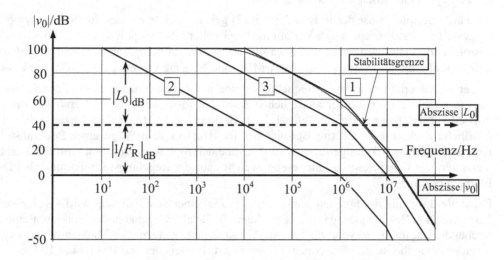

Bild 3.3 *Bode*-Diagramme: Schleifenverstärkung $|L_0|$ und drei Verstärkungsfunktionen $|v_0|$; (1): unkompensiert; (2): universal-kompensiert; (3): teilkompensiert

Die Kurve (1) zeigt den Betrag der offenen Verstärkung $|v_0(f)|$ für einen Operationsverstärker mit der Maximalverstärkung von 100 dB und 3 Polen im aktiven Bereich (bei 10 kHz, 1 MHz und 10 MHz). Die Transitfrequenz liegt etwa bei $f_{T1} = 20$ MHz. Im Hinblick auf die übliche Praxis beim *Bode*-Diagramm und zum Vergleich mit den anderen beiden Kurven sind die zugehörigen drei Asymptoten ebenfalls eingetragen (Neigungen: 20, 40 und 60 dB/Dekade).

Dieser OPV erhält nun – wie in Bild 3.2(b) – durch zwei Widerstände einen Gegenkopplungsfaktor $R_1/(R_1+R_2) = F_R = 1/100$. Damit wird die Frequenzabhängigkeit der Schleifenverstärkung $\underline{L}_0(f)$ alleine durch $|\underline{v}_0(f)|$ bestimmt:

$$\left|\underline{L}_0(f)\right| = F_R \cdot \left|\underline{v}_0(f)\right| = \frac{\left|\underline{v}_0(f)\right|}{1/F_R} \Rightarrow \left.\left|\underline{v}_0(f)\right|\right|_{dB} - \left.\frac{1}{F_R}\right|_{dB} = \left.\left|\underline{v}_0(f)\right|\right|_{dB} - 40 \text{ dB}.$$

Soll der Verlauf der Schleifenverstärkung $\underline{L}_0(f)$ im gleichen Diagramm eingetragen werden, müsste also die Verstärkungskurve $|v_0(f)|$ um 40 dB abgesenkt werden – oder einfacher: Für die Auswertung der Schleifenverstärkung wird eine neue um 40 dB angehobene Abszisse eingezeichnet (im Bild gestrichelt). Bezogen auf diese neue Abszisse ist der $|v_0(f)|$-Verlauf nun also identisch mit der $|L_0(f)|$-Funktion, die etwa bei 3 MHz den Wert „1" (0 dB) annimmt.

Bei dieser Frequenz beträgt die Neigung der Betragskurve etwa 40 dB/Dekade. Laut Stabilitätskriterium, Abschn. 1.9, befindet sich das System damit gerade an der Stabilitätsgrenze und kann nicht als Verstärker eingesetzt werden. Ein stabiler Betrieb ist nur möglich, wenn der Gegenkopplungsfaktor F_R deutlich verringert wird und die neue Abszisse dementsprechend höher liegt.

Wenn allerdings Stabilität auch für $F_R > 0{,}01$ gefordert wird, muss der Frequenzgang von $\underline{v}_0$ gezielt verändert werden. Soll auch für den Grenzfall $F_R = 1$ ein stabiler Betrieb möglich sein, würden beide Abszissen für die Stabilitätsprüfung zusammenfallen und die $|v_0(f)|$-Kurve wäre (wegen $F_R = 1$) identisch zur $|L_0(f)|$-Funktion.

So würde beispielsweise der in Bild 3.3 mit (2) gekennzeichnete – nur durch die Asymptoten dargestellte – modifizierte $|v_0(f)|$-Verlauf auch bei voller Gegenkopplung ($F_R = 1$) noch eine oft ausreichende Stabilitätsreserve von etwa 45° aufweisen, da der zugehörige Kurvenverlauf im Schnittpunkt mit der Frequenzachse bei 1 MHz eine Neigung von etwa 30 dB/Dekade besitzt.

In der Praxis erhält man einen Frequenzgang wie in Kurve (2) dadurch, dass durch eine IC-interne Beschaltung mit einer zusätzlichen Kapazität (Stichwort: *Miller*-Kapazität) die erste Polstelle absichtlich niedrig gewählt wird (im Beispiel bei 10 Hz) und gleichzeitig die unvermeidliche nächste Polstelle (im Beispiel bei 10 kHz) auf dem Wege einer Pol-Nullstellen-Kompensation unwirksam gemacht wird. Für eine derartige Kompensation wird ein Vorhalte-Verzögerungs-Glied (lead-lag) eingesetzt, welches aus der Regelungstechnik auch als PD-T1-Element bekannt ist.

Diese Veränderung des Frequenzgangs mit dem Ziel einer Stabilisierung wird als „Universal-Kompensation des Frequenzgangs" bezeichnet, da für alle Gegenkopplungsfaktoren eine ausreichende Stabilitätsreserve garantiert ist. Als Konsequenz aus dieser Maßnahme hat sich die Verstärkerbandbreite allerdings drastisch verringert: Im Beispiel von 10 kHz auf 10 Hz.

Als Kompromiss zwischen den beiden Extremfällen der Kurven (1) und (2) kann die untere Polstelle aber auch auf eine höhere Frequenz gelegt werden (im Beispiel auf 1 kHz) mit gleichzeitiger Pol-Kompensation bei 10 kHz. Die Kurve (3) im Diagramm ist ein Beispiel für einen auf diese Weise „teilkompensierten" Frequenzgang. Im Vergleich zur Universalkompensation kann die Bandbreite dadurch um den Faktor 100 auf 1 kHz erhöht werden. Ähnliche Überlegungen wie bei Kurve (1) ergeben in diesem Fall aber, dass die Stabilitätsgrenze dann bei $|1/F_R| = 20$ dB erreicht wird. Demzufolge kann ein OPV mit diesem Frequenzgang nicht eingesetzt werden mit Gegenkopplungsfaktoren $|F_R| > 0{,}1$.

3.5   Gibt es auch unkompensierte Verstärker?

Jeder Halbleiterhersteller hat auch einige OPV-Typen im Programm, die nicht universal-kompensiert sind – bei denen also der Frequenzgang im aktiven Bereich nicht einem Einpol-modell mit relativ niedriger Grenzfrequenz entspricht. Vor dem Hintergrund der Ausführungen in Abschn. 3.4 ergibt sich als Konsequenz daraus natürlich die Forderung, dass eine bestimmte Obergrenze des Gegenkopplungsfaktors $|F_{R,max}|$ bzw. der Schleifenverstärkung $|L_{0,max}|$ aus Stabilitätsgründen nicht überschritten werden darf.

Diese Zusammenhänge können direkt aus dem *Bode*-Diagramm abgelesen werden. So befindet sich beispielsweise der Verstärker mit einem unkompensierten Frequenzgang wie in Bild 3.3, Kurve (1), gerade an der Stabilitätsgrenze, wenn $|1/F_R| = 40$ dB beträgt. Mit Berücksichtigung einer Phasenreserve von mindestens $\varphi_{PM} = 45°$ (Neigung etwa 30 dB/Dekade) resultiert daraus die Forderung, dass der durch die Beschaltung einzustellende Verstärkungswert oberhalb von $|v_{min}| \approx |1/F_{R,max}| \approx 60$ dB liegen muss. Der Vorteil eines derartigen Verstärkertyps wäre eine deutlich erhöhte Bandbreite – z. B. $f_G \approx 1$ MHz für eine Verstärkung $v \approx 1000$ (im Vergleich zum universal-kompensierten Frequenzgang mit $f_G \approx 1$ kHz).

In der Praxis werden derartig große Verstärkungswerte aber relativ selten mit einer einzigen OPV-Stufe realisiert. Einen für viele Anwendungen interessanten Kompromiss bilden deshalb die teilkompensierten OPV-Typen, die ebenfalls nur für Verstärkungswerte oberhalb einer vom Hersteller benannten Untergrenze einsetzbar sind, aber eine größere Bandbreite aufweisen als bei Universalkompensation.

Ein Beispiel dafür ist der in Bild 3.3, Kurve (3), skizzierte Frequenzgang der offenen Verstärkung, der bei Gegenkopplung einen Mindestwert $v_{min} \approx 40$ dB für eine Phasenreserve von ca. 45° erfordert. Die für reale Verstärker-ICs im Datenblatt angegebene Mindestverstärkung ist aber meistens deutlich geringer (Beispiele: AD745 mit $v_{min}=5$ und AD840 mit $v_{min}=10$).

Für bestimmte Anwendungen – besonders bei großen Bandbreiten – können aber auch die unkompensierten OPV-Typen eine attraktive Lösung darstellen. In diesem Fall wird dann von der Möglichkeit Gebrauch gemacht, den Verstärkungswert und die Bandbreite durch externe Schaltungsmaßnahmen an die jeweiligen Anforderungen (z. B. Phasenreserve) anzupassen. Grundsätzlich existieren dafür drei Methoden:

- Externe Frequenzkompensation von $v_0(j\omega)$: RC-Beschaltung speziell dafür vorgesehener OPV-Anschlüsse nach Hersteller-Angaben (Kompensations-Pins);
- Externe Frequenzkompensation der Schleifenverstärkung: Eingangs-Frequenzkompensation (Abschn. 3.8, Bild 3.11),
- Gemischte Rückkopplung, Abschn. 3.6, Bild 3.4.

3.6   Was versteht man unter gemischter Rückkopplung?

Bei einigen Anwendungen kann es durchaus sinnvoll sein, einen Operationsverstärker mit einer gemischten Rückkopplung – d. h. mit einer geeignete Kombination aus Mit- und Gegenkopplung – zu betreiben. Bild 3.4 zeigt das Prinzip am Beispiel einer nicht-invertierenden Schaltung.

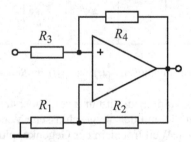

Bild 3.4 Operationsverstärker mit gemischter Rückkopplung (nicht-invertierend)

Auf den Eingang des Verstärkers werden zwei Signalanteile rückgekoppelt, die mit unterschiedlichen Vorzeichen wirksam werden. Der Block F_R im Rückkopplungsmodell, Bild 1.4, muss deshalb durch zwei parallel liegende Anteile beschrieben werden:

$$F_R = F_{R+} - F_{R-} = \frac{R_3}{R_3 + R_4} - \frac{R_1}{R_1 + R_2} \quad \text{und} \quad F_E = \frac{R_4}{R_3 + R_4}. \tag{3.2}$$

Eingesetzt in die Verstärkungsformel, Gl. (3.1), erhält man

$$\underline{v}(j\omega)\Big|_{L_0 \gg 1} = -\frac{\underline{F}_E(j\omega)}{\underline{F}_R(j\omega)} = -\frac{\dfrac{R_4}{R_3+R_4}}{\dfrac{R_3}{R_3+R_4}-\dfrac{R_1}{R_1+R_2}} = \frac{\dfrac{R_4}{R_3+R_4}}{\dfrac{R_1}{R_1+R_2}-\dfrac{R_3}{R_3+R_4}}.$$ (3.3)

Da das Eingangssignal auf den p-Eingang einwirkt, kann die Schaltung nur nicht-invertierend arbeiten; also muss der Nenner positiv und endlich sein mit der Bedingung

$$\frac{R_1}{R_1+R_2} > \frac{R_3}{R_3+R_4} \quad \Rightarrow \quad |F_{R-}| > |F_{R+}|.$$

Es ist auch anschaulich unmittelbar nachvollziehbar, dass bei Stabilität die Gegenkopplung gegenüber einer gleichzeitig vorhandenen Mitkopplung überwiegen muss. Damit stellt sich dann aber die Frage nach dem Sinn einer OPV-Beschaltung wie in Bild 3.4. Eine Antwort darauf ergibt sich durch Auswertung der in Bild 3.5 dargestellten Verhältnisse.

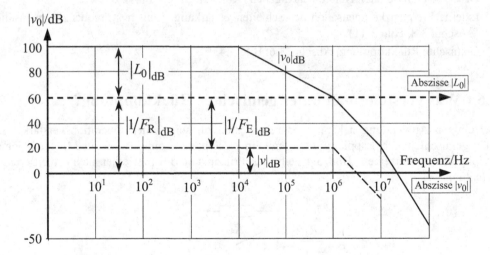

Bild 3.5 Verstärkungsfunktionen $|v_0(f)|$ und $|v(f)|$ im *Bode*-Diagramm

Anders als bei den beiden Grundschaltungen mit nur zwei Widerständen im Gegenkopplungszweig existiert hier mit F_E eine Größe, mit der die geschlossene Verstärkung v auf jeden beliebigen Wert eingestellt werden kann. Weil trotzdem der Gegenkopplungsfaktor F_R frei wählbar bleibt – und somit auch die Schleifenverstärkung, können auch unkompensierte Operationsverstärker bei kleinen Verstärkungswerten und mit ausreichenden Stabilitätseigenschaften betrieben werden. Diese Methode der gemischten Rückkopplung kann deshalb auch – was das Ergebnis betrifft – als eine Variante der externen Frequenzkompensation angesehen werden.

Als Beispiel ist in Bild 3.5 noch einmal das *Bode*-Diagramm mit den Asymptoten für den unkompensierten Frequenzgang der Verstärkung $|v_0(f)|$ aus Abschn. 3.4, Bild 3.3, eingetragen. Aus Stabilitätsgründen wird der Gegenkopplungsfaktor mit $1/F_R$=60 dB so gewählt, dass die Schleifenverstärkung (Maximalwert $L_{0,\max}$=100–60=40 dB) bei 1 MHz auf 0 dB abgesunken ist und die Neigung der Kurve in diesem Punkt zu einer Phasenreserve von etwa 45° führt.

Mit der Näherung aus Gl. (3.1) im logarithmischen Maßstab

$$|v(f)|_{dB} \approx |F_E(f)|_{dB} - |F_R(f)|_{dB} = \left| \frac{1}{F_R(f)} \right|_{dB} - \left| \frac{1}{F_E(f)} \right|_{dB} = 60 \text{ dB} - 40 \text{ dB} = 20 \text{ dB}$$

ist auch die geschlossene Verstärkung $|v(f)|$ durch Asymptoten im *Bode*-Diagramm darstellbar, im Beispiel für $1/F_E$=40 dB. Man beachte die Grenzfrequenz von $|v(f)|$ bei der Frequenz, für die $|L_0(f)|$=1 (0 dB) ist. Dieser Zusammenhang ergibt sich auch aus dem Nenner von Gl. (1.10) bzw. aus der Bedingung für die Gültigkeit der Näherung bei Gl. (3.1).

Im Gegensatz zur klassischen Auslegung mit einem einzigen Rückkopplungszweig erlaubt die beschriebene Methode der gemischten Rückkopplung also beliebige Verstärkungswerte (im Beispiel: v=20 dB) auch beim Einsatz eines unkompensierten Operationsverstärkers. Damit verbundene Vorteile im Vergleich zum universal-kompensierten Verstärker, Abschn. 3.4, sind sowohl höhere Bandbreiten als auch verbesserte Großsignaleigenschaften (slew rate).

Bei invertierendem Verstärkerbetrieb gelten im Prinzip die gleichen Überlegungen; in Gl. (3.2) sind für F_E lediglich die Symbole R_3 und R_4 durch R_1 bzw. R_2 zu ersetzen.

Sonderfall. Als ein für die Praxis besonders interessanter Sonderfall ist die Dimensionierung für F_R=1 anzusehen (mit R_2=0 und/oder $R_1 \rightarrow \infty$ in Bild 3.4). Die Verstärkung nach Gl. (3.3) beträgt dann erwartungsgemäß v=1 bis zur oberen Grenzfrequenz, die weiterhin durch die Schleifenverstärkung $|L_0|$ bestimmt wird. Diese kann über den Faktor F_E wieder auf einen Wert gesetzt werden, der unter Stabilitätsaspekten notwendig erscheint. Oft ist es sinnvoll, diese Art der Stabilisierung nur im kritischen Frequenzbereich wirksam werden zu lassen und bei kleinen Frequenzen die maximale Schleifenverstärkung zu ermöglichen. Dann wird R_4 durch eine passend dimensionierte R-C-Reihenschaltung ersetzt.

Schaltungsalternative. Eine andere Möglichkeit, einen unkompensierten und deshalb breitbandigen Operationsverstärker für eine geschlossene Verstärkung v=1 zu beschalteten, bietet die Anordnung in Bild 3.6.

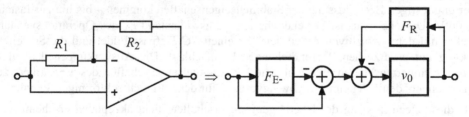

Bild 3.6 Spannungsfolger (Einsverstärker, v=1) mit wählbarer Schleifenverstärkung

Aus dem abgewandelten Blockschaltbild ist abzulesen, dass – im Gegensatz zur Methode der gemischten Rückkopplung – jetzt der Einkopplungsfaktor F_E aus zwei Anteilen besteht:

$$F_E = F_{E+} - F_{E-} = 1 - \frac{R_1}{R_1 + R_2} = \frac{R_2}{R_1 + R_2} \quad \text{und} \quad F_R = -\frac{R_2}{R_1 + R_2} = -F_E.$$

Mit Gl. (3.1) ist deshalb für alle Widerstandswerte

$$\underline{v}(j\omega)\Big|_{|L_0(\omega)| \gg 1} = -\frac{F_E}{F_R} = +1.$$

Analog zur Darstellung in Bild 3.5 kann hier der Betrag der Schleifenverstärkung $|L_0|$ wieder allein durch Variation nur von F_R so gewählt werden, dass das Stabilitätskriterium bei $|L_0|=1$ mit ausreichender Reserve erfüllt ist.

Das oben ermittelte Ergebnis ($v=1$) kann auch auf anschaulichem Wege ohne Rechnung nachvollzogen werden: Unter idealisierten Verhältnissen mit verschwindender Differenzspannung am Operationsverstärker liegt die Eingangsspannung auch am invertierenden Eingang. Damit fließt kein Signalstrom durch R_1 und deshalb auch nicht durch R_2. Ohne Spannungsabfall an R_2 gleicht die Ausgangsspannung aber der Signalspannung am Eingang, was gleichbedeutend ist mit einem Verstärkungswert $v=1$.

Zusammenfassung und Anwendungshinweise

Für alle Verstärkeranwendungen (invertierend, nicht-invertierend) können auch Operationsverstärker ohne Frequenzgangkompensation eingesetzt werden, wenn die in diesem Abschnitt behandelten Schaltungsvarianten angewendet werden. Damit steht eine größere nutzbare Bandbreite zur Verfügung. Diesem Vorteil steht allerdings als Nachteil eine notwendigerweise kleinere Schleifenverstärkung $|L_0|$ gegenüber – mit der Folge, dass sich Offset- und Rauscheinflüsse am Ausgang entsprechend stärker auswirken (noise gain größer, s. Abschn. 3.3).

Die hier besprochenen Schaltungsmaßnahmen zur Verstärkerstabilisierung können sinnvoll auch eingesetzt werden bei universal-kompensierten Verstärkern, wenn deren Stabilität durch externe Einflüsse beeinträchtigt wird (Verfahren der „Überkompensation"). Als ein typisches Beispiel dafür werden in Abschn. 3.7 die Auswirkungen einer relativ großen kapazitiven Last am Verstärkerausgang auf die Verstärkerstabilität diskutiert.

3.7 Stabilitätsprobleme durch kapazitive Belastung?

Es gibt viele Anwendungen in der Filter-, Mess- und Regelungstechnik, bei denen Operationsverstärker mit kapazitiven Impedanzen belastet werden. In diesem Betriebszustand kann es zu einer ungünstigen Beeinflussung der Stabilitätseigenschaften kommen – bis hin zur Instabilität des OPV. Ursache dafür ist der endliche Ausgangswiderstand r_A des Operationsverstärkers, welcher mit dem kapazitiven Anteil der Last einen RC-Tiefpass bildet und die Schleifenverstärkung mit zusätzlichen Phasendrehungen beaufschlagt. Die Auswirkungen der auf diese Weise verringerten Phasenreserve auf die Übertragungseigenschaften des Verstärkers zeigen sich besonders deutlich beim Einschwingvorgang für den Fall rechteckförmiger Signale.

Falls diese Beeinflussung der Übertragungseigenschaften nicht akzeptabel erscheint, können stabilisierende Schaltungsergänzungen vorgenommen werden. Dafür existieren zwei grundsätzlich unterschiedliche Möglichkeiten:

– Verringerung der Schleifenverstärkung durch „Überkompensation", s. dazu den letzten Absatz im vorstehenden Abschn. 3.6;

– Phasenanhebung der Schleifenverstärkung $L_0(j\omega)$ im Bereich der Durchtrittsfrequenz ω_D bei $|L_0(\omega_D)|=0$ dB durch spezielle Beschaltungen am Verstärkerausgang:
  - Trennwiderstand R_T zwischen Verstärkerausgang und Lastkapazität C_L, oder
  - Bedämpfung mit R-C-Serienschaltung, oder
  - Zweifach-Gegenkopplung.

Die letzten drei Schaltungsmodifikationen werden nachfolgend erläutert.

3.7.1 Methode 1: Trennwiderstand

Die einfachste Stabilisierungsmethode besteht darin, die kapazitive Last vom Verstärkerausgang durch Einfügen eines Widerstandes R_T zu entkoppeln. Die Wirkungsweise wird hier erläutert für den besonders kritischen Fall mit voller Gegenkopplung ($v=1$), s. Bild 3.7(a).

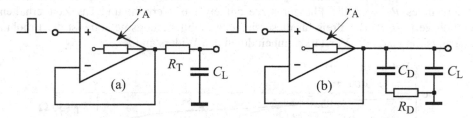

Bild 3.7 Zwei Methoden zur C_L-Kompensation
(a) Mit Trennwiderstand R_T ,   (b) Mit Bedämpfung R_D-C_D

Mit der offenen OPV-Verstärkung v_0 und dem internen Ausgangswiderstand r_A erhält man für die Verstärkung der geöffneten Schleife – zunächst ohne den Zusatzwiderstand ($R_T=0$):

$$\underline{L}_0(j\omega) = \underline{v}_0(j\omega) \cdot \frac{1/j\omega C_L}{r_A + 1/j\omega C_L} = \underline{v}_0(j\omega) \cdot \frac{1}{1+j\omega \cdot r_A C_L}.$$

Bei relativ großer Zeitkonstante $r_A C_L$ kann der zusätzliche Pol durchaus in den kritischen Bereich der Schleifenverstärkung fallen. Eine neue Berechnung mit $R_T \neq 0$ führt auf

$$\underline{L}_0(j\omega) = \underline{v}_0(j\omega) \cdot \frac{R_T + 1/j\omega C_L}{r_A + R_T + 1/j\omega C_L} = \underline{v}_0(j\omega) \cdot \frac{1+j\omega R_T C_L}{1+j\omega(R_T + r_A)C_L}.$$

Die Stabilisierung wird dadurch erreicht, dass die Wirkung des unerwünschten und zu einer noch kleineren Frequenz verschobenen Pols zum großen Teil kompensiert wird durch eine neu erzeugte Nullstelle, die etwa um den Faktor 2...4 unterhalb der Durchtrittsfrequenz f_D liegen sollte (im Beispiel mit $v=1$ ist f_D identisch zur OPV-Transitfrequenz f_T).

Anmerkung. Die OPV-Ausgangsimpedanz beinhaltet normalerweise auch induktive Anteile. Trotzdem wird bei allen Rechnungen und Simulationen vereinfachend ein reeller differentieller Widerstand r_A angenommen. Bei Anwendungen der vorgeschlagenen Schaltungsergänzungen in der Praxis sollten die Werte der ermittelten Kompensationselemente auf experimentellem Wege deshalb bestätigt bzw. angepasst werden.

Zahlenbeispiel

Die Verstärkerdaten stammen aus dem OP27-Spice-Modell.

Vorgaben: OP27 mit Transitfrequenz f_T=7,5 MHz, Ausgangswiderstand r_A=40 Ω,
            Belastung (kapazitiv) mit C_L=1 nF $\Rightarrow$ Zusatzpol (R_T=0) bei 4 MHz .

Wahl: R_T=50 Ω ,   Nullstelle bei $f_Z = \dfrac{1}{2\pi R_T C_L} \approx 3,2$ MHz ,

Polstelle bei $f_P = \dfrac{1}{2\pi(r_A + R_T)C_L} \approx 1,8$ MHz .

Eine Schaltungssimulation der Anordnung in Bild 3.7(a) kann den stabilisierenden Einfluss des Widerstandes R_T aufzeigen. Aus dem im oberen Teil von Bild 3.8 dargestellten Verlauf der Schleifenverstärkung ist für den Fall $R_T=0$ (bei $f \approx 5$ MHz) eine Phasenreserve von etwa nur 25° abzulesen; die zugehörige Sprungantwort im Zeitbereich weist dann auch einen deutlichen Einschwingvorgang auf, der einen praktischen Einsatz unmöglich macht. Durch Einfügen des Widerstandes R_T wird die Phasenreserve auf etwa 65° erhöht und das Zeitverhalten wird deutlich verbessert. Der Preis für diese einfache Stabilisierungsmethode ist die Erhöhung der Ausgangsimpedanz der Verstärkereinheit durch den Widerstand R_T.

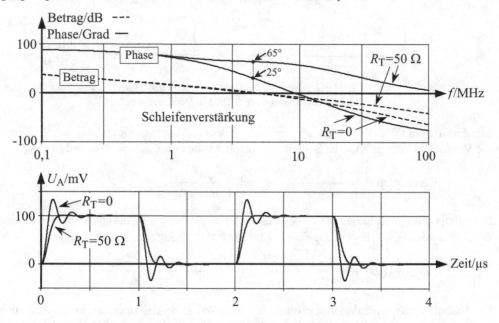

Bild 3.8   Stabilisierungswirkung von R_T im Frequenz- und Zeitbereich

3.7.2 Methode 2: Bedämpfung mit R-C-Serienschaltung

Ein ähnliches Ergebnis kann mit einer R-C-Serienschaltung parallel zur kapazitiven Last am Ausgang des Operationsverstärkers erzielt werden, s. Bild 3.7(b). Die Wirkungsweise dieses Schaltungszweiges („snubber circuit") beruht darauf, dass die ursprüngliche Zeitkonstante $r_A C_L$ verringert wird auf den Wert $(r_A \| R_D) C_L$, wobei die Polstelle in den unkritischen Bereich oberhalb der Transitfrequenz verschoben werden kann. Als Sekundärwirkung wird durch C_D aber eine neue Polstelle bei einer deutlich kleineren Frequenz erzeugt, die jedoch durch eine benachbarte Nullstelle wieder kompensiert wird. Die Voraussetzung dafür ist, dass für die Zusatz-Kapazität $C_D \gg C_L$ gilt.

Zur Kontrolle der Pol- und Nullstellenverteilung muss die Funktion der Schleifenverstärkung zuvor berechnet werden:

$$\underline{L}_0(\mathrm{j}\omega) = \underline{v}_0(\mathrm{j}\omega) \cdot \frac{1 + \mathrm{j}\omega R_D C_D}{1 + \mathrm{j}\omega\left[(R_D + r_A)C_D + r_A C_L\right] + (\mathrm{j}\omega)^2 r_A R_D C_D C_L}.$$

Die Nullstelle kann unmittelbar dem Zähler der vorstehenden Funktion entnommen werden; für die beiden reellen Pole (Nullstellen des Nenners) wird hier eine Näherung angegeben, die für den Ansatz $C_D \gg C_L$ auch direkt aus Bild 3.7(b) abgeleitet werden kann. Für den OPV vom Typ OP27 ergeben sich mit den Werten R_D=25 Ω und C_D=20 nF für das Dämpfungsnetzwerk die folgenden Eckfrequenzen:

Nullstelle: $$f_Z = \frac{1}{2\pi \cdot R_D C_D} \approx 320 \text{ kHz} ,$$

Pole: $$f_{P1} \approx \frac{1}{2\pi (r_A + R_D) C_D} \approx 122 \text{ kHz} , \quad f_{P2} \approx \frac{1}{2\pi (r_A \| R_D) C_L} \approx 10,3 \text{ MHz} .$$

Das Ergebnis bestätigt, dass für die Zusatzschaltung ein relativ kleiner Widerstand sowie ein mittelgroßer Kapazitätswert erforderlich ist, um die Nullstellen- und Polplatzierung sinnvoll und effektiv zu gestalten ($f_{P2} > f_T$=7,5 MHz). Die Simulation der Sprungantwort ähnelt der Darstellung im unteren Teil von Bild 3.8, weist allerdings einen geringen „Nachlauf-Fehler" auf, s. dazu Abschn. 3.9.

3.7.3 Methode 3: Zweifach-Gegenkopplung

Eine weitere Möglichkeit zur Reduzierung des Einflusses von C_L besteht in der Anwendung des in Bild 3.9 skizzierten Schaltungsprinzips mit einer zusätzlichen kapazitiven Rückführung über C_F. Der Widerstand R_2 darf für nicht-invertierenden Betrieb mit voller Gegenkopplung (v=1) nicht durch einen Kurzschluss ersetzt werden, da er den invertierenden Eingang vom Lastkondensator isoliert. Der Fall v=1 muss deshalb mit $R_2 \neq 0$ und $R_1 \rightarrow \infty$ realisiert werden.

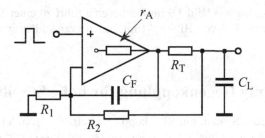

Bild 3.9 C_L-Kompensation mit Zweifach-Gegenkopplung

In Analogie zur Funktionsweise eines frequenzkompensierten Spannungsteilers wird die durch die Last C_L bei der Polfrequenz f_P bewirkte Absenkung der Phase kompensiert durch eine Nullstelle mit Phasenanhebung im C_F-Pfad bei einer Frequenz, die bei $f_Z \approx (0,75...1) f_P$ liegen sollte. Mit dem Ansatz $R_T \approx r_A$ müssen zu diesem Zweck die beiden Zeitkonstanten dann die folgende Bedingung erfüllen:

$$k(r_A + R_T) C_L \approx (r_A + R_2) C_F \quad \text{für} \quad R_2 \gg R_T \quad \text{und} \quad C_F \ll C_L \quad \text{mit} \quad k=1...1,3 .$$

Zahlenbeispiel
Für den Fall v=2 mit R_1=R_2=1 kΩ und R_T=r_A=40 Ω führt obige Dimensionierungsvorschrift (für die Wahl k=1,3) auf $C_F \approx 100$ pF. Die Auswirkungen des so ausgelegten Kompensationsnetzwerks R_T-C_F auf die Schleifenverstärkung (Simulation) sind Bild 3.10 zu entnehmen.

Die Simulation zeigt deutlich die phasenanhebende Wirkung der neu erzeugten Nullstelle bei

$$f_Z = \frac{1}{2\pi\left(r_A + R_2\right)C_F} = \frac{1}{2\pi \cdot 1040 \cdot 100^{-12}} \approx 1,5 \text{ MHz}$$

und die Kompensation des Poleinflusses bei

$$f_P = \frac{1}{2\pi\left(r_A + R_T\right)C_L} = \frac{1}{2\pi \cdot 80 \cdot 10^{-9}} = 1,99 \text{ MHz} .$$

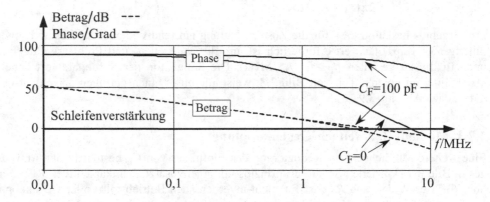

Bild 3.10   Stabilisierung (Phasenanhebung) durch Zweifach-Gegenkopplung

Die Simulation der Schaltung aus Bild 3.9 im Zeitbereich führt zu einer Sprungantwort ähnlich zu dem Verlauf im unteren Teil von Bild 3.8 (mit einem vernachlässigbaren Nachlauf-Fehler, s. Abschn. 3,9).

3.8   Viel oder wenig Gegenkopplung für hohe Stabilität?

Obwohl dieses Thema jedes System mit Rückkopplung betrifft – von der einfachen Transistor-stufe bis zum Regelkreis, soll es hier am Beispiel von Operationsverstärkern behandelt werden.

Zunächst ist auf die doppelte Bedeutung des Begriffs „Stabilität" hinzuweisen. Wenn eine Verstärkerschaltung eine sinusförmige Spannung verstärken soll, müssen alle Transistoren in einem Arbeitspunkt betrieben werden, der eine ausreichend große Aussteuerung im quasi-linearen Kennlinienbereich ermöglicht. Jeder Arbeitspunkt sollte möglichst unabhängig sein von betriebsmäßig bedingten Schwankungen (Versorgungsspannungen, Temperaturänderungen) sowie von Toleranzen der aktiven und passiven Bauteile. Diese „Stabilität des Arbeitspunktes" gegenüber externen Einflüssen und Unsicherheiten kann durch eine gut wirkende Gegen-kopplungsbeschaltung sichergestellt werden (s. dazu auch Abschn. 3.3).

Allerdings führen unvermeidbare Frequenzabhängigkeiten innerhalb des Verstärkers dazu, dass die Phasendrehung der Schleifenverstärkung (–180° bei reiner Gegenkopplung) bei wachsender Frequenz zunimmt und sich in Richtung Mitkopplung verändert. Durch diesen Effekt kann es im oberen Frequenzbereich zu Stabilitätsproblemen bis hin zur Selbsterregung des Verstärkers mit Eigenschwingungen oder Sättigungseffekten kommen (s. Abschn. 3.4).

Aus vorstehenden Ausführungen ergeben sich deshalb zwei Konsequenzen:
Mit zunehmender Gegenkopplung
- verbessert sich die Stabilität des Arbeitspunktes: Die DC-Stabilität steigt,
- verringert sich der Sicherheitsabstand zur Selbsterregung: Die HF-Stabilität sinkt.

Wegen dieser gegenläufigen Tendenz ist es oft sinnvoll oder sogar notwendig, die Gegen-kopplungsbeschaltung frequenzabhängig auszulegen. Als einfaches Beispiel dafür sei an die Methode der kapazitiven Überbrückung eines Teils des Emitterwiderstandes einer Transistor-stufe erinnert.

Auch bei Operationsverstärkern sollte der Gleichspannungs-Gegenkopplungsfaktor möglichst groß sein, um den Einfluss von Offsetspannung und Offsetstrom sowie von Gleichtaktanteilen und Versorgungsspannungsschwankungen möglichst gering zu halten. Ähnlich wie bei der Transistorstufe könnte deshalb auch beim OPV der Gegenkopplungszweig in geeigneter Weise kapazitiv gestaltet werden. Diese Vorgehensweise hätte allerdings den Nachteil, dass dadurch die Freiheit bei der Wahl des Verstärkungswertes und/oder die Wahl der für die Verstärkung nunmehr wirksamen unteren Grenzfrequenz eingeschränkt wäre.

Deshalb wird nachfolgend eine andere und einfache Methode zur externen Beschaltung von Operationsverstärkern beschrieben, bei der sowohl die Verstärkungswerte als auch die HF-Stabilitätseigenschaften bei gleichzeitig optimaler DC-Stabilität frei wählbar bleiben. Dieses Verfahren ist auch unter der Bezeichnung „Eingangs-Frequenzkompensation" bekannt.

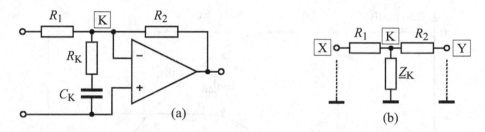

Bild 3.11 Eingangs-Frequenzkompensation
(a) Schaltbild, (b) passive Ersatzschaltung (invertierend)

Das in Bild 3.11(a) zwischen beiden Eingängen liegende Kompensationsnetzwerk R_K-C_K beeinflusst allerdings nicht den Frequenzgang der offenen OPV-Verstärkung $\underline{v}_0(j\omega)$, sondern wirkt auf den Rückkopplungsfaktor $\underline{F}_R$ ein und verleiht damit der Schleifenverstärkung $\underline{L}_0(j\omega)$ gezielt eine bestimmte Frequenzabhängigkeit. Die Schaltung in Bild 3.11(a) gilt für beide Betriebsarten (invertierend, nicht-invertierend) – je nachdem, welcher Eingang an Masse bzw. an das Eingangssignal angeschlossen wird.

Das Besondere an dieser Methode ist nun, dass die gleiche Frequenzabhängigkeit sowohl beim Rückkopplungsfaktor $\underline{F}_R$ als auch beim Einkopplungsfaktor $\underline{F}_E$ auftritt. Da die geschlossene Verstärkung v aber praktisch nur durch den Quotienten $\underline{F}_E/\underline{F}_R$ festgelegt ist, s. Gl. (3.1), wird der Verstärkungswert v von dieser Erweiterung nicht beeinflusst und bleibt damit konstant und frei wählbar.

Diese Aussage ist leicht anhand des passiven Ersatzschaltbildes für invertierenden Betrieb in Bild 3.11(b) zu überprüfen. Wird der Punkt X geerdet und eine Spannung an den Eingang Y gelegt, kann die Rückkopplungsfunktion $\underline{F}_R$ unmittelbar angegeben werden.

Über das Spannungsteilerverhältnis am Knoten K erhält man:

$$\frac{u_K}{u_Y} = \frac{R_1 \| Z_K}{R_2 + R_1 \| Z_K} = \ldots = \frac{R_1}{R_1 + R_2} \cdot \frac{Z_K}{Z_K + R_1 \| R_2} \, .$$

Weil in dem zusätzlichen frequenzabhängigen Korrekturfaktor die Widerstände R_1 und R_2 nur als Parallelschaltung auftreten und wegen der Symmetrie des Netzwerks in Bild 3.11(b), ergibt sich bei Erdung von Punkt Y und Einspeisung in X deshalb genau der gleiche Faktor auch für $F_E = u_K / u_X$. Darum hat die Impedanz Z_K keinen Einfluss auf den Verstärkungswert $v = -F_E / F_R$.

Wie jede Methode zur HF-Stabilisierung bzw. zur Erhöhung der Stabilitätsreserve verursacht auch das Verfahren der Eingangs-Kompensation eine Verringerung der nutzbaren Verstärker-Bandbreite – im nachfolgenden Beispiel auf etwa 800 kHz. Weitere nachteilige Konsequenzen sind die Erhöhung des hochfrequenten Ausgangsrauschens und die Verringerung des Eingangswiderstandes im nicht-invertierenden Betrieb.

Beispiel

Die Schaltung in Bild 3.11(a) wird untersucht für eine Dimensionierung mit $R_1 = R_2 = 100\ \mathrm{k\Omega}$, $R_K = 100\ \Omega$ und $C_K = 100\ \mathrm{nF}$. Der verwendete teilkompensierte Operationsverstärker hat eine Maximalverstärkung $v_{0,DC} = 100\ \mathrm{dB}$ und zwei Pole bei $f_{P1} = 10\ \mathrm{kHz}$ bzw. $f_{P2} = 1\ \mathrm{MHz}$.
Als Ergebnis einer Schaltungssimulation zeigt Bild 3.12 die relevanten Betragsfunktionen.

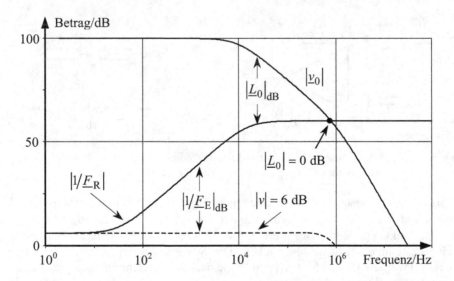

Bild 3.12 Auswirkungen der Eingangs-Frequenzkompensation im Frequenzbereich

Die Schleifenverstärkung L_0 erreicht im unteren Frequenzbereich den Maximalwert von 94 dB, um mit steigender Frequenz abzunehmen und mit waagerechter Asymptote durch den für die Stabilität ausschlaggebenden Bereich um $|L_0| = 0$ dB zu laufen. Die Konstruktion des Verlaufs der $|L_0|$-Funktion orientiert sich an den Erläuterungen zu Bild 3.3 (Abschn. 3.4). Der Verlauf der geschlossenen Verstärkung ist konstant bei $v = 6$ dB mit einer 3-dB-Grenzfrequenz, die wieder bestimmt wird durch die Frequenz, bei der $|L_0| = 0$ dB ist. Zur Beurteilung der Stabilität kann das vereinfachte Stabilitätskriterium aus Abschn. 1.9.3 herangezogen werden.

3.9 Was ist ein Pol-Nullstellen-Paar?

Besonders in der Technik gegengekoppelter Verstärker und in Systemen der Regelungstechnik kann es aus Stabilitätsgründen notwendig sein, den phasenabsenkenden Einfluss eines zweiten Pols innerhalb des aktiven Bereichs der Schleifenverstärkung durch eine künstlich erzeugte Nullstelle zu reduzieren bzw. zu kompensieren. Ein Beispiel dafür sind die in Abschn. 3.7 angesprochenen Schaltungsergänzungen zur Minderung des Einflusses einer kapazitiven Lastimpedanz auf die Stabilitätseigenschaften von Operationsverstärkern.

Dabei wird es aufgrund von Toleranzen und anderen Unsicherheiten nur in den wenigsten Fällen zu einer exakten Pol-Nullstellen-Kompensation mit Frequenzgleichheit $f_Z=f_P$ kommen. Wenn deshalb ein Pol und eine Nullstelle – im Vergleich zu anderen Polen oder Nullstellen der zugehörigen Übertragungsfunktion der offenen Schleife – frequenzmäßig relativ dicht benachbart sind, spricht man von einem „Pol-Nullstellen-Paar" (pole-zero-doublet) und definiert den relativen Paarabstand über das Verhältnis $k=f_Z/f_P$. Dabei gibt es im *Bode*-Diagramm (Betragsverlauf) bei einer Fehlanpassung mit $k\neq1$ keine gravierenden Änderungen gegenüber dem Idealfall ($k=1$). Auch für die Stabilitätsbetrachtungen ist es ziemlich unerheblich, mit welcher Genauigkeit diese Gleichheit von Pol- und Nullstellenfrequenz erreicht wird.

Einen überraschend deutlichen Einfluss übt die Abweichung des Anpassungsfaktors k von seinem Idealwert aber auf das Systemverhalten im Zeitbereich aus – besonders deutlich zu erkennen im Einschwingverhalten als Antwort auf eine sprungförmige Erregung am Eingang.

Diese Zusammenhänge sollen durch Simulationen im Zeit- und Frequenzbereich demonstriert werden am Beispiel eines Operationsverstärkers, dessen Frequenzgang zwei Pole im aktiven Verstärkungsbereich aufweist. Wie eine Simulation der Schleifenverstärkung zeigt, existiert bei einem Einsatz dieses Verstärkers mit voller Gegenkopplung als Spannungsfolger ($v=1$) nur eine geringe Phasenreserve von $\varphi_{PM}\approx28°$. Als Folge davon zeigt die Sprungantwort einen ausgeprägten Einschwingvorgang über 20 µs mit einer 60%-igen Überschwingweite. Deshalb soll eine Kompensation des zweiten Pols durch ein phasenanhebendes Netzwerk erfogen. Zum Einsatz kommt ein aktives PD-T1-Element (lead-lag) mit einer kompensierenden Nullstelle und einem unkritischen hochfrequenten Pol.

Verstärkerdaten: Maximalverstärkung $v_{0,DC}=10^5$ (100 dB);

Pole bei $f_{P1}=10$ Hz und $f_{P2}=100$ kHz .

PD-T1-Glied: Übertragungswert (bei $f=0$ Hz) $A_0=0$ dB;

Nullstelle bei $f_Z=k\cdot f_{P2}= k\cdot100$ kHz mit $k=0{,}4$ / 1 / 2,5 ;

Pol bei $f_{P3}=100$ MHz .

Damit hat das System aus Verstärker und Kompensationsglied die Verstärkungsfunktion

$$\underline{v}_{0,k}(j\omega) = \frac{10^5}{\left(1+j\dfrac{\omega}{2\pi\cdot10}\right)\cdot\left(1+j\dfrac{\omega}{2\pi\cdot10^5}\right)} \cdot \frac{\left(1+j\dfrac{\omega}{2\pi\cdot k\cdot10^5}\right)}{\left(1+j\dfrac{\omega}{2\pi\cdot10^8}\right)} . \tag{3.4}$$

Der Einfluss einer ungenauen Pol-Nullstellen-Kompensation auf das Übertragungsverhalten der Kombination Verstärker/PD-T1 soll nun für eine absichtlich groß gewählte Fehlanpassung der beiden Frequenzen mit $k=0{,}4$ bzw. $k=2{,}5$ untersucht werden.

Als Ergebnis der Schaltungssimulationen für die drei k-Werte, Bild 3.13, zeigt die Schleifen-verstärkung für den Idealfall ($k=1$, mittlere Kurve) den erwarteten Verlauf mit konstantem Abfall von 100 dB über fünf Dekaden (20 dB/Dekade). Wird der Pol bei $f_{P2}=100$ kHz durch die zusätzliche Nullstelle nicht exakt kompensiert, werden Betrag und Phase (im Bild nicht gezeigt) bei den jeweiligen Nullstellenfrequenzen $0,4 \cdot f_{P2}=40$ kHz bzw. $2,5 \cdot f_{P2}=250$ kHz ange-hoben, wodurch der Einfluss des zweiten Pols auf die Neigung der Funktion drastisch reduziert wird. In allen drei Fällen schneidet die Funktion der Schleifenverstärkung deshalb die 0-dB-Linie mit einer Steigung von etwa –20 dB/Dekade; auch bei voller Gegenkopplung ist damit ein stabiler Betrieb mit Phasenreserven in der Größenordnung von 90° gesichert.

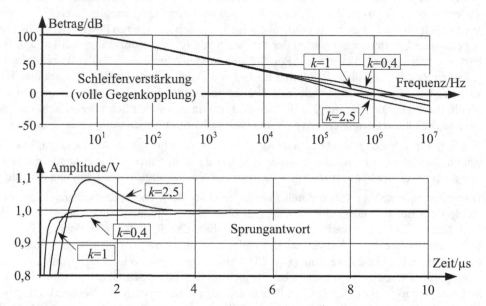

Bild 3.13 Pol-Nullstellen-Paarung, Auswirkungen im Frequenz- und Zeitbereich

Dahingegen zeigen sich aber deutliche Unterschiede im Zeitbereich bei der Simulation der Sprungantworten für die drei k-Werte (Bild 3.13, unterer Teil). Erwartungsgemäß sinken die Anstiegszeiten t_A (von 10% auf 90% des Endwertes) bei steigender Bandbreite des gegen-gekoppelten Verstärkers. Diese Bandbreite ist praktisch identisch zur Durchtrittsfrequenz der Schleifenverstärkung durch die 0-dB-Linie: $f_D \approx 2$ MHz bei $k=0,4$ und $f_D \approx 0,4$ MHz bei $k=2,5$).

Besonders kritisch für alle Anwendungen mit hohen Anforderungen an die Genauigkeit ist die Einschwingzeit t_S (settling time), die benötigt wird, damit sich die Sprungantwort bis auf einen bestimmten Restfehler (0,5%, 0,1% oder 0,01%) dem Endwert genähert hat, s. Abschn. 3.11. Eine exakte Vermessung der Sprungantworten in Bild 3.13 ergibt die Zeiten in Tabelle 3.1.

Tabelle 3.1 Spannungsfolger, Einschwingzeiten t_S für drei Abstimmungsfaktoren k

	$k=0,4$	$k=1$	$k=2,5$
$t_{S\,(0,5)}$	6,5 µs	0,85 µs	3 µs
$t_{S\,(0,1)}$	15 µs	1,1 µs	3,4 s
$t_{S\,(0,01)}$	>20 µs	1,6 µs	5,7 µs

Den Ergebnissen ist zu entnehmen, dass der gegengekoppelte Verstärker in seinem zeitlichen Verhalten überraschend empfindlich auf unvermeidbare Ungenauigkeiten bei der Pol-Nullstellen-Kompensation reagiert und seine Sprungantwort – nach zunächst erwartetem Anstiegsverhalten – dann eine relativ lange Einschwingphase benötigt. Weil die rechnerische Ermittlung der genauen Sprungantwort sehr aufwendig ist, soll hier nur eine qualitative und anschaulich nachvollziehbare Erklärung für dieses Phänomen gegeben werden.

Wenn ein Verstärker mit der Übertragungsfunktion nach Gl. (3.4) voll gegengekoppelt wird, erscheint der Klammerausdruck im Zähler mit der Nullstellenfrequenz $\omega_Z = 2\pi \cdot k \cdot 10^5$ (für $k \neq 1$) nunmehr auch im Nenner der Übertragungsfunktion des Spannungsfolgers und erzeugt somit eine Polstelle $\omega_{PZ} \approx \omega_Z$. Wie bei jedem System mit Tiefpassverhalten bestimmen die Polstellen den Verlauf der Sprungantwort. Der normalerweise dominierender Beitrag – insbesondere für eine ideale Kompensation mit $k=1$ – stammt aber von der Polstelle ω_{PT}, die der Bandbreite der gegengekoppelten Schaltung und damit der Transitfrequenz ω_T der offenen Verstärkungsfunktion $\underline{v}_{0,k}(j\omega)$ entspricht. Dieser Pol verursacht die zwischen 10% und 90% des Endwertes der Sprungantwort definierte Anstiegszeit t_A.

Eine Überprüfung dieser prinzipiellen Überlegungen für das hier behandelte Beispiel führt zu Ergebnissen, die in der folgenden Tabelle zusammengestellt sind. Die dort angegebenen Werte für die Zeitkonstante T_Z und die Anstiegszeit t_A folgen direkt aus den Vorgaben bzw. aus den Transitfrequenzen, die Bild 3.13 bei genauer Auswertung entnommen werden können.

Tabelle 3.2 Spannungsfolger, Einflussgrößen für die Einschwingzeit

	$k=0{,}4$ $\omega_Z = 2\pi \cdot 40 \cdot 10^3$ $\omega_T \approx 2\pi \cdot 2{,}4 \cdot 10^6$	$k=1$ $\omega_Z = 2\pi \cdot 100 \cdot 10^3$ $\omega_T \approx 2\pi \cdot 1 \cdot 10^6$	$k=2{,}5$ $\omega_Z = 2\pi \cdot 250 \cdot 10^3$ $\omega_T \approx 2\pi \cdot 450 \cdot 10^3$
$T_Z \approx 1/\omega_Z$	4 µs	Kompensation	0,65 µs
$t_A \approx 2{,}2/\omega_T$	0,15 µs	0,35 µs	0,8 µs

Ein Vergleich mit dem Simulationsergebnis für die Sprungantwort (Bild 3.13) bestätigt sowohl die drei Anstiegszeiten t_A in Tabelle 3.2 als auch die Größenordnung der durch die Nullstellen für $k \neq 1$ verursachten zusätzlichen Verzögerungen mit den Zeitkonstanten T_Z.

So gilt beispielsweise für die ermittelten Einschwingzeiten im Fall der 0,1%-Toleranzgrenze $t_{S(0,1)} \approx (4...5) T_Z$. Zum Vergleich: Bei einem idealen System erster Ordnung ist die Einschwingzeit $t_{S(0,1)}$ etwa das siebenfache der zugehörigen Zeitkonstanten.

3.10 Kann man zwei Operationsverstärker kombinieren?

Es gibt keinen „optimalen" Operationsverstärker, bei dem alle relevanten Kenngrößen ihre bestmöglichen Werte annehmen. Stattdessen stellt die Realisierung des internen Schaltungskonzepts in den meisten Fällen einen Kompromiss dar zwischen den wichtigsten Parametern, die bestimmend sind für die Auswahl eines OPV-Typs: Bandbreite, Verstärkung, Großsignal-Verhalten (slew rate), Offset- und Rauscheigenschaften, Eingangs- und Ausgangsimpedanzen, Spannungsversorgung. Daraus ergibt sich die Frage, ob und wie es möglich ist, besonders gute Eigenschaften zweier unterschiedlicher Verstärker-ICs miteinander zu kombinieren.

Deshalb wird hier die Möglichkeit der Zusammenschaltung zweier Verstärker untersucht, die deutliche Unterschiede bei drei typischen Kenngrößen aufweisen. Die Zahlen in Tabelle 3.3 wurden dem jeweiligen Datenblatt als "typische" Werte entnommen.

Tabelle 3.3 OPV-Parameter, Zusammenstellung

	Offsetspannung	Max. Anstiegsrate (slew rate)	Transitfrequenz
OP27	10 µV	2,8 V/µs	8 MHz
AD8001	20 mV	1200 V/µs	≈800 MHz

Das Ziel besteht darin, die exzellenten Offseteigenschaften des Präzisionsverstärkers OP27 zu kombinieren mit dem deutlich besseren Großsignalverhalten (slew rate) des Typs AD8001, der zur Klasse der Verstärker mit Stromrückkopplung gehört (Current-Feedback-Amplifier, CFA) und dessen invertierender Eingang einen Vorwiderstand R_V benötigt, s. Abschn. 3.20.

Werden die Verstärker wie in Bild 3.14 mit einer gemeinsamen Gegenkopplung hintereinander geschaltet, kann die Kombination OP27/AD8001 als ein neuer Verstärkerblock angesehen werden ("Kompositverstärker"), dessen Verstärkung bei wachsender Frequenz allerdings mit etwa 40 dB/Dekade abfallen wird. Ein stabiler Gegenkopplungsbetrieb erfordert deshalb separate Überlegungen.

Das *Bode*-Diagramm für den Betrag $|v_{0,K}|$ dieses Kompositverstärkers ist in Bild 3.15 wiedergegeben (Schaltungssimulation). In Anlehnung an die in Abschn. 3.4 (Bild 3.3) beschriebene Vorgehensweise ist in das Diagramm der Kehrwert vom Betrag des Rückkopplungsfaktors sowie der sich daraus ergebende Verlauf der Schleifenverstärkung $|L_0(j\omega)|$ eingetragen für das Beispiel $R_2/R_1{=}100$.

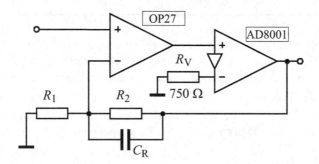

Bild 3.14 Kompositverstärker aus OP27 und AD8001 mit gemeinsamer Gegenkopplung

Die Anwendung des vereinfachten *Nyquist*-Stabilitätskriteriums, Abschn. 1.9.3, auf das *Bode*-Diagramm bestätigt, dass die Schaltung bei reiner Widerstandsbeschaltung ($|F_R|{=}$const mit $C_R{=}0$) nicht stabil arbeiten wird. Eine Stabilisierung ist nur dadurch möglich, dass die Funktion $|1/F_R(j\omega)|$ für hohe Frequenzen – wie in Bild 3.14 bereits berücksichtigt – ebenfalls abgesenkt wird, um im kritischen Bereich um die Durchtrittsfrequenz bei $|L_0(j\omega)|{=}0$ dB einen Abfall der Schleifenverstärkung deutlich unterhalb von 40 dB/Dekade zu ermöglichen.

Damit muss also die Rückkopplungsfunktion $F_R(j\omega)$ in diesem Frequenzbereich entsprechend angehoben werden durch einen zusätzlichen Kondensator parallel zu R_2. Zur Berechnung der dafür notwendigen Kapazität C_R müssen die Werte beider Widerstände bekannt sein.

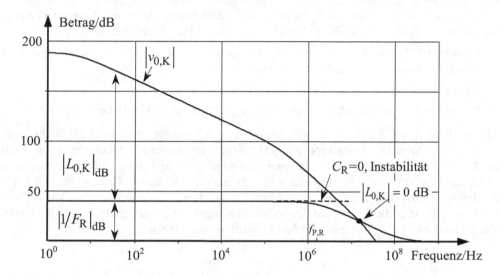

Bild 3.15   Kompositverstärker, Schleifenverstärkung $|L_{0,K}|$ für $C_R=0$ und $C_R=10$ pF

Zahlen-Beispiel

$R_1 = 100 \ \Omega$, $R_2 = 10 \ k\Omega$ $\Rightarrow$ $R_2/R_1 = 100$ $\Rightarrow$ $\left. |1/F_R| \right|_{C_R=0} = 101 \to 40,1 \ \text{dB}$,

Polfrequenz $f_{P,R} = 1/2\pi R_2 C_R = 1,6 \ \text{MHz}$ (Wahl) $\Rightarrow$ $C_R = 10 \ \text{pF}$,

Nullfrequenz $f_{Z,R} = 1/2\pi \left(R_1 \| R_2 \right) C_R = 160,8 \ \text{MHz}$.

Die grafische Darstellung in Bild 3.15 beweist die günstige Wahl der beiden Frequenzen $f_{P,R}$ und $f_{Z,R}$ mit dem Ergebnis, dass der Schnittpunkt mit dem $|v_{0,K}|$-Verlauf im abfallenden Teil von $|1/F_R|$ liegt. Damit fällt die Funktion $|L_{0,K}|$ im kritischen Bereich etwa mit 20 dB/Dekade.

Eine Simulation der Schaltung nach Bild 3.14 im Zeitbereich kann die stabilisierende Wirkung der Kapazität C_R bestätigen. Die Sprungantwort erreicht am Verstärkerausgang einen Endwert von beispielsweise 5 V ohne Überschwingeffekte nach einer Einschwingzeit von $t_S \approx 0,5 \ \mu s$. (Zum Vergleich: Beim Einsatz des OP27 alleine beträgt die Einschwingzeit etwa 10 μs).

Aus dem *Bode*-Diagramm ist auch abzulesen, dass diese Stabilisierung nur sinnvoll ist bei relativ großen Verstärkungen ($|1/F_R|=v \geq 40$ dB), weil andernfalls die $|1/F_R|$-Kurve zu dicht an der 0-dB-Linie liegen würde und auch der Abstand der Frequenzen $f_{P,R}$ und $f_{Z,R}$ zu gering wäre, um noch eine deutliche Absenkung des $|1/F_R|$-Verlaufs bewirken zu können.

Eine mögliche Alternative zum oben besprochenen Stabilisierungsprinzip besteht darin, dem breitbandigen Stromrückkopplungsverstärker AD8001 eine lokale Gegenkopplung zu geben. Dadurch verlagert sich der zweite Pol der Kompositanordnung (etwa 100 kHz laut Bild 3.15) bei gleichzeitig sinkender Gesamtverstärkung $v_{0,K}$ zu höheren Frequenzen, so dass der äußere Rückkopplungsfaktor F_R keine Kompensationskapazität enthalten muss.

3.11 Wodurch werden Anstiegs- und Einschwingzeiten festgelegt?

Wird eine sprungförmige Spannung auf den Eingang eines als Linearverstärker betriebenen Operationsverstärkers gegeben, reagiert dieser mit einer Ausgangsspannung, deren Form sich u. U. deutlich von der Form der Sprungfunktion unterscheidet. In diesem Zusammenhang sind drei Kenngrößen des gegengekoppelten Operationsverstärkers von Bedeutung:

- Kleinsignal-Bandbreite $f_{G,R}$ des rückgekoppelten Verstärkers (entspricht ungefähr der Durchtrittsfrequenz f_D, bei der die Schleifenverstärkung $|L_0|=0$ dB ist);
- Phasenreserve φ_{PM};
- Maximale Anstiegsrate SR (slew rate) des gegengekoppelten Verstärkers.

Als anschauliches Beispiel wird durch Simulation die Sprungantwort eines als Nicht-Inverter beschalteten Operationsverstärkers (AD745) für drei verschiedene Verstärkungswerte ermittelt (v=2, 5, 10), s. Bild 3.16. Laut Herstellerangabe arbeitet dieser Typ nur für Verstärkungen $v \geq 5$ zufriedenstellend und mit ausreichender Phasenreserve. Aus diesem Grunde entsteht bei v=2 ein Einschwingvorgang, der im praktischen Einsatz nicht akzeptiert werden kann. Bei der Simulation beträgt die Amplitude des rechteckförmigen Eingangssignals 1 mV (Kleinsignal-Verhalten) bzw. 1 V (Großsignal-Verhalten mit slew-rate-Effekt).

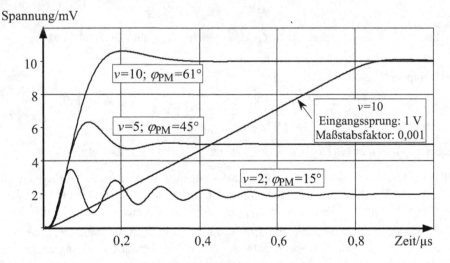

Bild 3.16 Kleinsignal-Sprungantwort für drei Verstärkungswerte/Phasenreserven;
zum Vergleich: Großsignal-Sprungantwort (slew-rate-Einfluss)

Anstiegszeit

Die Zeit t_A, in der das Ausgangssignal von 10% auf 90% des Endwertes ansteigt, ist eine Funktion der Kleinsignal-Bandbreite $f_{G,R}$ und sinkt mit steigendem Wert von $f_{G,R}$. Für ein System maximal zweiter Ordnung kann die Abschätzung $t_A \approx m \cdot v/(2\pi \cdot f_T)$ angesetzt werden, die mit ausreichender Genauigkeit auch auf Operationsverstärker anwendbar ist. Der Korrekturfaktor m berücksichtigt dabei die Polverteilung der geschlossenen Verstärkung $\underline{v}(j\omega)$ und kann Werte annehmen von m=1,6 (ein dominierendes konjugiert-komplexes Polpaar) über m=1,8 (zwei reelle Pole) bis m=2,2 (ein reeller Pol).

Mit der im Datenblatt für den Typ AD745 genannten Transitfrequenz f_T=20 MHz ergeben sich rechnerisch daraus für die drei Verstärkungswerte folgende Anstiegszeiten (Richtwerte):

$$t_A \approx 25 \text{ ns } (v = 2, m = 1,6); \quad t_A \approx 68 \text{ ns } (v = 5, m = 1,7); \quad t_A \approx 143 \text{ ns } (v = 10, m = 1.8).$$

Ein Vergleich mit dem Anstiegsverhalten der Sprungantworten in Bild 3.16 bestätigt diese Abschätzungen.

Einschwingzeit

Die Zeit t_S in der das Ausgangssignal den Endwert bis auf eine Abweichung von 1% (bzw. 0,1% oder 0,01%) erreicht, ist abhängig von der Lage des dominierenden reellen Pols bzw. des dominierenden Polpaars. Für ein ideales System zweiter Ordnung mit einem konjugiert-komplexen Polpaar wird die Einschwingzeit durch die Systemdämpfung bestimmt und kann aus dem dämpfenden Realteil σ des Pols über den Zusammenhang t_S=4,6/σ (gültig für eine 1%-ige Abweichung) ermittelt werden. Da mit sinkender Poldämpfung auch die Phasenreserve φ_{PM} sinkt, besteht auch ein direkter Zusammenhang zwischen t_S und φ_{PM}. Deshalb wurde in Bild 3.16 auch die von der eingestellten Verstärkung v abhängige Phasenreserve angegeben, die über separate Kleinsignal-Wechselspannungsanalysen ermittelt werden kann. Das Ergebnis für v=10 macht deutlich, warum für eine gute Sprungsignalübertragung üblicherweise eine Phasenreserve von $\varphi_{PM} \geq 65°$ gefordert wird.

Wenn die Eingangsspannung und/oder die Verstärkung steigt, wird der Anstieg der Ausgangs-spannung begrenzt durch die maximal mögliche Anstiegsgeschwindigkeit SR (slew rate) des Verstärkerbausteins. Für den im Beispiel verwendeten AD745 gibt das Datenblatt einen Wert SR=12,5 V/μs an. Bei einem Eingangssprung von 1 V und einer Verstärkung v=10 kann eine Ausgangsspannung von 10 V also frühestens nach 0,8 μs erreicht werden. Der Verlauf der zugehörigen Großsignal-Sprungantwort in Bild 3.16 bestätigt diesen Wert.

3.12   Was sind voll-differentielle Operationsverstärker?

Die interne Struktur der Operationsverstärker-ICs verfügt über einen Differenzeingang und einen einpoligen Spannungsausgang. Für den Normalfall mit symmetrischer Betriebsspannung ist das Ausgangssignal auf Null Volt (Masse) bezogen, wobei innerhalb des Verstärkers ein Übergang vom symmetrischen Eingangsbetrieb auf den unsymmetrischen Ausgangsbetrieb stattfindet.

Im Gegensatz dazu hat ein „voll-differentiell" (fully differential, FD) arbeitender Operations-verstärker zwei Ausgangsanschlüsse mit entgegengesetzter Polarität. Damit kann auch das verstärkte Signal als Differenz zwischen den Spannungen an beiden Ausgängen abgenommen werden. Diese – im weiteren Verlauf als FD-OPV bezeichneten – Verstärkereinheiten arbeiten also durchgehend symmetrisch.

Vor dem Hintergrund der aktuellen Entwicklungen bei der drahtlosen Kommunikationstechnik und bei den mobilen Diensten hat diese Technik in letzter Zeit an Bedeutung gewonnen. Grund dafür ist das Bestreben der Halbleiterhersteller, immer leistungsfähigere Endgeräte bei gleich-zeitig niedrigen Betriebsspannungen, geringen Abmessungen und sinkenden Kosten auf den Markt zu bringen. Das hat dazu geführt, dass vermehrt analoge, abtast-analoge (getaktete) und digitale Schaltungen gemeinsam auf einem Chip integriert werden.

An die rein analogen Teilsysteme müssen dabei ganz besondere Anforderungen hinsichtlich Dynamik, Rauschen und Unempfindlichkeit gegenüber Takteinstreuungen gestellt werden. In diesem Zusammenhang stellen voll-differentiell aufgebaute Operationsverstärker (FD-OPV) und Steilheitsverstärker (FD-OTA) derzeit die bevorzugten Lösungen dar, denn durch die Differenzbildung werden die als Gleichtaktsignal wirkenden Taktstörungen weitgehend unterdrückt – bei gleichzeitiger Verdoppelung des Signalhubs am Ausgang.

Vorteile des FD-Prinzips
-   Verdopplung des Signalhubs am Ausgang,
-   Verbessertes Signal-Rausch-Verhältnis,
-   Verbesserte Gleichtaktunterdrückung,
-   Bessere Immunität gegenüber internen/externen Störungen (Taktdurchgriff etc.),
-   Unterdrückung geradzahliger Oberwellen.

Nachteile des FD-Prinzips (Konsequenzen)
-   Erhöhter Schaltungsaufwand (intern und extern),
-   Erhöhter Leistungsverbrauch,
-   Gleichtakt-Gegenkopplung notwendig (Common Mode Feedback, CMFB).

Gleichtakt-Gegenkopplung

Beim klassischen OPV mit unsymmetrischem Ausgang dient die Widerstandsgegenkopplung sowohl der Verstärkungseinstellung als auch der Stabilisierung des Arbeitspunktes. Dagegen besteht beim FD-Operationsverstärker die Notwendigkeit, die Arbeitspunkte beider Verstärkerketten durch einen speziellen Gegenkopplungszweig einzustellen und zu stabilisieren.

Die Problematik soll anhand einer CMOS-Eingangsstufe mit den zugehörigen Kennlinien erläutert werden, Bild 3.17. Für die Eingangstransistoren T_1 und T_2 bilden die Transistoren T_3 bzw. T_4 einen aktiven Lastwiderstand, wobei die Ausgangskennlinien als „Arbeitsgerade" wirken, Bild 3.17 (rechter Teil). Der im Bild eingetragene ideale Arbeitspunkt $U_{DS,AP}$ in der Mitte des Aussteuerungsbereichs kann sich nur bei 100%-ig angepassten Transistorpaarungen T_1/T_3 bzw. T_2/T_4 einstellen.

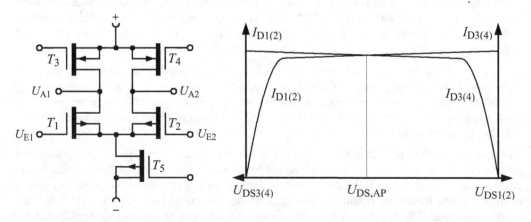

Bild 3.17   CMOS-OPV-Eingangsstufe (vereinfacht, voll-differentiell) und Ausgangskennlinien

Die geringen Kennliniensteigungen in Verbindung mit unvermeidbaren Parametertoleranzen führen in der Praxis aber dazu, dass sich mit großer Wahrscheinlichkeit beide Arbeitspunkte nicht im Sättigungsbereich der Kennlinien bei $U_{DS,AP}$, sondern vielmehr im Anlaufbereich einer der Transistoren einstellen. Eine Möglichkeit der Korrektur besteht darin, den Mittelwert der beiden Ausgangsspannungen zu vergleichen mit der Spannung für den Soll-Arbeitspunkt. Dieser Mittelwert stellt damit einen „schwimmenden" Gleichtaktanteil $0{,}5 \cdot (U_{A1}+U_{A2})$ dar, der durch Gegenkopplung eingestellt und stabilisiert werden muss.

Bei einer häufig angewendeten Schaltungsalternative wird aus dieser Gleichtaktspannung ein Korrektursignal U_K abgeleitet, welches in geeigneter Weise auf die gemeinsame Stromquelle einwirkt und beide Ströme I_{D1} bzw. I_{D2} anhebt oder absenkt, um den vorgegebenen Arbeitspunkt $U_{DS,AP}$ selbsttätig einzustellen. Das Prinzip dieser Art der Gleichtakt-Gegenkopplung (CMFB) ist in Bild 3.18 skizziert. Bei einer anderen Variante mit mehr Schaltungsaufwand werden die Teilströme in beiden Zweigen separat korrigiert.

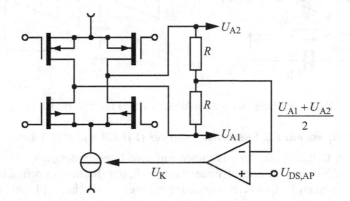

Bild 3.18 Realisierung einer Gleichtakt-Gegenkopplungsschleife

Voll-differentielle Signalverarbeitung

Wegen seiner herausragenden Eigenschaften hinsichtlich Störungsunterdrückung findet das oben beschriebene FD-Verstärkerkonzept breite Anwendung in den Bereichen Audio- und Filtertechnik, Mobilkommunikation, AD-Wandlung und Datenübertragung. Bevorzugt wird das FD-Prinzip angewendet bei Steilheitsverstärkern mit hochohmigem Ausgang (OTA) in komplett integrierten Systemen zur analogen Signalverarbeitung: Strom-Spannungswandler, Verstärker, Aktivfilter, S/C-Filter, AD-Wandler mit Antialias-Filter, Treiberstufen, Anpassung unsymmetrisch-symmetrisch,...

Für das FD-Konzept auf OPV-Basis sind solche Applikationen besonders geeignet, die auf invertierenden Grundschaltungen aufbauen und bei denen deshalb beide Verstärkereingänge mit einem Gegenkopplungssignal belegt sind. Im Hinblick auf die Gleichtaktunterdrückung sind eng tolerierte Widerstände in beiden identischen Rückkopplungspfaden von besonderer Bedeutung.

Zwei Schaltungsbeispiele zur Realisierung eines voll-differentiell aufgebauten aktiven Tiefpassfilters erster Ordnung – mit einem FD-Operationsverstärker bzw. mit zwei FD-OTA-Stufen – sind in Bild 3.19 angegeben.

Beispiel 1: Tiefpass mit FD-Operationsverstärker, Bild 3.19(a)

Beide Gegenkopplungszweige werden berechnet wie beim konventionellen (unsymmetrischen) Operationsverstärker mit $v_0 \rightarrow \infty$ und führen nach Differenzbildung auf

$$\frac{u_{A2} - u_{A1}}{u_{E1} - u_{E2}} = \frac{R_R/R_E}{1 + sR_R C_R}.$$

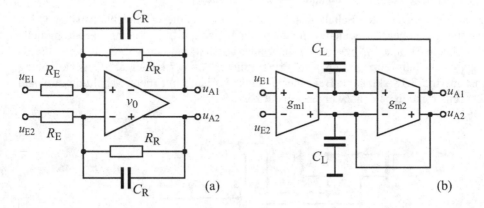

Bild 3.19 Tiefpass erster Ordnung: (a) mit FD-OPV, (b) mit FD-OTA

Beispiel 2: Tiefpass mit FD-Steilheitsverstärker (FD-OTA), Bild 3.19(b)

Der erste OTA-Baustein arbeitet zusammen mit dem Ladekondensator C_L als Integrator. Der zweite OTA bildet einen geerdeten Widerstand nach, der die Integratorfunktion bedämpft und auf diese Weise einen Tiefpass erster Ordnung erzeugt, s. Abschn. 3.14 und [4]:

$$\frac{u_{A2} - u_{A1}}{u_{E1} - u_{E2}} = \frac{g_{m1}/g_{m2}}{1 + sC_E/2g_{m2}}.$$

Grundverstärkung und Grenzfrequenz können korrigiert bzw. eingestellt werden durch die OTA-Steilheit g_m, die als extern steuerbarer Übertragungsparameter den Zusammenhang herstellt zwischen Eingangs-Differenzspannung und Ausgangsstrom (s. auch Abschn. 3.14):

$$i_A = g_m \cdot (u_P - u_N).$$

3.13 Warum Vorzugsbereiche für Widerstände und Kapazitäten?

Ein besonderer Vorteil bei der Dimensionierung von Schaltungen mit Operationsverstärkern besteht darin, dass die gewünschte Funktion (Verstärkung, Integration, Filterung,...) praktisch ausschließlich durch die externen Schaltelemente festgelegt wird. Diese Formulierung mit dem Wort „praktisch" weist aber auch schon darauf hin, dass durch die bei der Berechnung nicht berücksichtigten realen OPV-Eigenschaften ein gewisser Fehler entsteht, der bei „richtiger" Dimensionierung vernachlässigbar ist bzw. ausreichend klein gehalten werden kann. Als wichtige Einflussgrößen sind in diesem Zusammenhang – neben der endlichen und frequenzabhängigen Verstärkung – die Eingangs- und Ausgangimpedanzen des Verstärkerbausteins anzusehen.

Es ist übliche Praxis, den Operationsverstärker bei der Berechnung zu behandeln wie eine durch die Eingangs-Differenzspannung gesteuerte Spannungsquelle mit unendlich großer Eingangsimpedanz und verschwindend kleiner Ausgangsimpedanz. Gerechtfertigt sind diese vereinfachenden Annahmen aber nur dann, wenn die Größenordnung der extern angeschlossenen Bauelemente diese idealisierte Betrachtungsweise auch erlaubt.

Mit wenigen Ausnahmen verlangt die Auslegung von OPV-Schaltungen nicht ganz bestimmte Bauteilwerte, sondern die Berechnung führt entweder auf ein reines Widerstandsverhältnis (Verstärkeranwendungen) oder auf RC-Zeitkonstanten (Integratoren, Filter). Damit besteht die Aufgabe, aus theoretisch unendlich vielen Kombinationsmöglichkeiten eine intelligente Auswahl zu treffen.

Soll beispielsweise eine sinnvolle Kombination aus den vier Widerstandspaarungen

$$\frac{R_\mathrm{A}}{R_\mathrm{B}} = \frac{100\ \Omega}{1\ \Omega} = \frac{10\ \mathrm{k\Omega}}{100\ \Omega} = \frac{1\ \mathrm{M\Omega}}{10\ \mathrm{k\Omega}} = \frac{100\ \mathrm{M\Omega}}{1\ \mathrm{M\Omega}}$$

zur Realisierung einer Verstärkung $v=100$ ausgewählt werden, wird man sich mit großer Wahrscheinlichkeit nicht für die beiden „exotischen" Extreme, sondern für eine der beiden mittleren Kombinationen entscheiden. Dabei hat man dann rein intuitiv genau das Richtige getan – nämlich zwei Widerstände gewählt, die einerseits noch klein genug sind gegenüber dem vernachlässigten OPV-Eingangswiderstand, andererseits aber auch groß genug sind im Vergleich zum Ausgangswiderstand des OPV.

Trotzdem ist es unerlässlich, vor dem Hintergrund der Eigenschaften des ausgesuchten Verstärkers so eine Wahl technisch auch begründen zu können. In diesem Zusammenhang ist es sinnvoll, für die Bauelemente sowohl Grenzwerte als auch einen daraus resultierenden Mittelwert zu definieren. Unter rein praktischen Aspekten hat sich dafür der geometrische Mittelwert aus den beiden Grenzwerten als eine gute Grundlage erwiesen.

Die für die Widerstands- und Kapazitätsdimensionierung anzusetzenden Grenzwerte ergeben sich dann als direkte Konsequenz aus den folgenden Überlegungen.

Widerstandswerte

Untergrenze: Der Rückkopplungszweig des Operationsverstärkers sollte nur Widerstände enthalten, deren Werte über einer bestimmten Untergrenze R_min liegen. Hauptgrund für diese Einschränkung ist der interne Ausgangswiderstand des OPV und der maximal mögliche Ausgangsstrom (Kurzschlussstrom), den der Verstärker in das angeschlossene Netzwerk liefern kann. Außerdem sollten alle Schaltwiderstände mindestens um den Faktor 100 größer sein als der unvermeidbare Widerstand der Verbindungsleitungen zwischen den einzelnen Elementen.

Obergrenze: Der in den invertierenden Verstärkereingang fließende Gleichstrom erzeugt am dort angeschlossenen Gegenkopplungswiderstand eine Gleichspannung, die den Arbeitspunkt verschiebt. Trotz der Möglichkeit des Ruhestromausgleichs durch einen etwa gleich großen zusätzlichen Widerstand auch vor dem nicht-invertierenden Eingang sollten die verwendeten Schaltwiderstände eine bestimmte Obergrenze R_max nicht überschreiten. Weitere Argumente gegen zu große Widerstandswerte sind das erhöhte Eingangsrauschen sowie der zunehmende Einfluss parasitärer Eigenschaften der Widerstände (Parallelkapazitäten). Außerdem kann die stets vorhandene Kapazität am invertierenden OPV-Eingang (ca. 1 pF) mit einem zu großen Rückkopplungswiderstand einen Pol erzeugen, der die Stabilität beeinträchtigt.

Kapazitätswerte

Untergrenze: Die Kapazitätswerte von Kondensatoren, die der Schaltung eine bestimmte Frequenzabhängigkeit verleihen (z. B. bei Integratoren, Filter), sollten mindestens um den Faktor 50 größer sein als die parasitären Kapazitätswirkungen innerhalb des Schaltungsaufbaus (Verbindungsleitungen, Verbindungsknoten, Eingangskapazitäten am OPV).

Obergrenze: Die Kapazitäts-Obergrenze C_{max} wird bestimmt sowohl durch mechanische (Abmessungen, Volumen) als auch durch elektrische Eigenschaften des Kondensators, die bei steigenden Kapazitätswerten zunehmend durch parasitäre Effekte verfälscht werden (Serien-, Parallelwiderstand, Induktivität) und so den Gütefaktor Q_C des Kondensators vermindern. In diesem Zusammenhang spielt die Kondensator-Technologie eine große Rolle.

Vorzugsbereiche

Die zahlenmäßige Auswertung dieser Vorgaben – ausgehend von typischen Eigenschaften diskreter Schaltungsaufbauten mit Operationsverstärkern – führt zu den nachfolgend aufgeführten Vorzugsbereichen und Mittelwerten. Dabei handelt es sich um Empfehlungen, die auf rein empirischem Wege entstanden sind und von denen bei manchen speziellen Applikationen durchaus abgewichen werden kann oder auch abgewichen werden muss.

Widerstände: $R_{min} = 100\ \Omega$, $R_{max} = 1\ \text{M}\Omega \Rightarrow R_M = \sqrt{R_{min} \cdot R_{max}} = 10\ \text{k}\Omega$,

Kapazitäten: $C_{min} = 100\ \text{pF}$, $C_{max} = 1\ \mu\text{F} \Rightarrow C_M = \sqrt{C_{min} \cdot C_{max}} = 10\ \text{nF}$.

Mit diesen Mittelwerten R_M bzw. C_M aus den genannten Vorzugsbereichen ist es z. B. auf einfache Weise möglich, bei Zeitkonstanten, die vom Mittelwert $\tau_M = R_M C_M$ abweichen, die Vergrößerung bzw. Verkleinerung auf beide Bauteile gleichmäßig zu verteilen, indem das Verhältnis $R/C = R_M/C_M = 10^{12}\ \Omega^2/\text{s}$ ungefähr konstant gehalten wird. Dieses Vorgehen führt zu zwei „zugeschnittenen Größengleichungen", von denen dann eine benutzt werden kann als geeigneter Ausgangspunkt zur Dimensionierung einer Kombination $RC = \tau$:

$$R = 10^6 \sqrt{\tau} \quad \text{oder} \quad C = 10^{-6} \sqrt{\tau} \quad \text{(mit } R \text{ in } \Omega, C \text{ in F und } \tau \text{ in s).}$$

Diese Dimensionierungshilfe garantiert Bauteilwerte innerhalb der oben genannten Grenzen für alle Zeitkonstanten im Bereich $\tau = (10^{-8}\text{s} \ldots 10^0\ \text{s})$.

■

Es sei noch einmal betont, dass die genannten Vorzugsbereiche nur als Empfehlung und als grobe Orientierungshilfe bei der Dimensionierung angesehen werden können. Bei speziellen Verstärkertypen – z.B. OPV mit FET-Eingangsstufe, CMOS-Verstärkern oder Verstärkern mit Stromrückkopplung (CFA) – kann es durchaus sinnvoll oder notwendig sein, nach Prüfung der besonderen Verstärkereigenschaften andere Kriterien anzuwenden.

Ein typisches Beispiel dafür sind Filter- oder Oszillatorschaltungen mit Zeitkonstanten im Sekundenbereich, wie sie z. B. in der Seismik und in der Medizintechnik benötigt werden (mit Polfrequenzen $f_P < 0,1$ Hz). Dabei kann es zu beachtlichen Dimensionierungsproblemen bzw. zu deutlichen Abweichungen vom gewünschten Verhalten kommen. Im Einzelfall hängt es von der gewählten Technologie des Widerstandes bzw. des Kondensators ab, ob beispielsweise für eine Zeitkonstante $\tau = 10$ s eine Kombination aus $R = 10$ MΩ und $C = 1\ \mu$F oder $R = 1$ MΩ und $C = 10\ \mu$F günstiger ist. (Diskussion dieser Problematik auch in Abschn. 4.23 und Abschn. 5.10.)

3.14 Wird der OTA auch gegengekoppelt?

Als Steilheits- oder Transkonduktanz-Verstärker (Operational Transconductance Amplifier, OTA) werden integrierte Linearbausteine bezeichnet, die mit einem hochohmigen Differenzeingang für Spannungen und einem hochohmigen Stromausgang ausgestattet sind. Der Zusammenhang zwischen Ausgangsstrom und Eingangs-Differenzspannung wird deshalb durch einen Leitwert (Transkonduktanz g_m) beschrieben, dessen Wert in vielen Fällen durch eine externe Steuergröße (Spannung oder Strom) einstellbar ist. Damit kann der OTA als eine spannungsgesteuerte Stromquelle mit variabler Steuergröße angesehen werden. Bei vielen Anwendungen wird der Ausgangsstrom an einer Lastimpedanz in eine Signalspannung überführt, die zur Weiterverarbeitung nach Impedanzwandlung niederohmig zur Verfügung steht.

Obwohl der OTA – im Gegensatz zum klassischen OPV – zur Arbeitspunkteinstellung keine Gegenkopplung benötigt, wird er trotzdem bei einigen Anwendungen mit einem Gegenkopplungsnetzwerk betrieben, welches bei der Berechnung der wirksamen Last zu berücksichtigen ist. Drei typische Beispiele dazu zeigt Bild 3.20.

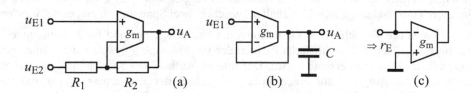

Bild 3.20 OTA mit Gegenkopplung: (a) Verstärker, (b) Tiefpass, (c) Widerstandsnachbildung

Die nachfolgend angegebenen Formeln enthalten auch den OTA-Ausgangswiderstand r_A (im Bild nicht gezeigt), um dessen Einfluss im Zusammenwirken mit den Schaltwiderständen abschätzen zu können. Zusätzlich vorhandene Lastwiderstände am Ausgang können außerdem parallel zu r_A berücksichtigt werden. Zusammen mit der OTA-Übertragungsgleichung

$$i_A = g_m \left(u_P - u_N \right)$$

führt die Netzwerkberechnung auf folgende Dimensionierungs-Beziehungen [4]:

OTA-Verstärker, Bild 3.20(a):

nicht-invertierend (u_{E2}=0) :
$$\frac{u_A}{u_{E1}} = \frac{g_m \left(R_1 + R_2 \right)}{1 + g_m R_1 + \dfrac{R_1 + R_2}{r_A}} \xrightarrow[r_A \gg R_1 + R_2]{g_m \gg 1/R_1} 1 + \frac{R_2}{R_1} .$$

invertierend (u_{E1}=0):
$$\frac{u_A}{u_{E2}} = \frac{1 - g_m R_2}{1 + g_m R_1 + \dfrac{R_1 + R_2}{r_A}} \xrightarrow[r_A \gg R_1 + R_2]{g_m \gg 1/R_1} -\frac{R_2}{R_1} .$$

OTA-Tiefpass, Bild 3.20(b):
$$\frac{u_A}{u_{E1}} = \frac{1}{1 + \dfrac{1}{g_m r_A} + s\dfrac{C}{g_m}} = \frac{g_m r_A}{1 + g_m r_A} \cdot \frac{1}{1 + s\dfrac{r_A C}{1 + g_m r_A}} .$$

Widerstandsnachbildung, Bild 3.20(c): $r_E = \dfrac{1}{g_m + r_A} = \dfrac{1}{g_m} \| r_A$.

Bei dieser Anwendung wird der OTA also als Zweipol eingesetzt, dessen Eingangswiderstand einem einseitig geerdeten Widerstand r_E entspricht. Diese aktive Nachbildung eines Widerstandes bietet eine interessante Möglichkeit zur elektronischen Steuerung von Verstärkungswerten und Zeitkonstanten in Filter- und Oszillatorschaltungen, s. auch Bild 3.19(b).

3.15 Sind Operationsverstärker gute Komparatoren?

Ein hochverstärkender Operationsverstärker ohne Gegenkopplung – also ohne definierten Arbeitspunkt in der Mitte seines linearen Aussteuerungsbereichs – kann als ein Komparator angesehen werden, bei dem die Ausgangsspannung nur zwischen ihren beiden Extremwerten hin und her „geschaltet" wird, sobald die Eingangsdifferenzspannung ihr Vorzeichen ändert. Dabei muss diese Änderung groß genug sein, um den linearen Teil der Verstärkerkennlinie zu überwinden. Trotzdem sollte der für Linearanwendungen konzipierte OPV nur unter ganz bestimmten Voraussetzungen als Umschalter zwischen zwei Spannungen eingesetzt werden.

Grund dafür ist die Tatsache, dass Operationsverstärker ausgelegt sind für Anwendungen mit extern zugeschalteter und stabilisierend wirkender Gegenkopplung, wobei die Eingangsstufe im Normalbetrieb nicht übersteuert wird. Der interne Aufbau von Komparatoren dagegen ist optimiert für die Aufgabe, auf einen Polaritätswechsel der Eingangsspannung mit einem Sprung zu reagieren und am Ausgang ein logikkompatibles Binärsignal zur Verfügung zu stellen. Komparatoren können als 1-Bit-AD-Wandler angesehen werden und bilden praktisch das Bindeglied zwischen der analogen und der digitalen Ebene.

Die für die vorliegende Fragestellung relevanten Eigenschaften von Operationsverstärkern und Komparatoren werden hier stichwortartig einander gegenübergestellt:

Operationsverstärker: Hohe Gleichspannungsverstärkung, Eingang nicht übersteuerungsfest, maximaler Ausgangspegel durch Versorgungsspannung festgelegt, Frequenzkompensation zwecks Stabilitätssicherung bei Gegenkopplung, Folge davon: Kleinsignal-Bandbreite und Großsignal-Anstiegsgeschwindigkeit *SR* (slew rate) relativ gering.

Komparator: Extrem hohe Gleichspannungsverstärkung, Eingangsstufe übersteuerungsfest mit minimaler Erholzeit, Ausgangspegel wählbar bzw. kompatibel mit Logikschaltungen (ECL, TTL, CMOS), keine Frequenzkompensation notwendig, Kleinsignal-Bandbreite und Großsignal-Anstiegsgeschwindigkeit deshalb größer, extrem kleine Reaktions- und Laufzeiten.

∎

Ein Vergleich dieser typischen Eigenschaften beider Verstärkerarten macht deutlich, dass es nur in besonderen Fällen sinnvoll sein kann, einen Operationsverstärker als Komparator zu betreiben – nämlich dann, wenn

- an die Schaltzeiten keine extremen Forderungen gestellt werden,
- die Verzögerungen/Erholzeiten durch Eingangsübersteuerung noch akzeptabel sind,
- die Spannungsänderungen am Eingang relativ langsam erfolgen,
- die Ausgangspegel ohne spezielle Anpassungselemente weiterverarbeitet werden können,
- der Operationsverstärker die kostengünstigere Alternative ist.

Neben Empfindlichkeit und Genauigkeit ist die Schaltgeschwindigkeit ein wichtiges Kriterium bei der Auswahl eines Bausteins zum Spannungsvergleich. In diesem Zusammenhang soll hier noch kurz auf einen Punkt eingegangen werden, der gleichermaßen beim Komparator-IC und beim Operationsverstärker von Bedeutung ist – die Verbesserung des Schaltverhaltens. Damit ist nicht nur die eigentliche Schaltzeit gemeint, sondern auch die Eindeutigkeit und Sicherheit des Umschaltvorgangs. Bei relativ langsamen Spannungsänderungen im Bereich der Schaltschwelle führen rauschähnliche Störungen nämlich dazu, dass die Spannung am Ausgang mehrmals zwischen ihren Extremwerten pendelt bevor sich ein stabiler Zustand einstellt.

Dieser Effekt kann durch einen externen Mitkopplungszweig verhindert werden. Gleichzeitig wird der Schaltvorgang dadurch wesentlich beschleunigt, denn die positive Rückkopplung verursacht einen Kippeffekt, so dass nicht mehr die Änderungsgeschwindigkeit am Eingang die Schnelligkeit des Schaltvorgangs bestimmt, sondern nur noch die maximal mögliche Großsignal-Anstiegsgeschwindigkeit SR (slew rate) des Bausteins. Der Kippvorgang wird dadurch ausgelöst, dass ein Teil der sich ändernden Ausgangsspannung auf den p-Eingang rückgeführt wird und so die am Eingang anliegende Spannungsänderung in ihrer Wirkung noch unterstützt. Damit beschleunigt sich die Änderung der Spannung am Ausgang – die Spannung „kippt" selbsttätig, sobald der Vorgang der Änderung einmal eingeleitet worden ist.

Als Nebeneffekt der Mitkopplung erhält die Komparatorschaltung dadurch allerdings ein Hystereseverhalten mit unterschiedlichen Schwellen für beide Schaltrichtungen. Bei vielen Anwendungen kann diese Konsequenz aber akzeptiert werden, zumal bereits ein relativ kleiner Mitkopplungsfaktor (im nachfolgenden Beispiel: 0,1%) mit nur geringem Hysterese-Effekt in vielen Fällen ausreichend ist.

Beispiel zum Schaltverhalten

Ein Komparatorbaustein des Typs LM111 wird als Nulldetektor am invertierenden Eingang mit einer Eingangsspannung angesteuert, die in 4 µs einen Bereich von +1mV bis –1mV überstreicht. Der Komparator verfügt am Ausgang über einen offenen Kollektoranschluss, der über einen „pull-up"-Widerstand R_P=1 kΩ an eine externe Spannung V_P=+5 V geschaltet ist, um ein logik-kompatibles Ausgangssignal zu liefern. Der zeitliche Verlauf von Eingangs- und Ausgangsspannung (Simulation) mit und ohne Mitkopplungszweig ist Bild 3.21 zu entnehmen.

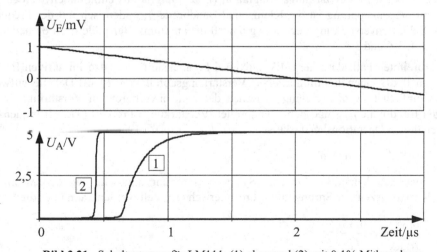

Bild 3.21   Schaltvorgang für LM111, (1) ohne und (2) mit 0,1% Mitkopplung

Die Verringerung der Schaltzeit bei der Kurve (2) gegenüber (1) ist offensichtlich, obwohl für das Beispiel nur ein Mitkopplungsfaktor von 1/1000 gewählt worden ist. Der Schaltzeitpunkt liegt für Kurve (2) bei einer etwas größeren Schaltschwelle und damit zeitlich weiter vorne, weil zu Beginn des Kippvorgangs die Spannung am nicht-invertierenden Eingang durch den Mitkopplungszweig auf etwa 40 µV angehoben wird. Grund dafür ist die Ausgangsspannung, die in dieser Phase nicht den Idealwert von Null Volt annimmt, sondern – hervorgerufen durch den Offseteinfluss – etwa bei 40 mV liegt (im Bild nicht erkennbar).

3.16 Kleinsignal- oder Großsignal-Bandbreite?

Der Begriff „Bandbreite" wird üblicherweise benutzt, um den Frequenzbereich zu beschreiben, in dem der Ausgangspegel eines sinusförmig angesteuerten Übertragungsvierpols nicht mehr als um einen vorgegebenen Betrag schwankt. Diese Definition, die sich meistens auf die 3-dB-Grenzen bezieht, gilt auch für die Übertragungsbandbreite einer OPV-Schaltung, solange die Ausgangsspannung ebenfalls sinusförmig ist.

Der komplizierte innere Aufbau von Operationsverstärkern führt aber dazu, dass der Ausgang dem Eingangssignal – wenn auch mit Verzögerungen bzw. Phasenverschiebungen – nur dann folgen kann, wenn die Spannungsänderungen eine bestimmte Geschwindigkeit nicht überschreiten. Ursache dafür sind die auf- bzw. umzuladenden Kapazitäten innerhalb des Schaltkreises. Diese Eigenschaften werden durch die „maximale Anstiegsrate" SR (slew rate) erfasst.

Als Konsequenz daraus können die von der Betriebsspannung bestimmten maximal möglichen Ausgangsamplituden nur bis zu einer bestimmten oberen Frequenzgrenze erreicht werden, ohne dass eine dreieckförmige Verzerrung der Signalform auftritt. Diese Grenze definiert die Großsignal-Bandbreite B_{SR}, die – im Unterschied zur Kleinsignal-Bandbreite f_G – damit nicht den Abfall der Verstärkung kennzeichnet, sondern sich auf die Signalform bezieht.

Kleinsignal-Bandbreite

Die 3-dB-Grenzen der Spannungsverstärkung sind abhängig vom Grad der Gegenkopplung und können direkt dem Verstärkungs-Diagramm (*Bode*-Diagramm) entnommen werden. Für den OPV mit Gegenkopplung ist die Kleinsignal-Bandbreite $f_{G,R}$ identisch mit der Frequenz, bei der die Schleifenverstärkung den Betrag $|L_0| = 0$ dB annimmt. Beispiele dazu enthalten die Abschnitte 3.4, 3.6 und 3.8.

Für den verbreiteten Fall, dass der OPV universal-kompensiert ist – also im aktiven Bereich oberhalb von 0 dB einen kontinuierlichen Verstärkungsabfall von 20 dB/Dekade aufweist, besteht ein einfacher Zusammenhang zwischen der nicht-invertierenden Verstärkung v, der zugehörigen Bandbreite $f_{G,R}$ und dem Bandbreiten-Verstärkungs-Produkt (Transitfrequenz f_T) des unbeschalteten Operationsverstärkers:

$$f_{G,R} \cdot v = f_T = f_{G,0} \cdot v_{00} \, .$$

Der so kompensierte Verstärker kann als System 1. Ordnung angesehen werden, womit die Kleinsignal-Anstiegszeit der Sprungantwort rechnerisch ermittelt werden kann über die Formel

$$t_A = \frac{0{,}35}{f_{G,R}} = v \cdot \frac{0{,}35}{f_T} \, .$$

Für einen mit der Verstärkung $v=10$ betriebenen OPV, der eine Transitfrequenz $f_T=1$ MHz besitzt, ergibt sich so eine Kleinsignal-Anstiegszeit (zwischen 10% und 90% des Endwerts) von $t_A=3{,}5$ µs. Dieses Ergebnis kann auch durch Schaltungssimulation bestätigt werden, s. Bild 3.22 (oben). Dabei wurde ein aus 22 Transistoren gebildetes realistisches Modell des Typs LM741 ($f_T\approx1$ MHz) mit einem Eingangssprung von 1 mV beaufschlagt.

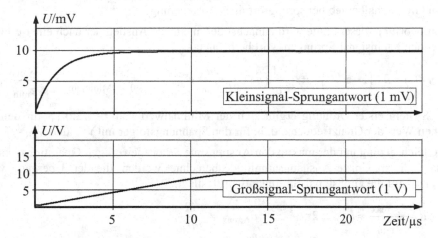

Bild 3.22   Sprungantworten, Operationsverstärker (LM741) für $v=10$

Großsignal-Bandbreite

Diese auch als „Leistungs-Bandbreite" bezeichnete Kenngröße wird messtechnisch bzw. per Simulation ermittelt, indem der als Spannungsfolger ($v=1$) beschaltete Operationsverstärker bei maximaler Ausgangsspannung (ohne Begrenzungseffekt) und wachsender Frequenz untersucht wird. Sobald eine dreieckförmige Verformung des Sinussignals erkennbar wird, ist die zur Großsignal-Bandbreite B_{SR} gehörende Grenzfrequenz erreicht. Für höhere Frequenzen wird die Sinusform erst durch eine Verringerung der Ausgangsamplitude wieder hergestellt .

Der maximale Anstieg sinusförmiger Signale beim Nulldurchgang ist über den Differential-quotienten zu ermitteln. Bei Kenntnis der Anstiegsrate SR des OPV und nach Vorgabe der Maximalamplitude $\hat{u}_{A,max}$ kann der Wert von B_{SR} deshalb berechnet werden:

$$B_{SR} = \frac{SR}{2\pi \cdot \hat{u}_{A,max}}.$$

Für den im obigen Beispiel verwendeten OPV vom Typ LM741 mit $SR\approx0{,}5$ V/µs (Datenblatt) und $\hat{u}_{A,max}=10$ V ist dann $B_{SR}\approx8$ kHz. Nach der Ermittlung von B_{SR} kann daraus natürlich dann umgekehrt für höhere Frequenzen die gerade noch verzerrungsfreie Maximal-Amplitude angegeben werden.

Gemessen wird das Großsignal-Anstiegsverhalten, indem die Reaktion des gegengekoppelten OPV auf einen Eingangssprung untersucht wird, der groß genug sein muss, um die erste Stufe kurzzeitig zu übersteuern – jedoch ohne Begrenzungseffekte am Ausgang. Im unteren Teil von Bild 3.22 ist als Beispiel die Antwort des für $v=10$ dimensionierten OPV-Typs LM741 auf einen Eingangssprung von 1 V dargestellt. Für das gleiche Transistor-Modell wie beim Klein-signal-Betrieb ist aus dem Bild der Wert $SR\approx0{,}8$ V/µs abzulesen.

Grenze Kleinsignal → Großsignal

In den behandelten Zahlenbeispielen wurde am Verstärkereingang ein Sprunghöhe von 1mV (Kleinsignalverhalten) bzw. von 1V (Großsignalverhalten) angesetzt. In diesem Zusammenhang stellt sich natürlich die Frage, ob ähnliche Ergebnisse auch bei 10 mV (statt 1 mV) bzw. bei 100 mV (statt 1 V) zu erwarten sind. Wo liegt also die Grenze zwischen dem Kleinsignal- und dem Großsignalbetrieb bei sprungförmiger Ansteuerung?

Zur Beantwortung dieser Frage wird zunächst der maximale Anstieg der nach einer e-Funktion verlaufenden Kleinsignal-Sprungantwort berechnet:

$$u_A(t) = \hat{u}_A\left(1 - e^{-t/\tau}\right) \quad \Rightarrow \quad \frac{d}{dt}(u_A(t)) = \frac{\hat{u}_A}{\tau} e^{-t/\tau} \xrightarrow[t=0;\ \tau=\text{Minimum}]{\text{Maximum}} \frac{\hat{u}_{A,max}}{\tau_{min}}.$$

Für ein System erster Ordnung ergibt sich der Minimalwert von $\tau = 1/2\pi f_{G,R}$ für den größtmöglichen Wert der Grenzfrequenz, d. h. für den Spannungsfolger mit $v=1$ und $f_{G,R} = f_T$.

Durch Gleichsetzung mit der maximalen Anstiegsrate SR des jeweiligen Operationsverstärkers kann dann die maximale Ausgangsamplitude berechnet werden, die den Übergang von der Kleinsignal- auf die Großsignal-Sprungantwort festlegt:

$$SR \overset{!}{=} \frac{\hat{u}_{A,max}}{\tau_{min}} = \hat{u}_{A,max}\, 2\pi f_T \quad \Rightarrow \quad \hat{u}_{A,max} = \frac{SR}{2\pi f_T}.$$

Für den im Beispiel verwendeten OPV mit $SR \approx 0,5$ V/µs und $f_T = 1$ MHz errechnet sich so für das Kleinsignal-Verhalten ein maximal zulässiger Ausgangssprung von $\hat{u}_{A,max} = 80$ mV.

3.17 Nutzt der *Miller*-Integrator den *Miller*-Effekt?

Ein einfacher *RC*-Tiefpass wirkt für alle Frequenzen weit oberhalb seiner Grenzfrequenz als integrierende Schaltung (Amplitudenabfall etwa 20 dB/Dekade; Phasendrehung etwa −90°). Für eine möglichst niedrige Grenzfrequenz wäre eine sehr große Zeitkonstante $\tau = RC$ erforderlich, die zu unrealistisch großen Bauteilwerten führen würde. In diesen Fällen kann der *Miller*-Effekt und die damit verbundene Kapazitätsvergrößerung ausgenutzt werden.

Der *Miller*-Effekt ist bekannt aus der Transistortechnik. Bei invertierenden Verstärkerstufen erscheint das verstärkte Spannungssignal $u_A = -|v| \cdot u_E$ am Kollektor (Drain) mit der Folge, dass zwischen Basis (Gate) und Kollektor (Drain) die Differenz aus Eingangsspannung u_E und Ausgangsspannung u_A liegt. Die Phasendrehung von 180° führt dabei zu einer Addition der Beträge:

$$u_E - u_A = u_E + |v| \cdot u_E = u_E(1 + |v|). \tag{3.5}$$

Die Eingangsimpedanz am Einspeisungspunkt (Basis bzw. Gate) ist definiert als Quotient aus der Eingangsspannung u_E und dem durch den Eingangsknoten fließenden Strom i_E. Der im Strompfad zwischen Basis (Gate) und Kollektor (Drain) fließende Strom wird nach Gl. (3.5) aber von einer um den Faktor $(1+|v|)$ größeren Spannung getrieben. Der Eingangsleitwert erscheint deshalb auch um diesen Faktor vergrößert. Besondere Bedeutung in diesem Zusammenhang hat die zwischen Basis (Gate) und Kollektor (Drain) wirksame Kapazität C_{BC} (C_{GD}), die folglich mit einem Vielfachen ihres eigentlichen Wertes in die Berechnung des komplexen Eingangsleitwerts eingeht und als *Miller*-Kapazität bezeichnet wird.

Beispiel

Für eine möglichst exakte Spannungsintegration oberhalb von $f_1=10$ Hz wird die zugehörige Grenzfrequenz für den *RC*-Tiefpass festgelegt auf $f_G=0,1$ Hz:

$$f_G = \frac{\omega_G}{2\pi} = \frac{1}{2\pi \cdot \tau} = \frac{1}{2\pi \cdot R_1 \cdot C_1} = 0,1 \text{ Hz} \quad \Rightarrow \quad \text{Wahl: } R_1 = 1,6 \text{ k}\Omega, \ C_1 = 10^{-3} \text{ F}.$$

In Bild 3.23 sind für diese Dimensionierung zwei Schaltungsalternativen angegeben – ein einfacher *RC*-Tiefpass mit dem unrealistisch großen Kapazitätswert $C_1=1$ mF, Bild 3.23(a), und eine Aktivschaltung, Bild 3.23(b), mit einer Kapazität $C_2=1$ µF, deren Wirkung durch den *Miller*-Effekt um den Faktor $[1-(-999)]=1000$ auf ebenfalls $C_2{}^*=C_1=1$ mF angehoben wird.

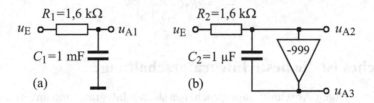

Bild 3.23 *RC*-Tiefpass als Integrator: (a) passiv, (b) aktiv

Diese Rechnung wird durch Schaltungssimulation ergänzt, Bild 3.24. Beide Übertragungsfunktionen sind identisch ($u_{A1}/u_E=u_{A2}/u_E$) und die Phasendrehung weicht bei $f_1=10$ Hz nur um 0,5° vom Zielwert −90° ab. Ein bedeutender Vorteil der Aktivschaltung besteht darin, dass am niederohmigen OPV-Ausgang die Spannung $u_{A3}=-999 \cdot u_{A2}$ zur Verfügung gestellt wird, die ebenfalls dem Zeitintegral über der Eingangsspannung entspricht – allerdings mit einem negativen Vorzeichen (zusätzliche Phasendrehung um 180°) und Pegelanhebung um 60 dB.

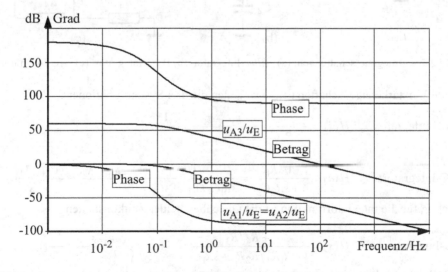

Bild 3.24 Tiefpass-Übertragungsfunktionen zu Bild 3.23

Mit dem negativen Verstärkungswert $v=-|v|$ und der *Miller*-Kapazität $C_2^*=C_2(1+|v|)$ lautet die Übertragungsfunktion für den Verstärkerausgang in Bild 3.23(b) in allgemeiner Form:

$$\frac{u_{A3}}{u_E}=\frac{u_{A2}}{u_E}\cdot v=\frac{1}{1+sR_2C_2^*}\cdot v=-\frac{|v|}{1+sR_2C_2\left(1+|v|\right)}. \tag{3.6}$$

Wird der Verstärker v durch einen Operationsverstärker im invertierenden Betrieb ersetzt ($v\to v_0$), entsteht aus Bild 3.23(b) der besonders in der Filtertechnik vielfach eingesetzte *Miller*-Integrator (s. dazu auch Bild 3.25(a) in Abschn. 3.18) mit der Systemfunktion:

$$\frac{u_{A3}}{u_E}=-\frac{|v_0|}{1+sR_2C_2\left(1+|v_0|\right)}=-\frac{1}{\dfrac{1}{|v_0|}+sR_2C_2\dfrac{\left(1+|v_0|\right)}{|v_0|}}\xrightarrow{|v_0|\to\infty}-\frac{1}{sR_2C_2}.$$

3.18 Welches ist die beste Integratorschaltung?

Neben dem im vorigen Abschnitt angesprochenen *Miller*-Integrator mit invertierender Eigenschaft (deshalb auch als Umkehrintegrator bezeichnet) existieren noch zwei weitere nichtinvertierende Integratorschaltungen (Bild 3.25), die in diesem Abschnitt mit dem *Miller*-Integrator hinsichtlich Genauigkeit und Toleranzempfindlichkeit verglichen werden sollen.

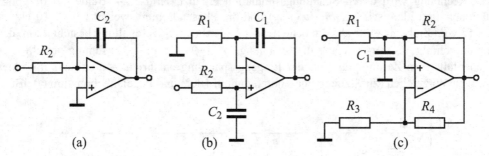

(a)   (b)   (c)

Bild 3.25   Integratorschaltungen: (a) *Miller*-Integrator, (b) BTC-Integrator, (c) NIC-Integrator

Für ideale Verstärkereigenschaften ($|v_0|\to\infty$) lauten die drei Systemfunktionen:

(a) *Miller*-Integrator: $\underline{H}(s)=-\dfrac{1}{sR_2C_2}\xrightarrow{R_2C_2=T}-\dfrac{1}{sT}.$

(b) BTC-Integrator: $\underline{H}(s)=\dfrac{1+1/sR_1C_1}{1+sR_2C_2}=\dfrac{1+sR_1C_1}{sR_1C_1\left(1+sR_2C_2\right)}\xrightarrow{R_1C_1=R_2C_2=T}\dfrac{1}{sT}.$

   (Wichtig für die Integratorfunktion ist die Gleichheit beider Zeitkonstanten.)

(c) NIC-Integrator: $\underline{H}(s)=\dfrac{1+R_4/R_3}{1-R_1R_4/R_2R_3+sR_1C}\xrightarrow[RC/2=T]{R_1=R_2=R_3=R_4=R}\dfrac{1}{sT}.$

   (Bei Gleichheit der vier Widerstände kompensiert der negative NIC-Eingangswiderstand die dämpfende Tiefpasswirkung von R_1, s. Abschn. 2.2.)

Beispiel

Unter Berücksichtigung der bei den beiden letzten Systemfunktionen erwähnten Hinweise zur Dimensionierung werden alle drei Schaltungen ausgelegt für eine Zeitkonstante $T=1$ ms. Bei der Schaltungssimulation wurde ein realistisches Zweipolmodell des Operationsverstärkers AD741 verwendet. Um die Empfindlichkeit jeder Schaltung auf Bauteiltoleranzen zu erfassen, wurde bei den Schaltungen (a) und (c) der Wert von R_2 sowie bei Schaltung (b) der Wert von R_1 gegenüber dem berechneten Idealwert um 20% erhöht. Die Ergebnisse der Simulation in Bild 3.26 sind ergänzt durch den Kurvenzug (d) für eine ideale Integration.

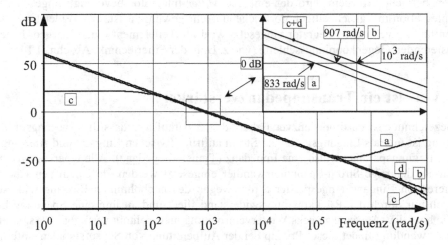

Bild 3.26 Betragsfunktionen für drei Integratorschaltungen mit AD741;
(a) *Miller*-Integrator, (b) BTC-Integrator, (c) NIC-Integrator (d) ideal

Der vergrößerte Ausschnitt im Bereich des Durchtritts der vier Kurven durch die 0-dB-Achse (Sollwert bei $\omega=1/T=1000$ rad/s) zeigt, dass die toleranzbedingten Abweichungen sich unterschiedlich auf die Integrationskonstante T auswirken – am stärksten beim *Miller*-Integrator (Kurve a) und weniger ausgeprägt bei den beiden nicht-invertierend arbeitenden Schaltungen.

Zusätzlich sind noch zwei weitere Effekte zu beobachten:

Der NIC-Integrator (Kurve c) reagiert im unteren Frequenzbereich sehr empfindlich auf Bauteiltoleranzen und zeigt dort deutliche Abweichungen vom Idealverlauf. Der Grund dafür ist die Differenzbildung im Nenner der Übertragungsfunktion. Ein weiterer gewichtiger Nachteil besteht darin, dass eine negative Toleranz von R_2 und R_3 und/oder eine positive Toleranz von R_1 und R_4 zur Instabilität des Arbeitspunktes führt, weil dann bei $f=0$ Hz die Mitkopplung gegenüber der Gegenkopplung überwiegen würde. Dieses Argument gilt jedoch nicht, wenn der Integrator eingesetzt wird als Teilstufe in einer Kette von Übertragungsgliedern mit einer „über-alles-Gegenkopplung", wie z. B. in der Filter- und Regelungstechnik.

Demgegenüber zeigt der *Miller*-Integrator (Kurve a) im oberen Frequenzbereich deutliche Abweichungen. Grund dafür ist die Tatsache, dass bei jeder am n-Eingang angesteuerten OPV-Schaltung ein Teil der Eingangsspannung über das Rückkopplungselement (hier: C_2) zum Ausgang gelangt und am endlichen OPV-Ausgangswiderstand eine Spannung erzeugt, die bei wachsender Frequenz und sinkender Verstärkung kontinuierlich an Einfluss gewinnt und zu einem Anstieg der Ausgangsspannung führt.

Dieser Effekt kann reduziert werden durch eine Verkleinerung von C_2, wenn gleichzeitig R_2 entsprechend vergrößert wird. Dieser Methode zur Korrektur im oberen Frequenzbereich sind allerdings dadurch Grenzen gesetzt, dass aus Gründen der Arbeitspunkt-Stabilität ein weiterer Widerstand $R_P \gg R_2$ (im Bild nicht gezeigt) parallel zu C_2 geschaltet werden muss, so dass der Integrator zu einem Tiefpass entartet mit einer 3-dB-Grenzfrequenz bei $\omega_G = 1/R_P C_2$, die mit sinkender Kapazität C_2 weiter ansteigt (z. B. $R_P = 10$ MΩ mit $\omega_G = 0,1$ rad/s).

Die Konsequenz daraus ist, dass bei der Dimensionierung des *Miller*-Integrators immer ein Kompromiss gefunden werden muss zwischen den Abweichungen im unteren und im oberen Frequenzbereich. Trotzdem wird der einfache *Miller*-Integrator bevorzugt eingesetzt, sofern eine Integration mit gleichzeitiger Vorzeichenumkehr gewünscht ist. Der Widerstand R_P kann aber entfallen, wenn der Integrator eingesetzt wird als Teilelement einer übergeordneten und stabilisierenden Gegenkopplungsschleife (wie z. B. in der Filtertechnik, Abschn. 4.14).

3.19 Was ist ein Transimpedanzverstärker?

Die Bezeichnung „Transimpedanzverstärker" deutet darauf hin, dass die Ausgangsgröße eine Spannung ist und als Eingangsgröße ein Strom auftritt. Zwischen Eingang und Ausgang wirkt als Übertragungsparameter also eine Impedanz (<u>Trans</u>fer<u>impedanz</u>). Alle Operationsverstärker können als derartige Strom-Spannungswandler eingesetzt werden, da ein in den Knoten am invertierenden Eingang eingespeister Strom wegen des hochohmigen Eingangswiderstandes praktisch nur durch den Rückkopplungswiderstand fließt und an ihm eine Spannung hervorruft, die am OPV-Ausgang zwecks Weiterverarbeitung niederohmig verfügbar ist, s. Bild 3.27. Breite Anwendung findet dieses Prinzip bei der Aufbereitung von Sensorsignalen, sofern diese einen zur Messgröße proportionalen Strom erzeugen (z. B. Fotodiode, Solarzelle).

Für die Grundschaltung in Bild 3.27(a) ist mit $I_E + I_A = 0$ und $U_n = 0$ die Ausgangsspannung sofort anzugeben: $U_A = I_A \cdot R_R = -I_E \cdot R_R$.

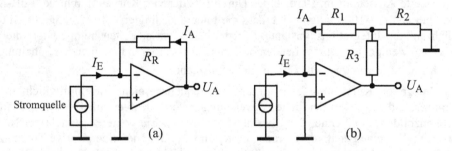

Bild 3.27 Operationsverstärker als Strom-Spannungswandler

Falls bei sehr kleinen Strömen I_E der Rückkopplungswiderstand R_R ungünstig groß würde, ist die Schaltung (b) zu empfehlen mit

$$U_A = -I_E \left(R_1 + R_3 + R_1 R_3 / R_2 \right).$$

Dieses Prinzip der Strom-Spannungswandlung wird verbreitet auch angewendet im Zusammenhang mit OTA-Schaltungen, deren Ausgangssignal aus einem Strom besteht, der auf diese Weise in eine entsprechende Signalspannung überführt werden kann.

Anmerkung. Gelegentlich werden auch die mit Stromgegenkopplung arbeitenden Verstärker (Current-Feedback-Amplifier, CFA) als Transimpedanzverstärker bezeichnet, obwohl diese meistens mit Spannungssignalen am Eingang arbeiten. Grund dafür ist die Tatsache, dass die Eingangsdifferenzspannung schaltungsintern zunächst in ein Stromsignal überführt wird, aus dem über Stromspiegel und Strom-Spannungswandlung dann die Ausgangsspannung erzeugt wird. Einzelheiten zur Funktionsweise der Stromrückkopplungs-Verstärker in Abschn. 3.20.

3.20   Was sind „Current-Feedback"-Verstärker?

In den Abschnitten 3.5, 3.6 und 3.8 wurde erläutert, wieso es aus Stabilitätsgründen sinnvoll oder gar notwendig sein kann, die zu realisierende Gesamtverstärkung v und die Schleifenverstärkung bzw. den Rückkopplungsfaktor F_R aus Gl. (3.1) unabhängig voneinander wählen zu können. Andernfalls ergibt sich – mit der Zielsetzung eines stabilen Betriebs – als Konsequenz nämlich die Notwendigkeit zur Kompensation des Frequenzgangs von $\underline{v}_0(j\omega)$ mit den Folgen:

- Deutliche Verringerung der 3-dB-Bandbreite der offenen Verstärkung $\underline{v}_0(j\omega)$,
- Drastische Verschlechterung der Großsignaleigenschaften (slew rate).

Einen wesentlichen Fortschritt in dieser Hinsicht stellen die seit etwa 20 Jahren verfügbaren Operationsverstärker mit einem niederohmigen Eingang zur Strom- statt zur Spannungsrückkopplung dar. Die Eingangsstufe dieses Verstärkertyps wird durch einen Spannungsfolger gebildet (Pufferstufe mit $v=1$), der zwischen dem nicht-invertierenden und dem invertierenden Eingang liegt. Man beachte in diesem Zusammenhang auch das Schaltsymbol in Bild 3.28.

Funktionsprinzip

Die weiteren Erläuterungen zum Funktionsprinzip beziehen sich auf die nicht-invertierende Verstärkeranordnung in Bild 3.28(a). Als Folge des am niederohmigen n-Eingang angeschlossenen Gegenkopplungsnetzwerks aus R_1 und R_2 überlagern sich am Ausgang des IC-internen Spannungsfolgers zwei entgegengesetzt gerichtete Ströme – der von der Eingangsspannung $\underline{u}_1$ getriebene und aus dem n-Eingang herausfließende sowie der von der Ausgangsspannung $\underline{u}_2$ verursachte und durch R_2 in den n-Eingang hineinfließende Strom. Die Differenz i_D beider Ströme wird über eine Stromspiegelschaltung weitergeleitet (s. Abschn. 2.4) und nach weiterer Verstärkung an einer hochohmigen Impedanz $\underline{Z}_{TR}(j\omega)$ – das ist die „Transimpedanz" – in eine Spannung gewandelt. Eine als Impedanzwandler arbeitende Endstufe liefert die Ausgangsspannung $\underline{u}_2$.

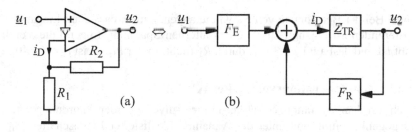

Bild 3.28 Stromrückkopplungs-Verstärker mit reeller Gegenkopplung,
(a) Schaltbild, (b) Rückkopplungsmodell

Aufgabe der Gegenkopplung ist es, den durch den n-Eingangsknoten fließenden Differenz-strom i_D im Idealfall auf Null zu reduzieren – in Analogie zum Prinzip des klassischen OPV, bei dem die Differenzspannung u_D durch Gegenkopplung vernachlässigbar klein wird.

Als äußeres Merkmal verfügen diese Verstärker über einen hochohmigen p-Eingang und einen niederohmigen n-Eingang, in den das Gegenkopplungssignal als Strom eingespeist wird, was zu der Bezeichnung „Current-Feedback-Amplifier" (CFA) geführt hat. Die in Datenblättern und der Fachliteratur übliche Bezeichnung CFA wird auch hier durchgängig verwendet.

Eine anderer gebräuchlicher Name für diesen Verstärker („Transimpedanzverstärker") leitet sich aus der Tatsache ab, dass das Verhältnis zwischen Ausgangsspannung und steuerndem Eingangsstrom i_D einer Impedanz entspricht. Dieser Transimpedanz Z_{TR} kommt damit die gleiche Bedeutung zu wie der offenen Verstärkung v_0 beim Operationsverstärker [4].

Gegenkopplung und Verstärkung

Die weitere Behandlung des gegengekoppelten CFA bezieht sich auf das Blockschaltbild in Bild 3.28(b), das dem allgemeinen Rückkopplungsmodell in Bild 1.4 – zugeschnitten auf den hier vorliegenden Fall – entspricht. Die Übertragungsgleichung der Gesamtanordnung lässt sich sofort angeben, wenn Gl. (1.10) aus Abschn. 1.4 auf dieses Blockschaltbild angewendet wird:

$$\underline{v}(j\omega) = \frac{\underline{u}_2}{\underline{u}_1} = \frac{F_E \cdot \underline{Z}_{TR}(j\omega)}{1 - F_R \cdot \underline{Z}_{TR}(j\omega)} \quad \text{mit} \quad \underline{Z}_{TR} = \frac{\underline{u}_2}{i_D}. \tag{3.7}$$

Die Ermittlung der Teilfunktionen F_E und F_R für die Schaltung in Bild 3.28(a) erfolgt über die aus dem Blockschaltbild direkt abzulesenden Definitionsgleichungen:

$$F_E = \left[i_D/\underline{u}_1\right]_{\underline{u}_2=0} = \frac{1}{R_1 \| R_2} = \frac{R_1 + R_2}{R_1 R_2} \quad \text{und} \quad F_R = \left[i_D/\underline{u}_2\right]_{\underline{u}_1=0} = -\frac{1}{R_2}.$$

Beide Funktionen haben die Einheit eines Leitwerts ($1/\Omega$), weil die Eingangsgröße durch einen Strom (i_D) gebildet wird. Das ist auch der Grund dafür, dass – anders als beim Operationsver-stärker – der Einkopplungsfaktor $F_E \neq 1$ ist, obwohl die Eingangsspannung direkt an den hoch-ohmigen p-Eingang gelegt wird.

Mit diesen Ausdrücken für F_E und F_R geht Gl. (3.7) über in

$$\underline{v}(j\omega) = \frac{\underline{u}_2}{\underline{u}_1} = \frac{R_1 + R_2}{R_1} \cdot \frac{1}{1 + \dfrac{1}{\underline{Z}_{TR}(j\omega)} \cdot R_2} \xrightarrow{\underline{Z}_{TR} \gg R_2} \frac{R_1 + R_2}{R_1} = 1 + \frac{R_2}{R_1}. \tag{3.8}$$

Anmerkung. Bei der Berechnung von F_R wurde angenommen, dass beim Eingangswiderstand r_n am invertierenden n-Eingang (Ausgang des internen Spannungsfolgers) die Vereinfachung $r_n \ll R_1$ erlaubt ist und deshalb kein Strom durch R_1 fließt. In der Praxis ist $r_n \approx 10...40\ \Omega$.

Vergleich mit dem Operationsverstärker (OPV)

Ein Vergleich mit dem Operationsverstärker in nicht-invertierender Anordnung zeigt, dass bei Widerstandsgegenkopplung und unter der Annahme idealisierter Eigenschaften ($v_0 \to \infty$ bzw. $Z_{TR} \gg R_2$) beide Verstärkertypen den gleichen Verstärkungswert ($v = 1 + R_2/R_1$) besitzen, der nur durch die Gegenkopplungswiderstände bestimmt wird.

Werden jedoch die nicht-idealen Eigenschaften der realen Verstärker berücksichtigt, wird ein wesentlicher Unterschied sichtbar. Zu diesem Zweck wird Gl. (3.8) der entsprechenden OPV-Gleichung gegenübergestellt, wobei der rechte Teil jeweils die Frequenzabhängigkeiten der realen Verstärker beinhaltet:

$$\underbrace{\frac{u_2}{u_1} = \frac{R_1 + R_2}{R_1} \cdot \frac{1}{1 + \dfrac{1}{\underline{v}_0(j\omega)} \cdot \dfrac{R_1 + R_2}{R_1}}}_{\text{Operationsverstärker (OPV)}} \quad , \qquad \underbrace{\frac{u_2}{u_1} = \frac{R_1 + R_2}{R_1} \cdot \frac{1}{1 + \dfrac{1}{\underline{Z}_{\text{TR}}(j\omega)} \cdot R_2}}_{\text{Stromrückkopplungs-Verstärker (CFA)}} \quad .$$

Im Fall des OPV ergibt sich aus dem Einfluss, den beide Widerstände – und damit auch der resultierende Verstärkungswert – auf die Frequenzabhängigkeit des Nenners ausüben, die Notwendigkeit einer Frequenzkompensation (Veränderung der Funktion $\underline{v}_0(j\omega)$ zum Einpolmodell). Diese Forderung kann beim CFA entfallen, da dieser Einfluss jetzt lediglich vom Rückkopplungswiderstand R_2 ausgeht. Damit kann R_2 nun so dimensioniert werden, dass die Übertragungsbandbreite und die Polverteilung optimal aufeinander abgestimmt sind. Die Verstärkung kann dann unabhängig von R_2 durch den Widerstand R_1 eingestellt werden. In der Praxis werden optimale R_2-Werte in der typischen Größenordnung von $(250...2000)\ \Omega$ vom IC-Hersteller angegeben. Bei einigen Verstärkerbausteinen ist dieser empfohlene Rückkopplungswiderstand bereits als Präzisionselement auf dem IC enthalten.

Anwendungshinweise

Das Anwendungsspektrum der CFA-Verstärker ergibt sich direkt aus dem Vergleich mit den Einschränkungen, die für Operationsverstärker gelten. Dabei resultieren die Vorteile des CFA aus der Tatsache, dass der Frequenzgang aus Stabilitätsgründen nicht beschränkt werden muss. Damit entfällt der dominierende Einfluss der beim OPV notwendigen Kompensationskapazität sowohl auf die Bandbreite als auch auf die Großsignal-Anstiegsrate (slew rate).

Es folgt eine kurze Übersicht über die wichtigsten Vor- und Nachteile des CFA.

Vorteile des CFA

– Vergleichsweise große Kleinsignalbandbreite (ca. 100 kHz) des unbeschalteten CFA mit Maximalwerten für die Transferimpedanz $Z_{\text{TR}}(\omega{=}0){=}Z_{\text{TR},0} \approx (100...200)\ \text{k}\Omega$;
– Bandbreite des Verstärkers mit Gegenkopplung im mittleren MHz-Bereich;
– Bandbreite nahezu unabhängig vom Verstärkungswert (für R_2 konstant);
– Sehr hohe Großsignal-Anstiegsrate $SR \approx (2000...5000)\ \text{V/μs}$.

Nachteile des CFA

– Der Gegenkopplungswiderstand R_2 darf aus Stabilitätsgründen einen bestimmten und vom Hersteller angegebenen Grenzwert nicht unterschreiten – mit der Folge, dass Kapazitäten in der Rückführung nicht erlaubt sind (Einschränkungen bei Integrator-Anwendungen);
– Invertierender Verstärkerbetrieb mit relativ großen Verstärkungswerten führt zu unzulässig kleinen Eingangswiderständen;
– Die Rausch- und Offset-Eigenschaften sind schlechter als beim konventionellen OPV.

Typenauswahl (Beispiele)

CFA-Verstärker mit Stromrückkopplung werden von praktisch allen Halbleiterherstellern als besonders breitbandige – und damit „schnelle" – Operationsverstärker angeboten. Es folgt eine kleine Auswahl:

Analog Devices:	AD844, AD8001, AD8012,
Intersil:	EL5166/5260/5263/5360, HA5020/5023,
	HFA1100/1105/1155,
Linear Technology:	LT 1223, LT 1227, LT 1228, LT 6200, LT 6556,
Maxim:	MAX 3970, MAX 4188.....90, MAX 4223.....28,
National Semiconductor:	LM 6181, LMH 6723.....25,
Texas Instruments (TI):	OPA691/695, OPA2691/2694.

Anmerkung. Der oben erwähnte Typ AD844 (Analog Devices) nimmt eine Sonderstellung ein, da der Stromknoten mit der hochohmigen Übertragungsimpedanz Z_{TR} herausgeführt ist. Dieser zusätzliche Anschluss kann dann extern beschaltet werden, um dem Schaltkreis ganz spezielle Eigenschaften zu verleihen. Damit kann dieser Baustein, der eigentlich vom Typ her ein CFA ist, auch als Current Conveyor (s. Abschn. 3.22) mit nachgeschaltetem Impedanzwandler eingesetzt werden.

3.21 „Current-Feedback"-Verstärker als Integrator?

Stromrückkopplungs-Verstärker (CFA) können im Prinzip wie klassische Spannungs-OPV beschaltet werden – mit einer wichtigen Ausnahme: Die Rückkopplungsimpedanz zwischen Ausgang und invertierendem Eingang darf aus Stabilitätsgründen einen für jeden Typ charakteristischen Mindestwert nicht unterschreiten. Damit darf der Rückkopplungspfad z. B. nicht rein kapazitiv sein. Es stellt sich deshalb die Frage, ob bzw. auf welche Weise integrierende CFA-Schaltungen realisierbar sind.

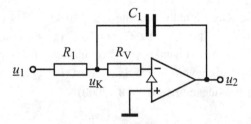

Bild 3.29 Integrator (invertierend) mit Stromrückkopplungs-Verstärker

Eine einfache Möglichkeit dafür ist oben angegeben (Bild 3.29). Der Einfluss des zusätzlichen Vorwiderstandes R_V auf die Integratorfunktion kann durch Schaltungsberechnung aufgezeigt werden. Die bei der Ableitung von Gl. (3.8) angesetzte Vereinfachung ($r_n \ll R_1$) für die Rückkoppelfunktion F_R darf dabei aber nicht übernommen werden, weil r_n ersetzt werden muss durch die Summe ($r_n + R_V$), die gegenüber R_1 nun nicht mehr vernachlässigbar ist.

Mit dem durch den n-Eingang fließenden Differenzstrom i_D ist dann:

$$\underline{u}_2 = \underline{i}_D \underline{Z}_{TR} \quad \text{und} \quad \underline{i}_D = -\underline{u}_K /(r_n + R_V).$$

Wird die Spannung $\underline{u}_K$ durch die beiden Spannungen $\underline{u}_1$ und $\underline{u}_2$ ausgedrückt, lässt sich die Systemfunktion angeben:

$$\frac{\underline{u}_2}{\underline{u}_1} = -\frac{\underline{Z}_{TR}/(r_n + R_V)}{1 + sR_1C_1\left(1 + \underline{Z}_{TR}/(r_n + R_V)\right)} \xrightarrow{\ \underline{Z}_{TR}/(r_n+R_V)\to\infty\ } -\frac{1}{sR_1C_1}. \tag{3.9}$$

Als Ergebnis entsteht eine Tiefpassfunktion ersten Grades mit hoher Grundverstärkung und relativ kleiner Grenzfrequenz, die für $\underline{Z}_{TR} \gg (r_n + R_V)$ sich der Funktion eines invertierenden Integrators annähert. Zum Vergleich deshalb hier die Systemfunktion des invertierenden OPV-Integrators:

$$\frac{\underline{u}_2}{\underline{u}_1} = -\frac{\dfrac{1}{1+sRC}\cdot v_0}{1 + \dfrac{sRC}{1+sRC}\cdot v_0} = -\frac{v_0}{1 + sRC\cdot v_0} \xrightarrow{\ v_0\to\infty\ } -\frac{1}{sRC}. \tag{3.10}$$

Wie der formale Vergleich von Gl. (3.9) mit Gl. (3.10) zeigt, kann der CFA auch aufgefasst werden als ein Spannungsverstärker mit der offenen Verstärkung $v_0(j\omega) = \underline{Z}_{TR}(j\omega)/(r_n + R_V)$, wobei R_V der externe Vorwiderstand in Reihe zu r_n ist.

3.22 Was ist ein „Current-Conveyor"?

Wie alle bisher angesprochenen Verstärker verfügt auch dieses relativ neuartige Aktivelement über zwei Eingänge (x bzw. y) und einen mit „z" bezeichneten Ausgang. Die typischen Kennzeichen dieses Bausteins sind ein hochohmiger y-Eingang ($i_y=0$), ein niederohmiger x-Eingang (Eingangsstrom i_x) und ein hochohmiger Stromausgang (Ausgangsstrom i_z). Die Spannung am x-Eingang wird der Spannung am y-Eingang nachgeführt ($u_x = u_y$), so dass also die Differenzspannung am Eingang verschwindet. Der Ausgangsstrom i_z erscheint dann als Spiegelung des Eingangsstromes i_x.

Eine Schaltung mit diesen Eigenschaften wird als „Current-Conveyor" (Stromkonverter) der zweiten Generation bezeichnet: CC_{II+} bzw. CC_{II-}. Es existieren zwei CC-Varianten, wobei das Vorzeichen im Index die Richtung von i_z in Bezug auf den Eingangsstrom i_x angibt. Beim CC der ersten Generation war auch der y-Eingang niederohmig mit $i_y = i_x$.

In den meisten Fällen wird für den CC-Baustein das einfache Schaltsymbol in Bild 3.30 verwendet. Im Bild eingetragen sind auch die als positiv definierten Stromrichtungen.

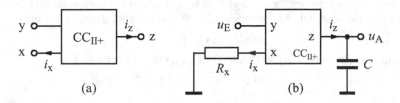

Bild 3.30 Current-Conveyor-Typ CC_{II+} : (a) Schaltsymbol, (b) Integrator (nicht-invertierend)

Der Vorteil der Realisierung einer Integratorschaltung mit einem CC_{II+} wie in Bild 3.30(b) besteht darin, dass beide passiven Bauteile einseitig geerdet sind. Damit kann der Einfluss parasitärer Kapazitäten an den Schaltungsknoten vergleichsweise klein gehalten werden, was besonders wichtig ist bei einer Realisierung in integrierter Technologie.

Die Schaltungsberechnung erfolgt auf der Grundlage der drei Gleichungen, mit denen die Strom-Spannungs-Eigenschaften des Bauteils beschrieben werden [4]:

$$i_y = 0, \quad u_x = u_y, \quad i_z = \pm i_x \text{ (pos. Vorzeichen für } CC_{II+}) .$$

Aus Bild 3.30(b) ist abzulesen:

$$i_x = \frac{u_x}{R_x} = \frac{u_E}{R_x} = i_z = u_A \cdot sC \quad \Rightarrow \quad \frac{u_A}{u_E} = \frac{1}{sR_x C} = \frac{1}{sT} .$$

Die Integratorschaltung verfügt jedoch über keinen niederohmigen Spannungsausgang, so dass eine nachgeschaltete Pufferstufe erforderlich ist, die im Baustein AD844 bereits enthalten ist.

Die Conveyor-Schaltung vom Typ CC_{II-} (mit $i_z=-i_x$) wird gelegentlich auch als „idealer Transistor" bezeichnet durch Interpretation des hochohmigen y-Eingangs als Basisanschluss, des hochohmigen z-Ausgangs als Kollektor und des niederohmigen x-Eingangs als Emitter. In Analogie zur konventionellen Transistortechnik spricht man in diesem Fall deshalb gelegentlich auch vom CC-Betrieb in Emitter-, Kollektor- oder Basis-Grundschaltung.

Seit der Vorstellung des CC-Prinzips im Jahre 1968 wurden in zahlreichen Veröffentlichungen viele neuartige Schaltungen zur analogen Signalverarbeitung auf CC-Basis vorgestellt (Filter, Oszillatoren). Eine Übersicht dazu ist in [15] zu finden.

Vergleich mit „Current-Feedback"-Verstärkern

Der Vergleich des CC-Prinzips mit dem Schaltungskonzept des CFA zeigt, dass letzterer in seinem Grundaufbau bis zum hochohmigen Ausgangsknoten („Transimpedanzpunkt") einem CC_{II+} entspricht. Mit dem CFA-Typ AD844 existiert ein Baustein, bei dem dieser hochohmige Knoten als Anschluss herausgeführt ist und somit extern beschaltet werden kann. Der AD844 kann darum auch als CC_{II+} verwendet werden und hat sich in den letzten Jahren zum „Quasi-CC-Standard" entwickelt. Viele in der Fachliteratur veröffentlichten Testberichte zu neuen CC-Applikationen (Filter, Oszillatoren) basieren deshalb auf dem AD844. In einigen Fällen werden die in diesem Zusammenhang vorgestellten Schaltungen – nicht ganz korrekt – auch unter dem Stichwort „Anwendung von Current-Feedback-ICs" geführt, obwohl der eingesetzte CFA-Baustein bei diesen Anwendungen als Current-Conveyor arbeitet.

Typenauswahl

Die Typenauswahl ist sehr begrenzt, da sich das CC-Prinzip bei kommerziellen Anwendungen (noch) nicht durchgesetzt hat. Als integrierte CC-Bausteine sind derzeit verfügbar:

Analog Devices: AD844 (CC_{II+}),

Texas Instruments (Burr-Brown):   OPA860 (CC_{II+}), OPA 861 (CC_{II-}),

Intersil (Elantec):   EL2082 (CC_{II+}), EL4038 ($CC_{II/+}$).

4 Elektronische Filtertechnik

4.1 Sind analoge Filter heute noch von Bedeutung?

Analoge Filter sind lineare und zeitkontinuierlich arbeitende elektronische Schaltungen mit der Aufgabe, bestimmte Frequenzanteile des Eingangssignals unverändert (oder sogar verstärkt) passieren zu lassen und andere Anteile zu bedämpfen (zu „sperren"). Im Frequenzspektrum werden diese beiden Bereiche dann als Durchlassbereich bzw. als Sperrbereich gekennzeichnet, die durch einen typischen Übergangsbereich miteinander verbunden sind. Aus der Anordnung dieser drei Frequenzbereiche ergeben sich dann die fünf klassischen Filtertypen: Tiefpass, Hochpass, Bandpass, Bandsperre, Allpass.

Vor dem Hintergrund der alle Lebensbereiche erfassenden „digitalen Revolution" – Internet, Digital-TV, Navigation für jedermann, Foto- und Video-Technik, PC-Telefonie, Haushalt, Spielwaren, neuerdings sogar „E-books" – stellt sich natürlich die Frage, welche Bedeutung die Analogelektronik und speziell die analoge Filtertechnik heute „noch" hat. Die digitalen Techniken sind mittlerweile so populär und in den Alltag integriert, dass bei oberflächlicher Betrachtung man tatsächlich zu der Ansicht kommen kann, die Analogtechnik würde in zunehmendem Maße durch digitale Verfahren ersetzt und deshalb mehr und mehr in den Hintergrund treten. Auch die Schwerpunktsetzung in den deutschsprachigen elektronisch orientierten Fachpublikationen, die aus Gründen des Umsatzes heute zum großen Teil dem „digitalen Trend" folgen, scheint diese Entwicklung zu bestätigen.

Eigentlich ist aber genau das Gegenteil richtig: Jedes neue Gerät und jeder neue Dienst auf der Grundlage digitaler Verarbeitungs- oder Übertragungstechniken benötigt analog arbeitende Komponenten und Teilsysteme für den notwendigen Kontakt zur realen analogen Umgebung. Dazu nur einige Stichworte: Stabile Spannungsversorgung, Funkempfangs- und Sendesysteme, Aufnahme/Wandlung/Verarbeitung und Wiedergabe optischer und akustischer Signale, Rauschminderung und Störbefreiung,...

Eigentlich könnte man die Digitaltechnik sogar als eine Erweiterung der analogen Realität ansehen, denn sowohl Eingang als auch Ausgang der digitalen Welt sind und bleiben analog. Digitale Techniken sind immer nur so gut, wie die Fähigkeit der Analogtechnik, die digitalen Informationen dem Menschen z. B. in Bild, Ton und Schrift wieder zugänglich zu machen.

Einige Fachleute gehen sogar noch einen Schritt weiter, indem sie die starre Unterscheidung zwischen analoger und digitaler Elektronik als willkürlich und unangemessen ansehen. Als Beispiel dafür mag die Filtertechnik mit geschalteten Kapazitäten dienen, bei der amplitudenkontinuierliche Werte zeitdiskret verarbeitet werden – also weder „analog" noch „digital". In diesem Zusammenhang kann man auch die Frage stellen, ob es überhaupt „digitale Bausteine" gibt. Handelt es sich bei dem „digitalen" CMOS-Inverter doch um eine Schaltung aus zwei Transistoren mit einer bereichsweise kontinuierlichen Übertragungscharakteristik, die sogar für lineare Verstärkeranwendungen genutzt werden kann, vgl. dazu Abschn. 2.8.

Als ein weiteres Argument in diesem Zusammenhang können auch aktuelle Forschungen und Entwicklungen auf dem Gebiet moderner Schaltkreise zur gemischten analog-digitalen Signalverarbeitung angeführt werden. Stichworte: Mixed-signal processing, system-on-chip design, digitally enhanced analog circuits.

Die Halbleiterindustrie profitiert schon seit vielen Jahren davon, dass mit der Ausweitung der digitalen Verfahren auch die Entwicklung und der Umsatz analoger Schaltkreise gestiegen ist. Dazu kommt, dass es auch weiterhin Bereiche gibt, in denen digitale Techniken prinzipiell versagen, zu langsam sind oder auch einfach nicht wirtschaftlich – z. B. auch wegen der notwendigen Anpassungs- und Konverterstufen (AD- bzw. DA-Wandler). Allgemein gilt der Grundsatz, dass die Analogtechnik immer dann eingesetzt wird, wenn sie Vorteile bietet hinsichtlich Zugriffs- bzw. Verarbeitungsgeschwindigkeit, Chip-Fläche, Spannungsversorgung, Leistungsverbrauch und/oder Kosten.

Besonders durch die rasante Entwicklung der drahtlosen Kommunikationstechnik haben sich für die Analogtechnik innerhalb der letzten Jahre ganz neue Anwendungsgebiete und Herausforderungen ergeben, denn: Je mehr digital erfasst, übertragen und verarbeitet wird, desto mehr muss auch gewandelt, gefiltert, entstört und rekonstruiert werden.

Es folgt eine stichwortartige und sicherlich nicht ganz vollständige Übersicht über Bereiche, in denen analoge Filtertechniken heute verbreitet eingesetzt werden:

– Bandbegrenzung (Anti-Aliasing) vor Abtastsystemen: AD-Wandler, Digitalfilter, SC-Filter,

– Signalrekonstruktion nach Systemen mit Abtastung: DA-Wandler, SC-Filter,

– Akustik: Frequenzweichen, Laufzeitausgleich (Equalizer),

– Phasenregelschleifen (PLL): Schleifenfilter,

– Sigma-Delta-Wandler: Schleifenfilter,

– Rauschbefreiung digitaler Datenkanäle (Optimalfilter),

– Allgemeine Funkempfangstechnik: Spiegelfrequenz-Unterdrückung, ZF-Filter,

– Messtechnik: Messgeräte für den Zeit- und Frequenzbereich, Signalgeneratoren,

– Regelungstechnik: Reglersysteme, Stabilisierung, Störbefreiung,

– Spannungsregler: Stabilisierung,

– Automatische Verstärkungsregelung (AGC): Filterung und Signaldetektion,

– Festplatten–Lesekanal: Tiefpassfilterung, Pulsformung, Laufzeitausgleich,

– Bildbearbeitung (Median-Filter),

– Autonome Systeme (Roboter),

– Sensortechnik: Signalaufbereitung, Signaturerkennung,

– Biologie und Medizintechnik: Diagnose, Therapie, Apparatetechnik.

4.2   Was ist eigentlich ein Aktivfilter?

Aktive Filter sind elektronische Schaltungen mit frequenzselektiven Eigenschaften, die sowohl passive Bauelemente als auch einen oder mehrere Verstärker enthalten. Da passive Netzwerke aus Widerständen, Kondensatoren und induktiv wirkenden Bauteilen (Spulen) im Prinzip mit jeder beliebigen Frequenzcharakteristik ausgestattet werden können, stellt sich die Frage nach der eigentlichen Aufgabe der Verstärker in aktiven Filterschaltungen. Zur Beantwortung dieser Frage werden die beiden – optisch sehr ähnlich erscheinenden – Tiefpässe zweiten Grades in Bild 4.1 betrachtet, bei denen die Verstärkerstufe mit dem Verstärkungswert $v=1$ eine ganz unterschiedliche Rolle spielt.

In der Schaltung nach Bild 4.1(a) dient der Verstärker lediglich als Impedanzwandler und soll das Filter von der am Ausgang anzuschließenden Schaltungseinheit entkoppeln, damit die Eingangsimpedanz der folgenden Stufe die durch Dimensionierung der Bauteile festgelegte Frequenzabhängigkeit nicht verfälscht. Die gleiche Aufgabe erfüllt der Verstärker auch in Schaltung (b). Primär hat er aber die Aufgabe, durch die Rückführung auf C_1 einen Mitkopplungseffekt zu erzeugen, durch den die Filterschaltung einen zusätzlichen Freiheitsgrad erhält. Auf diese Weise ist es möglich, beliebige Tiefpassfunktionen zweiten Grades mit Polgüten $Q_P > 0,5$ nach dem *Sallen-Key*-Prinzip zu realisieren. Demgegenüber kann das Filter nach (a) nur zwei reelle Pole ($Q_P < 0,5$) mit einer deutlich schlechteren Filterwirkung erzeugen.

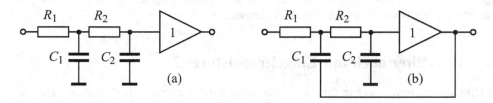

Bild 4.1 *RC*-Tiefpass zweiten Grades: (a) passiv mit Impedanzwandler, (b) aktiv

Das Kennzeichen aktiver Filter sind deshalb Verstärker, die Element einer frequenzabhängigen Rückkopplung sind und das Frequenzverhalten wesentlich bestimmen. Dabei ist die Schaltung in Bild 4.1(b) nur eine von mehreren Strukturvarianten zur Erzeugung von Filterfunktionen zweiten Grades. Die Schaltung in Bild 4.1(a) wird demzufolge nicht zur Klasse der aktiven Filter gerechnet.

4.3 Welche Vorteile haben aktive Filter?

Die Wirkungsweise passiver Filternetzwerke beruht auf der frequenzabhängigen Impedanz-Charakteristik des Kondensators und induktiver Elemente. Diese früher als „Siebschaltung" und heute als „Reaktanzfilter" bezeichneten *RLC*-Kombinationen sind auch weiterhin noch von Bedeutung im oberen MHz-Bereich; sie müssen zur Erzeugung komplexer Pole sowohl Induktivitäten als auch Kapazitäten enthalten. Reine *RC*-Netzwerke ermöglichen nur reelle Pole und besitzen eine vergleichsweise schlechte Selektivität.

Angeregt durch die in den 50-er Jahren des vorigen Jahrhunderts sich stürmisch entwickelnde Halbleitertechnik konzentrierten sich zahlreiche Forschungsaktivitäten auf die Untersuchung der Möglichkeiten, gewickelte Spulen wegen ihrer gravierenden Nachteile – Kosten, Gewicht, Volumen, mechanische und elektromagnetische Eigenschaften – durch Verstärkerschaltungen zu ersetzen. Der eigentliche Durchbruch der aktiven Filtertechnik ist eng verbunden mit der Technologie der monolithischen Integration linearer Schaltungen, die ab 1964 die ersten voll integrierten Operationsverstärker hervorgebracht hat (µA702 und µA709).

Ein weiterer Entwicklungssprung in diesem Bereich war die seit etwa 1980 beherrschbare monolithische Integration kompletter Filterschaltungen in MOS-Technik. Die Funktion des Widerstandes wird dabei entweder durch einen Verstärker mit Stromausgang (OTA-*C*-Filter) oder durch eine Kombination aus Signalschaltern und Kondensatoren nachgebildet (Switched-Capacitor-Technik, SC-Filter).

Neben den beiden erwähnten Vorteilen – Verzicht auf Spulen, Fähigkeit zur monolithischen Integration – hat erst die Verfügbarkeit von Operationsverstärkern eine besonders einfache und flexible Realisierungsvariante aktiver Filter ermöglicht: Die Kaskadentechnik.

Das Prinzip dieses verbreiteten Entwurfsverfahrens besteht darin, mehrere Filterstufen zweiten Grades in Serie zu schalten, um auf diese Weise Filterfunktionen höheren Grades zu erzeugen. Diese Vorgehensweise entspricht formal einer Aufspaltung der Übertragungsfunktion in einzelne Teilfunktionen. Der Aufbau entsprechender Tabellen in der Fachliteratur mit Auflistung der Poldaten für die unterschiedlichen Tiefpass-Approximationen trägt dieser Vorgehensweise Rechnung. Bei der Kaskadentechnik werden meistens nur Stufen maximal zweiten Grades eingesetzt, weil nur dann die Vorteile der einfachen Dimensionierung sowie des separaten Parameterabgleichs voll ausgenutzt werden können.

4.4   Aktivfilter auch mit Einzeltransistoren?

Der Dimensionierungsvorgang für ein aktives Tiefpassfilter zweiten Grades ist nur dann relativ einfach, wenn der eingesetzte Verstärker bei der Berechnung der Schaltelemente als ideal angesehen werden kann, ohne dass dadurch unzulässig große Abweichungen vom geplanten Übertragungsverhalten verursacht werden. Diese Idealisierung bezieht sich primär auf den Eingangswiderstand (unendlich), auf den Ausgangswiderstand (Null) und auf die Verstärkung (exakter endlicher Wert oder unendlich). Aus diesem Grunde stellen Operationsverstärker in der aktiven Filtertechnik heute die bevorzugte Lösung dar. Eine Alternative dazu sind die Transkonduktanzverstärker (OTA), die über einen großen Ausgangswiderstand verfügen und als gesteuerte Stromquellen primär bei integrierten Filterschaltungen angewendet werden.

Eine Einbeziehung der nicht-idealen Eigenschaften diskreter Transistorverstärker in die Filter-dimensionierung wäre theoretisch möglich, erfordert aber deren genaue Kenntnis und verbietet sich schon aus Toleranzgründen – zumal eine breite Auswahl an kostengünstigen Operations-verstärkern existiert, bei denen eine Idealisierung innerhalb eines begrenzten Frequenzbereichs durchaus zulässig ist. Damit kann gleichzeitig auch sichergestellt werden, dass jede einzelne Stufe ihre Übertragungseigenschaften als Folge der Kombination mit anderen Stufen nach dem Grundsatz der Rückwirkungsfreiheit nicht verändert .

4.5   In welchem Frequenzbereich arbeiten Aktivfilter?

Die obere Frequenzgrenze wird bestimmt durch den eingesetzten Verstärkertyp und seinen endlichen mit wachsender Frequenz kontinuierlich abnehmenden Verstärkungswert. Dabei sind es primär die mit sinkender Verstärkung verknüpften Phasendrehungen, die den Einsatz-bereich der Filterschaltungen zu hohen Frequenzen hin begrenzen. Die dadurch verursachten Polverschiebungen hängen in ihrer Größe sowohl vom verwendeten Verstärker als auch von der jeweiligen Filterstruktur ab und liefern damit ein geeignetes Kriterium zur qualitativen Bewertung unterschiedlicher Schaltungsalternativen.

Eine zahlenmäßige Auswertung dieser Abweichungen von der gewünschten Filterfunktion ist jedoch relativ umständlich, da neben einem realen Verstärkermodell (Verstärkungsfunktion, Transitfrequenz, Eingangs- und Ausgangsimpedanzen) auch die nominellen Filterpole sowie die Schaltungsstruktur mit eventuellen Dimensionierungsvarianten berücksichtigt werden muss.

Die Bedeutung solcher Analysen liegt darin, dass damit – nach Wahl eines Verstärkertyps für eine bestimmte Schaltung und nach Vorgabe der zulässigen Abweichungen – indirekt die Einsatzgrenzen der Filterschaltung bestimmt werden können. Die rechnerische Ermittlung dieser Grenzen verliert aber zunehmend an Bedeutung, da moderne Methoden der Schaltungssimulation mit realistischen Verstärkermodellen viel zuverlässigere Informationen über diese Abweichungen der Filterfunktion vom Idealverlauf liefern können.

Viel wichtiger in der Praxis ist aber die umgekehrte Fragestellung: Welcher Verstärker ist für bestimmte Filteranwendungen geeignet? Hier kann die Auswertung von zwei Ungleichungen eine grobe Information – als eine Art „Faustregel" – über die Mindestanforderungen an das Bandbreiten-Verstärkungsprodukt (Transitfrequenz f_T) des auszuwählenden Operationsverstärkers liefern:

- Transitfrequenz: $f_T > 20 \cdot Q_P \cdot f_P$ mit f_P, Q_P: Poldaten der Filterstufe 2. Grades;
- OPV-Verstärkung: $|v_0(f_P)| > 100 \cdot A_{max}$ mit A_{max} : maximale Filterverstärkung.

Diese Abschätzungen sind anwendbar auf Tief- und Bandpassfilterstufen zweiten Grades mit einem einzigen Operationsverstärker, wobei beide Ungleichungen eingehalten werden sollten. In manchen Fällen wird die eigentliche Einsatzgrenze aber auch durch nichtlineare Effekte, wie z. B. durch die begrenzte Anstiegsrate SR (slew rate) bzw. die zugehörige Großsignalbandbreite B_{SR} bestimmt:

$$B_{SR} = \frac{SR}{2\pi \cdot \hat{u}_{A,max}}.$$

Für eine maximale Ausgangsamplitude $\hat{u}_{A,max}$ kann daraus die Mindestanforderung an den Großsignal-Parameter SR abgeleitet werden:

$$SR \geq 2\pi \cdot r \cdot \hat{u}_{A,max} \cdot f_{max} .$$

In der Praxis wird für f_{max} zumeist die Polfrequenz eingesetzt; der Sicherheitsfaktor r sorgt für eine gewisse Reserve bei der Systemauslegung und wird erfahrungsgemäß im Bereich $r = 1,5...2$ gewählt.

Obwohl bei den meisten Anwendungen die Einsatzgrenzen der Filter durch die Abweichungen im oberen Frequenzbereich bestimmt werden, kann es durchaus auch bei der Realisierung von extrem niedrigen Polfrequenzen (z. B. in der Medizintechnik mit $f_P < 0,1$ Hz) zu Problemen kommen, die gesonderte Überlegungen notwendig machen, s. Abschn. 4.23.

Beispiel

Für einen Bandpass mit der Mittenfrequenz $f_M = 10$ kHz, Bandbreite $B = 1$ kHz (Güte $Q = 10$), Mittenverstärkung $A_M = 10$ führen die oben genannten Ungleichungen bei einer vorgegebenen Ausgangsamplitude von 5 V zu folgenden Verstärkeranforderungen:

$$f_T > 20 \cdot 10 \cdot 10^4 = 2 \cdot 10^6 \text{ Hz} \qquad \Rightarrow f_T > 2 \text{ MHz} ;$$

$$v_0(f_P) > 100 \cdot A_M = 1000 \ (\hat{=} 60 \text{ dB}) \qquad \Rightarrow f_T > 10^3 \cdot f_P = 10 \text{ MHz} ;$$

$$SR \geq 2\pi \cdot 5 \cdot 10^4 \cdot 2 = 628 \cdot 10^3 \text{ V/s} \qquad \Rightarrow SR \geq 0,6 \text{ V/}\mu\text{s} \ (\text{Reservefaktor } r=2).$$

Damit muss der auszuwählende Verstärker über eine Transitfrequenz von mindestens 10 MHz und eine Großsignalanstiegsrate besser als 0,6 V/μs verfügen.

4.6 Wodurch unterscheiden sich Allpol-, *Tschebyscheff*- und *Sallen-Key*-Filter?

Diese Frage ist natürlich nicht ganz ernst gemeint – und jeder, der das sofort erkannt hat, muss eigentlich auch nicht weiter lesen. Es handelt sich nämlich um eine unzulässige Fragestellung, da hier drei Begriffe aus unterschiedlichen Kategorien miteinander verglichen werden sollen. Um es deutlich zu machen, hier eine vergleichbare Frage: Wodurch unterscheiden sich Farb-, Flachbildschirm- und Sony-Fernsehgeräte? Eine ernsthafte Antwort erübrigt sich wohl.

Alle Leser aber, die diese Frage zunächst ernst genommen haben, können in den weiteren Abschnitten dieses Kapitels einige Informationen finden, mit deren Hilfe die Kenntnisse auf dem Sektor der elektronischen Filtertechnik vielleicht gefestigt und vertieft werden.

Einige Erklärungen zu den drei Begriffen aus der Überschrift, die zwar nicht vergleichbar, aber doch eng miteinander verknüpft sind:

1. Allpolfilter haben Übertragungsfunktionen ohne Nullstellen bei einer endlichen Frequenz. Nullstellen bei $\omega=0$ oder $\omega\rightarrow\infty$ sind dagegen zulässig. Damit gehören beispielsweise die elliptischen Tiefpass-Funktionen (*Cauer*-Filter), die inversen *Tschebyscheff*-Filter und auch die Bandsperren nicht zur Klasse der Allpolfilter.

2. Da keine ideale Tiefpassfilterung mit rechteckförmigem Durchlassbereich möglich ist, sind Annäherungen (Approximationen) an diesen Idealverlauf mathematisch formuliert worden. Eine Möglichkeit dafür nutzt die *Tschebyscheff* -Polynome, die der zugehörigen Filterfunktion ihren Namen geben. *Tschebyscheff* -Filter gehören zu den Allpolfiltern und haben einen welligen Verlauf innerhalb des Durchlassbereichs.

3. Zur elektronischen Umsetzung der diversen Filterfunktionen sind viele unterschiedliche Schaltungsvarianten vorgeschlagen worden. Eine dieser Realisierungsmöglichkeiten auf der Basis gesteuerter Spannungsquellen wurde erstmalig im Jahre 1955 von *R.P. Sallen* und *E.L. Key* beschrieben. Mit diesen *Sallen-Key*-Strukturen können auf dem Wege einer passenden Kombination von Widerständen und Kondensatoren alle Filterfunktionen ohne endliche Nullstellen (Allpolfilter) erzeugt werden.

4.7 Wie viele Tiefpass-Schaltungsvarianten gibt es?

Eine abschließende Antwort auf diese Frage ist nicht möglich, denn zu jeder Grundstruktur gibt es Ergänzungen, Modifikationen und auch Kombinationen untereinander, die durchaus als eigenständige Schaltungsprinzipien angesehen werden können.

Die folgende Zusammenstellung gibt einen Überblick über die wichtigsten und bekanntesten Realisierungsalternativen für aktive Filter zweiten und höheren Grades. Wenn nicht separat aufgeführt, gelten die Angaben sowohl für Tiefpässe als auch für Hoch- und Bandpässe.

Es ist darauf hinzuweisen, dass bei den stichwortartig aufgelisteten Struktur-Alternativen für das Aktivelement zunächst nur der klassische Operationsverstärker vorgesehen ist. Bei allen Schaltungen, die positive und endliche Verstärkungswerte erfordern (wie z. B. *Sallen-Key*) können aber auch Verstärker mit Stromrückkopplung (CFA) verwendet werden. Besonders die Strukturen mit integrierenden Blöcken sind darüber hinaus prinzipiell auch für Verstärker mit Stromausgang (Transkonduktanz-Verstärker, OTA) geeignet.

Filterstufen zweiten Grades (Kaskadentechnik)

Alle Filterfunktionen höheren Grades können erzeugt werden durch eine Serienschaltung von eigenständigen und voneinander entkoppelten Filterstufen ersten oder zweiten Grades:

- OPV mit *RC*-Einfach-Mitkopplung (*Sallen-Key*-Struktur, nicht-invertierend),
- OPV mit *RC*-Einfach-Gegenkopplung (*Sallen-Key*-Struktur, invertierend),
- OPV mit *RC*-Zweifach-Gegenkopplung (Technik unendlicher Verstärkung, invertierend),
- OPV mit Vorkopplung und *RC*-Einfach-Mitkopplung (*Scultety*-Filter, nicht-invertierend),
- OPV mit Vorkopplung und *RC*-Zweifach-Gegenkopplung (*Boctor*-Filter, nicht-invertierend),
- Doppel-OPV in GIC-Technik (Impedanzkonverter-Technik, *Fliege*-Filter, nicht-invertierend),
- Dreifach-OPV-Integratorstufen mit Tiefpass-, Hochpass- und Bandpassausgang (Zustandsvariablentechnik: *KHN, Fleischer-Tow, Tow-Thomas, Akerberg-Mossberg*).

Aktive Umsetzung passiver dimensionierter *RLC*-Bezugsnetzwerke

- Hochpässe: Elektronische Nachbildung der geerdeten Induktivitäten durch eine GIC-Schaltung,
- Tiefpässe: FDNR-Technik (nach Anwendung der *Bruton*-Transformation auf das *RLC*-Netz),
- Bandpässe: FDNR-Einbettungstechnik (nach Anwendung der *Bruton*-Transformation).

Modellierung der Strom-Spannungs-Gleichungen passiver *RLC*-Bezugsnetzwerke

- Tiefpässe: Leapfrog-Struktur (Über-Kreuz-Verkopplung von Integratorstufen),
- Bandpässe: Leapfrog-Struktur (Über-Kreuz-Verkopplung von Bandpass-Stufen).

Mehrfachkopplungstechnik

- Tiefpässe: FLF-Struktur (Verkopplung von Tiefpass-Grundelementen),
- Bandpässe: FLF-Struktur (Verkopplung von Bandpass-Grundelementen).

(

Weitergehende Informationen zu den aufgeführten Filterstrukturen sind der Fachliteratur [4] zu entnehmen.

4.8   Gibt es die optimale Filterschaltung?

Die Festlegung auf eine bestimmte Filterschaltung ist eine recht anspruchsvolle Aufgabe: Aus einer Vielzahl von Struktur- und Schaltungs-Alternativen muss eine Variante ausgewählt werden, die den Vorgaben und Randbedingungen ausreichend gut entsprechen kann. Dabei wird man eine „optimale" Lösung wohl nur selten finden, da es mehrere Qualitätskriterien gibt mit zumeist gegenläufiger Tendenz, die nicht gleichzeitig erfüllbar sind.

Als Beispiel sei die bekannte Zweifach-Gegenkopplungsstruktur erwähnt, die zwar relativ unempfindlich ist gegenüber Toleranzen der passiven Elemente, dafür aber empfindlicher auf die nicht-idealen Eigenschaften des Operationsverstärkers reagiert. Dagegen zeigen alle Filterstufen mit Einfach-Rückkopplung in dieser Hinsicht genau entgegengesetztes Verhalten. In den meisten Fällen wird und muss deshalb das Ergebnis der Auswahl einer Filterstruktur für eine bestimmte Aufgabe einen Kompromiss darstellen zwischen den angestrebten funktionellen Eigenschaften und anwendungsspezifischen Randbedingungen.

Die für jede Schaltungsvariante der Fachliteratur zu entnehmenden Dimensionierungsformeln gelten nur für ideale Eigenschaften sowohl der passiven Elemente als auch der eingesetzten Verstärkereinheiten. Damit können alle Schaltungen die jeweiligen Filterfunktionen gleichermaßen zur Verfügung stellen und es ergeben sich daraus zunächst noch keine Kriterien zur Auswahl. Die Unterschiede zwischen den einzelnen Alternativen zeigen sich erst dann, wenn ihre Eigenschaften unter realen Bedingungen – nicht-ideale Verstärkereigenschaften, passive Parametertoleranzen – untersucht werden.

Moderne PC-Programme zur Schaltungsanalyse bzw. -simulation sind in diesem Zusammenhang ein ideales Werkzeug, um die Wirkung zunächst vernachlässigter Größen erfassen und bewerten zu können. Daraus können sich dann bereits Kriterien zur positiven oder negativen Vorauswahl eines bestimmten Schaltungsprinzips ergeben. Im konkreten Anwendungsfall werden darüber hinaus aber noch weitere Gesichtspunkte technischer und ökonomischer Art zu berücksichtigen sein.

In der folgenden Übersicht sind die wichtigsten Entscheidungskriterien zusammengestellt.

Auswahlkriterien

– Filtertyp (mit/ohne Übertragungsnullstellen, Laufzeiteigenschaften),

– Abstimmbarkeit (extern/intern) von Verstärkung, Polfrequenz und Polgüte,

– Flexibilität bei der Dimensionierung (freie Wahl aller Filterkenngrößen),

– Frequenzbereich (Verstärkerauswahl),

– Eingesetzter Verstärkertyp (OPV, CFA, OTA, CC),

– Aussteuerungsfähigkeit (Dynamik) der Verstärkereinheiten,

– Anzahl der Verstärkereinheiten (Kostenaspekte, Stromverbrauch),

– Aktive Empfindlichkeiten (gegenüber nicht-idealen Verstärkereigenschaften),

– Anzahl und Werte der passiven Elemente (Kosten, Verfügbarkeit, Normwerte),

– Passive Empfindlichkeiten (gegenüber Bauteiltoleranzen),

– Eingangs-/Ausgangsimpedanz der Schaltung (Serienschaltung von Filterstufen),

– Verfügbarkeit mehrerer Filterfunktionen (Universalfilter),

– Zahl der zu erstellenden Filterschaltungen (Wirtschaftlichkeit, Serie),

– Technisch-physikalische Randbedingungen (Platzbedarf, Gewicht, Leistung),

– Möglichkeit zur monolithischen Integration (Technologie) .

4.9   Gibt es ein „Kochrezept" für den Filterentwurf?

Aus den beiden Abschnitten 4.7 und 4.8 wird deutlich, wie viele Alternativen alleine bei der Auswahl einer bestimmten Schaltung zur Umsetzung einer Filterfunktion in Betracht zu ziehen sind. Vorher muss jedoch erst einmal eine Übertragungscharakteristik ausgewählt werden – entweder eine der Standard-Approximationen wie *Butterworth*, *Thomson-Bessel*, *Tschebyscheff*, oder auch eine der zahlreichen „exotischen" Varianten, die im Prinzip immer einen Kompromiss darstellen zwischen den Eigenschaften der klassischen Tiefpass-Approximationen. Dieses gilt natürlich ebenso für Hoch- und Bandpässe, deren Übertragungsfunktionen durch entsprechende Transformationsgleichungen aus den Tiefpassfunktionen abgeleitet werden können.

Wegen der Vielzahl der möglichen Alternativen und Entscheidungen beim Filterentwurf kann statt eines „Kochrezeptes" hier nur eine Übersicht über die vier wichtigsten Einzelschritte gegeben werden:

1. Vorgabe der Selektivitäts- bzw. der Dämpfungseigenschaften für das Filter in Form einer Toleranzmaske (Durchlass-, Übergangs- und Sperrbereich);

2. Falls notwendig (Hochpass, Bandpass, Bandsperre): Überführung in das entsprechende Tiefpass-Toleranzschema durch Anwendung geeigneter Frequenztransformationen;

3. Auswahl einer Tiefpass-Approximation bei gleichzeitiger Ermittlung des erforderlichen Filtergrades;

4. Umsetzung in eine elektronische Schaltung mit den Alternativen (Abschn. 4.7)

    (a) Kaskadentechnik: Ermittlung der Tiefpass-Pole über Tabellen, Frequenztransformation (evtl. Rücktransformation in Hochpass- bzw. Bandpassbereich), Dimensionierung von Teilstufen ersten und/oder zweiten Grades;

    (b) Elektronische Nachbildung passiver *RLC*-Netzwerke: Dimensionierung einer passiven Referenzschaltung über Tabellen oder Filtersoftware mit anschließender Realisierung in Leapfrog-Technik oder mit *L*-Nachbildung bzw. FDNR-Technik;

    (c) Mehrfachkopplungstechnik: Ermittlung der Poldaten über Tabellen, Ermittlung der Block-Einzelfunktionen für die FLF-Struktur durch Koeffizientenvergleich zwischen allgemeiner und schaltungsspezifischer Übertragungsfunktion.

Hinweis. Bei einigen dieser Punkte ist der Einsatz von Filterentwurfs-Software evtl. hilfreich, s. Abschn. 4.28.

4.10 Gilt die 3-dB-Grenzfrequenz für alle Filter?

Die Selektivität eines Tiefpassfilters wird bestimmt durch die Breite des Durchlassbereichs, dessen Ende durch Angabe der Durchlassgrenze $\omega_D=2\pi f_D$ gekennzeichnet wird. Im Prinzip kann die Definition für diese Durchlassgrenze frei gewählt und nach sinnvollen Kriterien festgelegt werden. Für Tiefpässe ersten Grades und auch für einige Tiefpässe höheren Grades gibt es die Übereinkunft, dass diese Grenze durch die Frequenz bestimmt wird, bei der die Betragsfunktion (Amplitude) am Ausgang nur noch 70,7% des Wertes bei $f=0$ beträgt.

Die zugehörige Phasendrehung beträgt bei einem Tiefpass ersten Grades $\varphi=45°$ und bei einem *Butterworth*-Tiefpass zweiten Grades $\varphi=90°$. Als weitere Begründung für diese Definition gilt die Tatsache, dass das Betragsquadrat – und damit auch die Leistung – bei dieser Frequenz auf die Hälfte zurückgegangen ist. Es ist üblich, diese spezielle Durchlassgrenze als 3-dB-Grenzfrequenz mit dem Symbol f_G zu bezeichnen, da die erwähnte Amplitudenabsenkung auf 70,7% im logarithmischen Maßstab einem Abfall um 3,01 dB entspricht.

Für alle Tiefpass-Approximationen, bei denen es innerhalb des Durchlassbereichs zu einem gewissen Anstieg der Betragsfunktion kommt, ist die 3-dB-Grenzfrequenz aber keine sinnvolle Kennzeichnung für das Ende des Durchlassbereichs. Zur Erläuterung wird der Betragsverlauf zweier typischer Tiefpassfunktionen zweiten Grades in Bild 4.2 herangezogen. Dargestellt ist ein *Butterworth*-Tiefpass mit einer 3-dB-Grenzfrequenz von $f_G=1$ Hz und ein *Tschebyscheff*-Tiefpass mit dem Welligkeitsparameter $w=3$ dB, der bei $f=1$ Hz ebenfalls den Betrag –3 dB annimmt.

Dieser Wert entspricht aber keinesfalls einer Amplitudenabsenkung um 3 dB gegenüber dem Wert bei f=0 Hz, sondern die Funktion nimmt bei f=1 Hz genau den Wert an, den sie auch bei f=0 Hz hat. In diesem Fall erscheint es nicht sinnvoll, die Definition der 3-dB-Grenzfrequenz heranzuziehen, da der Durchlassbereich sich dann bis etwa 1,2 Hz erstrecken würde mit einer Absenkung um 6 dB gegenüber dem Wert bei f=0 Hz.

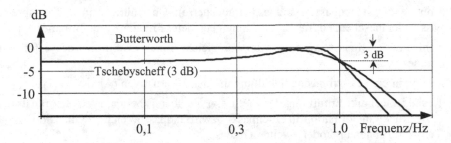

Bild 4.2 Zwei Standard-Tiefpassapproximationen, Amplitudengang (Vergleich)

Aus diesem Grund ist es üblich, für alle Tiefpassfunktionen mit einer Betragsüberhöhung die Frequenz als Ende des Durchlassbereichs zu definieren, bei der die Funktion letztmalig den Wert annimmt, den sie bei f=0 Hz hat (Ende der Welligkeit w bei $f_D=f_W$). Im dargestellten Beispiel hätten dann beide Funktionen den gleichen Durchlassbereich bis zur Grenze bei 1 Hz – jeweils mit einer Schwankungsbreite von 3 dB. Diese Definition erscheint sinnvoll und praktikabel; sie wird deshalb auch auf Hochpass- und Bandpassfilter angewendet, die durch spezielle Transformationsgleichungen aus den Tiefpassfunktionen abgeleitet werden können.

Zusammenfassung: Definitionen zur Durchlassgrenze f_D

– Standard-Approximationen ohne Betragsüberhöhung
   (*Butterworth, Thomson-Bessel, Tschebyscheff*/invers): $f_D = f_{3dB} = f_G$,

– Standard-Approximationen mit Betragsüberhöhung
   (*Tschebyscheff*, *Cauer* /Elliptische Funktionen): $f_D = f_W$ (Ende der Welligkeit).

Hinweis. Wenn im Zuge der Filterdimensionierung die Poldaten bzw. die Filterkoeffizienten der Fachliteratur (Tiefpass-Tabellen) entnommen werden, sollte auch geprüft werden, welche Definition für die Durchlassgrenze den Tabellenwerten zugrunde liegt.

4.11 Was ist eigentlich ein Filterpol?

Filterschaltungen aus diskreten Bauteilen haben eine gebrochen-rationale Systemfunktion $\underline{H}(s)=\underline{Z}(s)/\underline{N}(s)$, bei der Zähler und Nenner aus einem Polynom der komplexen Frequenz s bestehen. Die Nullstellen des Nennerpolynoms $\underline{N}(s)$ stellen deshalb die Unendlichkeitsstellen (Pole) der Funktion $\underline{H}(s)$ dar. Da die Koeffizienten des Nennerpolynoms konstant und reell sind, können nur reelle oder konjugiert-komplexe Pole auftreten. Die Lage eines Polpaars in der komplexen s-Ebene wird beschrieben sowohl durch die Polfrequenz ω_P als auch durch die Polgüte Q_P (Abschn. 1.3). Aus Gründen der Stabilität muss der Realteil aller Pole negativ sein. Die Polverteilung in der s-Ebene steht in direktem Zusammenhang mit dem Verlauf der Über-tragungsfunktion, die aus $\underline{H}(s)$ durch den Übergang $s \rightarrow j\omega$ entsteht (Abschn. 1.1).

Im praktischen Betrieb eines Filters mit $s = j\omega$ und $\sigma = 0$ strebt die Betragsfunktion bei $\omega = \omega_P$ selbstverständlich nicht gegen unendlich große Werte. Eine Auswertung der Darstellung von $\underline{H}(s)$ in der komplexen Ebene entlang einer Schnittlinie für $\sigma = 0$ (Abschn. 1.2, Bild 1.3) zeigt aber den Einfluss eines Pols auf den messtechnisch überprüfbaren Betragsverlauf.

Die Beschreibung der Polverteilung durch die Parameter ω_P und Q_P ist eine sehr sinnvolle Methode zur Kennzeichnung von Tiefpassfunktionen (s. Abschn. 1.3). Bei einem Tiefpass zweiten Grades kann aus dem Wert der Polfrequenz auch auf die ungefähre Breite des Durchlassbereichs geschlossen werden. Beim Tiefpass ersten Grades und beim *Butterworth*-Tiefpass zweiten Grades sind Polfrequenz und 3-dB-Grenzfrequenz identisch. Die Bedeutung der Polgüte im Zusammenhang mit Tiefpassfunktionen wird in Abschn. 4.12 diskutiert.

4.12 Welche Rolle spielt die Polgüte bei Tiefpässen?

Die Lage eines konjugiert-komplexen Polpaars relativ zur reellen und imaginären Achse der s-Ebene wird durch den Parameter „Polgüte" Q_P beschrieben, s. Abschn. 1.3. Der Einfluss, den die Lage des Pols auf das Übertragungsverhaltens der Filterstufe im Bereich der Polfrequenz ausübt, wird optisch erkennbar in Bild 1.3 und kann zahlenmäßig formuliert werden durch Auswertung der klassischen Tiefpass-Übertragungsfunktion 2. Grades in Normalform an der Stelle $\omega = \omega_P$ (s. dazu [4] und Gl. (1.9) in Abschn. 1.3):

$$\underline{H}(s) = \frac{a_0}{1 + \dfrac{1}{Q_P} \cdot \dfrac{s}{\omega_P} + \left(\dfrac{s}{\omega_P}\right)^2} \xrightarrow{s \to j\omega} \frac{a_0}{1 + \dfrac{1}{Q_P} \cdot \dfrac{j\omega}{\omega_P} - \left(\dfrac{\omega}{\omega_P}\right)^2} \xrightarrow{\omega = \omega_P} \frac{a_0 Q_P}{j} \; .$$

Bei $\omega = \omega_P$ hat der Betrag der Übertragungsfunktion also einen Wert, der um den Faktor Q_P größer ist als a_0 (bei $\omega = 0$). Die zugehörige Phasendrehung beträgt $-90°$. Deshalb ist über diese Phasenverschiebung zwischen Eingang und Ausgang die Polfrequenz messtechnisch einfach zu bestimmen. Die Polgüte Q_P ergibt sich dann über den Betrag der Funktion bei $\omega = \omega_P$. Damit kann der Parameter Q_P angesehen werden als ein Maß für die Betragsüberhöhung im Bereich der Polfrequenz. Eine derartige Überhöhung tritt auf nur für Gütewerte $Q_P > 0{,}7071$, wobei die Frequenz für dieses Betrags-Maximum allerdings etwas unterhalb von ω_P liegt:

$$\omega_{max} = \omega_P \sqrt{1 - \frac{1}{2 Q_P^{\,2}}} \; .$$

Einige typische Q_P-Werte für Tiefpässe 2. Grades:

$Q_P - 0{,}5$ $\qquad\qquad\rightarrow$ kritisch gedämpft (Doppelpol auf reeller Achse),

$Q_P = 0{,}5773$ $\qquad\rightarrow$ *Thomson – Bessel –* Verlauf,

$Q_P = 0{,}7071$ $\qquad\rightarrow$ *Butterworth –* Verlauf,

$Q_P = 0{,}8637 / 0{,}9565 / 1{,}3066 \rightarrow$ *Tschebyscheff –* Verlauf, $w = 0{,}5 / 1 / 3$ dB .

Die Größe Q_P erscheint direkt im Nenner der Übertragungsfunktion 2. Grades (Normalform), so dass sich die Gleichungen zur Bauteil-Dimensionierung über einen Koeffizientenvergleich mit der zur gewählten Schaltung gehörenden speziellen Übertragungsfunktion ergeben.

4.13 Was ist ein Kosinus-Filter?

In der digitalen Übertragungstechnik werden zur Pulsformung spezielle Tiefpassfilter eingesetzt, bei denen die Anforderungen ausschließlich im Zeitbereich formuliert werden. Für die
Auswertung bzw. Weiterverarbeitung digitaler Signale mit hoher Datenrate ist es nämlich
wichtig, dass die durch einzelne Pulse verursachten Einschwingvorgänge sich gegenseitig
nicht überlagern, um keine Fehler bei der Auswertung zu verursachen (Stichwort: Intersymbol-
Interferenz, ISI). Deshalb werden Filter benötigt, deren Impulsantwort schnell abklingt und
Nulldurchgänge genau bei den ganzzahligen Vielfachen der Pulsperiode T_P aufweist – also zu
Zeiten der Auswertung für die vorhergehenden und die nachfolgenden Pulse.

Theoretisch kann eine derartige Charakteristik erzeugt werden durch eine Funktion, die aus
einer halben Periode einer nach oben verschobenen Kosinus-Funktion hervorgegangen ist
(raised cosine). Der Amplitudengang dieses Kosinus-Filters (oder auch: *Nyquist*-Filter) wird
deshalb durch folgende Funktion beschrieben:

$$A(\omega) = \begin{cases} 0{,}5\left[1 + \cos\left(\omega T_P / 2\right)\right] & \text{für } \omega \le 2\pi/T_P = 2\omega_N \\ 0 & \text{für } \omega > 2\pi/T_P = 2\omega_N \end{cases}.$$

Bei der *Nyquist*-Frequenz $\omega_N = \pi/T_P$ ist die Betragsfunktion auf die Hälfte zurückgegangen und
hat oberhalb von $\omega = 2\omega_N$ den Wert Null. Eine Reduzierung dieser Bandbreite – bei gleicher
Halbwertsbreite ω_N – ist dadurch möglich, dass die Kosinus-Funktion versteilert wird durch
einen "roll-off"-Faktor ($0 < \alpha < 1$). Als Konsequenz nimmt die Dauer des Abklingvorgangs der
Impulsantwort allerdings zu, so dass oftmals ein Kompromiss zwischen Bandbreite und
Zeitverhalten gefunden werden muss.

Eine elektronische Umsetzung dieser aus zwei Teilen zusammengesetzten Funktion in
Analogtechnik ist nur angenähert und mit großem Aufwand möglich. So wird eine ausreichend
gute Näherung oft erst für Filtergrade $n > 10$ erzielt, wobei zusätzlich zu den Polen auch $n/2$
konjugiert-komplexe Nullstellenpaare in der rechten s-Halbebene erzeugt werden müssen.

In der Praxis werden derartige Kosinus-Filter deshalb zumeist als digitale FIR-Filter
implementiert. Dabei wird die Pulsformung normalerweise zu gleichen Teilen auf den Sender
und den Empfänger des Kommunikationssystems aufgeteilt, indem als Kanalfilterung jeweils
die Wurzel aus der oben aufgeführten Betragsfunktion $A(j\omega)$ berücksichtigt wird (root-raised-
cosine-Filter).

4.14 Was sind Zustandsvariablen-Filter?

Eine einfache *RLC*-Schaltung (z. B. wie in Bild 4.3) kann je nach Wahl der Eingangs- und
Ausgangsanschlüsse als Tiefpass, Hochpass, Bandpass oder als Bandsperre betrieben werden.
Wenn die Strom-Spannungsbeziehungen dieses Netzwerks – die sog. Zustandsgleichungen –
durch aktive Schaltungen nachgebildet werden, entsteht eine Filterschaltung, die sehr viel
mehr Flexibilität besitzt als das passive Original und z. B. mehrere dieser Filterfunktionen
gleichzeitig zur Verfügung stellen kann. Mit einem derartigen „Zustandsvariablen-Filter" kann
man außerdem auch die allgemeine biquadratische Systemfunktion $\underline{H}_{BQ}$ erzeugen, die sowohl
im Nenner als auch im Zähler aus einem quadratischen Polynom besteht. Diese Strukturen
werden deshalb auch als Biquad- oder Universalfilter bezeichnet.

Das aus den Strom-Spannungs-Gleichungen des *RLC*-Tiefpasses in Bild 4.3(a) abgeleitete Blockschaltbild in Bild 4.3(b) besteht aus zwei integrierenden Einheiten und zwei Gegenkopplungsschleifen mit

$$H_0 = R/R_N , \qquad \underline{H}_1(s) = R_N/sL = 1/sT_1 , \qquad \underline{H}_2(s) = 1/(sR_N C) = 1/sT_2 .$$

Dabei ist der frei wählbare Widerstand R_N eine Skalierungsgröße, die den durch die passive *RLC*-Originalschaltung fließenden Strom $\underline{i}$ für die aktive Nachbildung in eine entsprechende Spannung $\underline{u}_B = \underline{i} \cdot R_N$ überführt [4].

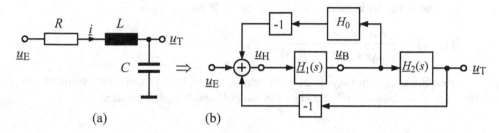

Bild 4.3   (a) *RLC*-Tiefpass und (b) Zustandsvariablen-Struktur 2. Grades

Das Blockschaltbild in Bild 4.3(b) kann auch auf anderem Wege aus dem passiven Original abgeleitet werden: Dazu sind die Beziehungen zwischen dem fließenden Strom $i(t)$ und den zugehörigen drei Spannungsabfällen $u_R(t)$, $u_L(t)$ und $u_C(t) = u_T(t)$ als Integralgleichung zweiter Ordnung im Zeitbereich aufzuschreiben. Nach Anwendung der *Laplace*-Transformation ergibt sich daraus für die Ausgangsspannung $\underline{u}_T$ eine Rechenanweisung, die in eine Schaltung mit zwei Integratorschleifen in der Form nach Bild 4.3(b) umgesetzt werden kann.

Daraus resultieren die beiden anderen ebenfalls gebräuchlichen Bezeichnungen für diese Struktur: Doppel-Integratorschleife oder Integratorfilter.

Die besondere Bedeutung der Zustandsvariablen-Struktur in Bild 4.3(b) besteht vor allem auch darin, dass an drei Ausgängen gleichzeitig die drei Übertragungsfunktionen für Tief-, Hoch- und Bandpass zur Verfügung stehen. Wenn mit einem zusätzlichen Operationsverstärker, der als Addierer beschaltet ist, die Summe der Ausgangsspannungen von Hoch-, Band- und Tiefpass gebildet wird, entsteht am Ausgang dieses Addierverstärkers die biquadratische Systemfunktion:

$$\underline{H}_{BQ}(s) = \frac{\underline{u}_T + \underline{u}_B + \underline{u}_H}{\underline{u}_E} = \frac{1 + sT_2 + s^2 T_1 T_2}{1 + sT_2(R/R_N) + s^2 T_1 T_2} .$$

Durch – evtl. auch vorzeichenbehaftete – Bewertung der zu addierenden Spannungsanteile sind als Sonderfall damit auch elliptische Grundglieder oder Allpassfilter zweiten Grades zu erzeugen. Der gemeinsame Nenner weist darauf hin, dass zu allen drei Funktionen die gleiche Polverteilung in der *s*-Ebene gehört.

Die Umsetzung von Bild 4.3(b) in eine elektronische Schaltung erfordert Integratoren, Inverter und ein Addierglied. Verschiedene Schaltungsvarianten ergeben sich dadurch, dass invertierende und/oder nicht-invertierende Integratoren mit oder ohne gleichzeitige Summenbildung am Eingang eingesetzt werden können [4]: KHN-Schaltung, *Fleischer-Tow*-Struktur, *Tow-Thomas*-Struktur, *Akerberg-Mossberg*-Strukur).

Aufgrund ihrer vielfältigen Anwendungsmöglichkeiten wird die Zustandsvariablen-Struktur als integrierter Filterbaustein in unterschiedlichen Ausführungen – mit oder ohne Möglichkeiten zur externen Beschaltung – angeboten. Dabei erlauben die niederohmigen Verstärkerausgänge auch Filter höheren Grades durch Serienschaltung nach dem Prinzip der Kaskadensynthese.

4.15 Wofür werden Allpässe verwendet?

Die allgemeine Form der biquadratischen Systemfunktion

$$\underline{H}_{BQ}(s) = \frac{a_0 + a_1 s + a_2 s^2}{1 + b_1 s + b_2 s^2} = \frac{\underline{Z}(s)}{\underline{N}(s)}$$

geht für den Sonderfall mit $a_0=1$, $a_1=-b_1$ und $a_2=b_2\neq0$ über in die Allpassfunktion zweiten Grades, hier ausgedrückt durch die zugehörigen Pol- und Nullstellendaten:

$$\underline{H}_{BQ}(s) = \frac{1 - s\dfrac{1}{\omega_Z Q_Z} + \dfrac{s^2}{\omega_Z^2}}{1 + s\dfrac{1}{\omega_P Q_P} + \dfrac{s^2}{\omega_P^2}} = \frac{\underline{Z}(s)}{\underline{N}(s)} \qquad \text{mit: } \omega_Z = \omega_P \text{ und } Q_Z = Q_P .$$

Mit einem negativen s-Glied im Zähler $\underline{Z}(s)$ gehört zu dieser Systemfunktion ein konjugiert komplexes Nullstellenpaar mit positivem Realteil (rechte s-Halbebene) – spiegelbildlich zur Polanordnung in der linken s-Halbebene. Für die genannten Bedingungen ($\omega_Z=\omega_P$ und $Q_Z=Q_P$) sind $\underline{Z}(s)$ und $\underline{N}(s)$ also konjugiert-komplex zueinander. Der Betrag der Funktion ist damit konstant und es ergibt sich lediglich eine frequenzabhängige Phasendrehung zwischen den beiden Extremwerten

$$\varphi(s=0) = \varphi_0 = 0 \quad \text{und} \quad \varphi(s \to \infty) = \varphi_\infty = -2\pi .$$

Der genaue Verlauf der Phasenfunktion – insbesondere die Steigung der Funktion bei der Polfrequenz $\omega=\omega_P$ – wird durch die Polgüte Q_P bestimmt, wobei die Phasendrehung bei der Polfrequenz den Wert $\varphi(s=j\omega_P)=\varphi_P=-\pi$ annimmt.

Für die Anwendung wichtiger ist jedoch die Gruppenlaufzeit $t_G(\omega)$, die als negative Steigung der Phasenfunktion definiert ist, s. dazu auch Abschn. 1.15. Die Laufzeiteigenschaften der Allpässe können gezielt ausgenutzt werden, um beispielsweise alle Signalanteile innerhalb eines bestimmten Frequenzbereichs gleichmäßig zu verzögern, ohne die Amplituden zu beeinflussen. Der Allpass arbeitet dann als reines Verzögerungselement mit nahezu konstanter Gruppenlaufzeit – gleichbedeutend mit einer linearen Phasenfunktion.

Bevorzugt werden Allpassfilter aber als „Delay Equalizer" verwendet, um die durch Tiefpässe verursachten Schwankungen der Laufzeit zu reduzieren. Dieses gilt besonders für Tiefpässe höheren Grades und/oder für den Fall, dass *Thomson-Bessel*-Filter wegen ihrer schlechten Selektivität nicht eingesetzt werden können. Der in Reihe zum Tiefpass angeordnete Allpass muss dann durch geeignete Wahl seiner Poldaten ω_P und Q_P so dimensioniert werden, dass er die geringen Tiefpasslaufzeiten deutlich stärker anhebt als die Laufzeitspitzen. Das Ziel besteht also in einer Laufzeitebnung – mit der Konsequenz, dass die Gesamtlaufzeit sich dabei sogar erhöht.

Eine genaue Berechnung günstiger Allpassdaten zur Glättung der Laufzeit einer speziellen Tiefpassfunktion ist relativ kompliziert; zumeist sind mehrere Simulationsdurchgänge zur Schaltungsoptimierung der bessere Weg. Hilfreich dabei ist die Kenntnis des prinzipiellen Verlaufs der Gruppenlaufzeiten für unterschiedliche Gütewerte. Als Beispiel sind in Bild 4.4 fünf typische Allpass-Laufzeitfunktionen zweiten Grades (normiert auf die Polfrequenz) für verschiedene Gütewerte in Abhängigkeit von der Frequenz aufgetragen [4].

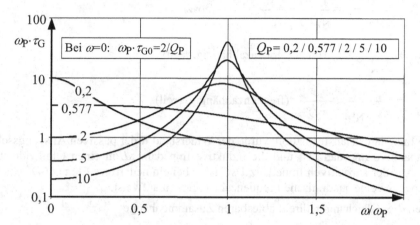

Bild 4.4 Allpass zweiten Grades, normierte Gruppenlaufzeiten $\omega_P \cdot \tau_G = f(\omega/\omega_P)$

4.16 Welchem Zweck dient die *Bruton*-Transformation?

Wird die Systemfunktion $\underline{H}(s)$ eines passiven *RLC*-Filters beliebigen Grades erweitert mit dem dimensionslosen Faktor $(s\,\tau_N)^{-1}$, bleibt die Frequenzcharakteristik von $\underline{H}(s)$ erhalten. Dabei ist die Zeitkonstante τ_N eine frei wählbare Normierungsgröße. Verändert hat sich durch diese Erweiterung jedoch die Charakteristik der einzelnen Impedanzen im Zähler bzw. Nenner der Funktion, die deshalb anderen Elementen zugeordnet werden müssen – mit dem Ergebnis, dass die Induktivität L durch einen Ohmwiderstand ersetzt werden kann. Der Kondensator geht bei dieser „*Bruton*-Transformation" in ein neuartiges Bauelement über, das mit einem Verstärker realisiert werden muss. Diese Transformation führt zu einer besonders leistungsfähigen Schaltungsstruktur ohne Induktivitäten. Das Verfahren wird anhand eines Beispiels erläutert.

Beispiel

Werden Zähler und Nenner der Systemfunktion des *RLC*-Tiefpasses aus Bild 4.3(a)

$$\underline{H}(s) = \frac{1/sC}{R + 1/sC + sL} \tag{4.1}$$

mit $(s\,\tau_N)^{-1}$ multipliziert, erhält man

$$\underline{H}(s) = \frac{\dfrac{1}{s^2 \tau_N C}}{\dfrac{R}{s\tau_N} + \dfrac{1}{s^2 \tau_N C} + \dfrac{L}{\tau_N}} \quad \xrightarrow{\ s=j\omega\ } \quad \underline{A}(j\omega) = \frac{\dfrac{1}{-\omega^2 \tau_N C}}{\dfrac{R}{j\omega\tau_N} + \dfrac{1}{-\omega^2 \tau_N C} + \dfrac{L}{\tau_N}} \; . \tag{4.2}$$

Allerdings erlaubt die Mathematik die Erweiterung mit $(s\tau)^{-1}$ nur für $s\neq0$. Das Verhalten der realen Schaltung an der Stelle $\omega=0$ erfordert deshalb noch eine gesonderte Betrachtung. Die Zähler- und Nennerelemente von Gl. (4.2), die auch nach der Erweiterung noch Impedanzen darstellen, können nun einer neuen Interpretation unterzogen werden. Der gliedweise Vergleich zwischen Gl. (4.1) und Gl. (4.2) liefert dafür drei Gleichungen:

$$R \quad \Rightarrow \quad \frac{R}{s\tau_N} = \frac{1}{s(\tau_N/R)} = \frac{1}{sC^*} \qquad \text{(kapazitiv)}, \qquad\qquad (4.3)$$

$$sL \quad \Rightarrow \quad \frac{L}{\tau_N} = R^* \quad \text{(nicht frequenzabhängig, reell)}, \qquad\qquad (4.4)$$

$$\frac{1}{sC} \quad \Rightarrow \quad \frac{1}{s^2\tau_N C} = \frac{1}{s^2 D^*} \quad \text{(frequenzabhängig, reell)}. \qquad\qquad (4.5)$$

Durch die Impedanz-Transformation wurde der Widerstand R der passiven Ausgangsschaltung in eine kapazitive Impedanz C^* und die induktive Impedanz sL in einen Ohmwiderstand R^* überführt. Aus der kapazitiven Impedanz $1/sC$ ist dabei ein neuartiges Element D^* entstanden, dessen Impedanz eine quadratische Frequenzabhängigkeit aufweist.

Die aus den drei Gleichungen direkt ablesbaren Zusammenhänge

$$R \to C^* = \frac{\tau_N}{R}, \quad L \to R^* = \frac{L}{\tau_N}, \quad C \to D^* = \tau_N C, \qquad\qquad (4.6)$$

führen zu der äquivalenten Schaltung in Bild 4.5. Man beachte das neu eingeführte Schaltsymbol für das Aktivelement D^*.

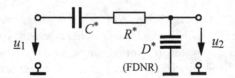

Bild 4.5 *Bruton*-transformierter *RLC*-Tiefpass

Die auf dem Wege der *Bruton*-Transformation aus Bild 4.3(a) hervorgegangene Schaltung besitzt das Übertragungsverhalten der passiven *RLC*-Referenzschaltung – mit Ausnahme des Bereichs um die Frequenz $\omega=0$. Diese bereits erwähnte Einschränkung wird schaltungsmäßig verdeutlicht durch den Kondensator C^* im Längszweig, dessen Impedanz für Signalanteile im Bereich von $\omega=0$ sehr große Werte annimmt und damit die Filterfunktion stört. Ein korrektes Tiefpassverhalten kann im vorliegenden Fall durch einen zusätzlichen Widerstand R_P parallel zu C^* sichergestellt werden. Dabei muss R_P so ausgelegt sein, dass das Übertragungsverhalten im Bereich um $\omega=0$ zwar korrigiert werden kann, andererseits aber auch – mindestens bis zum Bereich der Polfrequenz ω_P – möglichst wenig verfälscht wird.

Das aus der Kapazität C der Originalschaltung entstandene Element D^* hat nach Gl. (4.5) die Impedanz

$$Z_D = \frac{1}{s^2 D^*} \xrightarrow{\ s\to j\omega\ } -\frac{1}{\omega^2 D^*}.$$

Die Impedanz Z_D ist frequenzabhängig und negativ-reell. Zur technischen Realisierung dieses neuen „Bauteils" mit der Charakteristik eines „frequenzabhängigen negativen Widerstandes" (Frequency Dependent Negative Resistor, FDNR) dient eine Aktivschaltung unter Ausnutzung des GIC-Prinzips, s. Abschn. 2.3, Bild 2.4. Die Größenordnung von D^* ist relativ unkritisch, da die Dimensionierung über fünf Bauelemente erfolgt und somit ausreichend viele Freiheitsgrade bestehen (s. Beispiel zur FDNR-Dimensionierung in Abschn. 2.3).

Da mit der GIC-Schaltung in Bild 2.4 nur einseitig geerdete FDNR-Elemente erzeugt werden können, wird die FDNR-Technik in erster Linie angewendet auf passive Tiefpässe in spulenreicher und kapazitätsarmer T-Topologie mit ausschließlich geerdeten Kapazitäten.

4.17 Gibt es Aktivfilter ohne Ohmwiderstände?

Zur Beantwortung dieser Frage muss man sich eigentlich nur darüber klar werden, welche Rolle Widerstände in Filterschaltungen spielen. Grundsätzlich hat der Widerstand dabei die Aufgabe, eine Spannung in einen proportionalen Strom zu überführen, der einen Kondensator auf- oder umgeladen kann. Die für diesen Vorgang relevante Zeit hängt ab sowohl von der Signalfrequenz als auch von dem Produkt RC und bestimmt so Betrag und Phasenlage der Kondensatorspannung. Diese Funktion der Spannungs-Strom-Wandlung kann aber auch von einem als Stromquelle fungierenden Transkonduktanz-Verstärker (Operational Transconductance Amplifier, OTA) übernommen werden, vgl. Abschn. 3.14.

Innerhalb des letzten Jahrzehnts sind zahlreiche Vorschläge veröffentlicht worden, bei denen OTAs die Aufgabe von Widerständen in aktiven Filtern übernehmen und gleichzeitig dabei die Spannungsverstärker ersetzen. Eine bedeutende Eigenschaft des OTA im Hinblick auf seine Anwendung in der Filtertechnik ist dabei die Möglichkeit der externen Steuerung seiner Verstärkungseigenschaften (Abstimmung von Polfrequenz und Polgüte).

Damit werden Filter möglich, die nur aus OTA-Einheiten und Kondensatoren bestehen. Diese als OTA-C-Filter bezeichneten Schaltungen sind besonders geeignet für die monolithische Integration, bei der Ohmwiderstände nur sehr ungenau und mit großem Flächenbedarf erzeugt werden können. Im Hinblick auf komplett integrierte und extern steuerbare Filterbausteine konzentrierte sich die Entwicklung bei den OTA-C-Schaltungen auf Strukturen, die als Grundelemente sowohl gedämpfte als auch ungedämpfte Integratoren enthalten, vgl. Abschn. 3.13.

Als ein Beispiel aus der Vielzahl der möglichen Schaltungsanordnungen zeigt Bild 4.6 ein OTA-C-Filter zweiten Grades in Zustandsvariablen-Struktur (Abschn. 4.14).

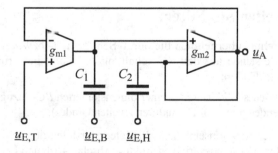

Bild 4.6 Doppel-OTA-Universalfilter mit drei Eingängen

Nach dem Prinzip der aus der OPV-Technik bekannten *Tow-Thomas*-Struktur wird aus einem OTA-Integrator und einem OTA-Tiefpass ersten Grades eine geschlossene Schleife gebildet, die zu einem äußerst flexiblen Universalfilter zweiten Grades führt. Zusätzliche Freiheitsgrade ergeben sich dabei durch die Möglichkeit, auch über die beiden geerdeten Kondensatoren jeweils eine Eingangsspannung einzuspeisen.

Bezogen auf die drei möglichen Eingangsspannungen u_E kann dieses Filter eine Tiefpass-, Bandpass- oder auch Hochpassfunktion zur Verfügung stellen. Bei gemeinsamer Einspeisung am Tiefpass- und Hochpasseingang ($u_{E,T}=u_{E,H}$) entsteht am Ausgang eine Bandsperrfunktion; wird zusätzlich das invertierte Eingangssignal auch noch an den mittleren Bandpasseingang gelegt, ist außerdem ein Allpassverhalten zu erzeugen.

4.18 SC-Filter – analog- oder digital?

Die Frage impliziert, dass bei der Filter-Klassifikation nur zwischen diesen beiden Gruppen unterschieden wird – und das ist nicht zutreffend. Es gibt Schaltungen zur Signalverarbeitung, bei denen Eingangs- und Ausgangssignale durch analoge Spannungen gebildet werden und die trotzdem mit den Methoden der zeitdiskreten Signalverarbeitung analysiert werden. Diese „abtast-analogen" Schaltungen (sampled data systems) nehmen eine Zwischenstellung ein zwischen „analog" und „digital", da die Signalverarbeitung zwar wertekontinuierlich erfolgt, die Signaländerungen aber nur zu diskreten und von der Abtastfrequenz vorgegebenen Zeiten erfasst und verarbeitet werden.

Zu dieser Klasse gehören die Filter, bei denen periodisch geschaltete Kapazitäten (switched capacitor, SC) die Rolle der Ohmwiderstände übernehmen. Hintergrund und Motivation zur Entwicklung dieser speziellen Technik innerhalb der letzten 20 bis 30 Jahre war das Bestreben, komplette Filterschaltungen höheren Grades als monolithisch integrierte Kompaktbausteine herstellen zu können. Die Integration aktiver *RC*-Schaltungsstrukturen scheitert nämlich am Platzbedarf der Widerstände und Kondensatoren sowie an fertigungsbedingten Toleranzen in einer Größenordnung von bis zu 20 %.

Ein weiterer Vorteil der SC-Technik besteht darin, dass Zeitkonstanten nur von der Umschaltfrequenz der Kondensatoren (Abtastfrequenz f_A) und von internen Kapazitätsverhältnissen bestimmt werden. Damit kann man sich auf paarweise angeordnete Kondensatoren mit kleinen Kapazitätswerten beschränken, wobei in MOS-Technologie für die Kapazitätsverhältnisse Toleranzen unterhalb von 0,1 % garantiert werden können.

4.19 Wie arbeiten SC-Filter?

In der SC-Filtertechnik übernehmen die durch Schalter auf- bzw. umgeladenen Kondensatoren die Rolle der Widerstände aus den *RC*-Schaltungen. Dabei sind grundsätzlich zwei Entwurfsstrategien zu unterscheiden:

– Direkter Ersatz jedes Widerstandes einer dimensionierten *RC*-Bezugsschaltung durch einen SC-Block (anzuwenden primär auf Strukturen zweiten Grades);

– Ersatz kompletter Funktionseinheiten: *RC*-Integratorstufen durch SC-Integratoren (anzuwenden primär auf Filter in Zustandsvariablenstruktur, Abschn. 4.14, und Leapfrog-Filter, Abschn. 4.7).

In formaler Analogie zum zeitkontinuierlichen Fall (*Laplace*-Transformation→*s*-Bereich) führt die Anwendung von Gesetzmäßigkeiten der zeitdiskreten Signalverarbeitung (Diskrete *Fourier*-Transformation→*z*-Bereich) zur Definition der Systemfunktion für Abtastsysteme (Abtastintervall T_A):

$$H(z) = \frac{\sum\limits_{0}^{+\infty} y_{(n)} z^{-n}}{\sum\limits_{0}^{+\infty} x_{(n)} z^{-n}} = \frac{Y(z)}{X(z)} \quad \text{mit} \quad z = e^{j\omega T_A} \quad \text{und} \quad x_{(n)}, y_{(n)} : \text{Eingangs-/Ausgangsfolge.}$$

Weil in der Systemfunktion die Variable ω nur im Exponenten der e-Funktion auftritt, wird durch die *z*-Transformation eine neue Variable $z = \exp(j\omega T_A)$ mit dem Abtastintervall T_A definiert. Soll eine bestimmte Amplitudencharakteristik $\underline{A}(j\omega)$ als SC-Schaltung realisiert werden, muss zwecks Erzeugung der zugehörigen Funktion $H(z)$ zunächst ein Ersatz der Variablen mit $j\omega \to z$ erfolgen. Da sich aus der ungestörten *z*-Transformation

$$z = e^{j\omega T_A} \quad \Rightarrow \quad j\omega = \left(1/T_A\right)\ln(z) \tag{4.7}$$

mit der Logarithmus-Funktion eine transzendente und schaltungsmäßig nicht umzusetzende Funktion ergeben würde, muss Gl. (4.7) in geeigneter Weise approximiert werden mit dem Ziel, eine gebrochen-rationale Systemfunktion $H(z)$ zu erhalten. Dafür kommen in der Praxis der SC-Schaltungstechnik drei Näherungsverfahren in Frage – evtl. auch als Kombination:

–   Entwicklung von $z^{-1} = e^{-j\omega T_A}$ in eine Potenzreihe mit Abbruch nach dem 2. Glied
    (Approximation „*Euler*-Rückwärts", ER);

–   Entwicklung von $z = e^{j\omega T_A}$ in eine Potenzreihe mit Abbruch nach dem 2. Glied
    (Approximation „*Euler*-Vorwärts", EV);

–   Entwicklung von $\ln(z)$ in eine Potenzreihe mit Abbruch nach dem 1. Glied
    (Bilineare Approximation).

Zur Umsetzung einer *RC*-Schaltung in eine äquivalente SC-Schaltung wird dann eine dieser Approximationen benutzt, um $\underline{A}(j\omega)$ in $H(z)$ zu überführen. Nach Rücktransformation in den Zeitbereich entsteht daraus dann eine Realisierungsvorschrift für das SC-Filter in Form einer Differenzengleichung.

Da die *z*-Transformation im Zuge dieses Entwurfvorgangs nur als Näherung (abgebrochene Reihe) Berücksichtigung findet, sind systematische Approximationsfehler unvermeidlich. Diese Abweichungen vom gewünschten Übertragungsverhalten werden aber geringer mit kleiner werdendem Abtastintervall T_A bzw. mit steigendem Verhältnis f_A/f_{Signal} und müssen hinsichtlich ihrer Auswirkungen im Vergleich zu anderen Fehlerquellen beurteilt werden (Toleranzen, Durchgangswiderstände der Schalter, Nicht-Idealitäten beim Verstärker). In der Praxis arbeitet man deshalb meistens mit einem Mindestfaktor von 100 zwischen Takt- und Polfrequenz.

Die wichtigste Rolle bei Filterrealisierungen auf SC-Basis spielen integrierende Stufen. Dafür stehen mehrere SC-Schaltungskonzepte zur Verfügung, bei denen sich die oben erwähnten Approximationsfehler aber unterschiedlich auswirken. Die folgenden zwei Beispiele zeigen, wie diese systematischen Abweichungen nach Art und Umfang berechnet werden können.

Beispiel 1: ER-Integrator („*Euler*-Rückwärts"), Bild 4.7(a).

Auf die invertierende Integratorfunktion wird die ER-Approximation angewendet:

$$\underline{A}(\mathrm{j}\omega) = -\frac{1}{\mathrm{j}\omega\tau} \quad \xrightarrow{\mathrm{j}\omega=(z-1)/zT_\mathrm{A}} \quad -\frac{T_\mathrm{A}}{\tau}\frac{1}{\left(1-z^{-1}\right)} = H(z) \,.$$

Um den durch die Näherung verursachten Fehler zu erfassen, muss $H(z)$ mit dem Ersatz

$$z^{-1} = \mathrm{e}^{-\mathrm{j}\varpi T_\mathrm{A}} = \cos\varpi T_\mathrm{A} - \mathrm{j}\sin\varpi T_\mathrm{A}$$

der umgekehrten z-Transformation unterzogen werden (Rück-Substitution):

$$H(z) = -\frac{T_\mathrm{A}}{\tau}\frac{1}{1-z^{-1}} \quad \xrightarrow{z=\mathrm{e}^{\mathrm{j}\varpi T_\mathrm{A}}} \quad \underline{A}(\mathrm{e}^{\mathrm{j}\varpi T_\mathrm{A}}) = -\frac{T_\mathrm{A}}{\tau}\frac{1}{\left(1-\cos\varpi T_\mathrm{A}\right)+\mathrm{j}\cdot\sin\varpi T_\mathrm{A}} \,. \quad (4.8)$$

Da diese Rück-Substitution – im Gegensatz zur angewendeten Approximation – der exakten z-Transformation entspricht, sind beide Frequenzvariablen nicht mehr identisch. Deshalb erhält die zum abtastanalogen Signal gehörende Variable zur Unterscheidung das neue Symbol ϖ. Für kleine Werte von ϖ kann der Realteil des Nenners vernachlässigt und im Imaginärteil die Sinusfunktion durch ihr Argument ersetzt werden mit dem erwarteten Ergebnis:

$$\underline{A}(\mathrm{e}^{\mathrm{j}\varpi T_\mathrm{A}}) \approx -\frac{1}{\mathrm{j}\varpi\cdot\tau} \quad \text{für} \quad \varpi \ll \frac{1}{T_\mathrm{A}} \,.$$

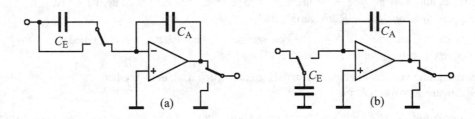

Bild 4.7   SC-Integratoren: (a) ER-Prinzip, (b) EV-Primzip

Beispiel 2: EV-Integrator („*Euler*-Vorwärts"), Bild 4.7(b).

Analog zur Vorgehensweise im Beispiel 1 erhält man hier mit der EV-Approximation

$$\underline{A}(\mathrm{j}\omega) = -\frac{1}{\mathrm{j}\omega\tau} \quad \xrightarrow{\mathrm{j}\omega=(z-1)/T_\mathrm{A}} \quad -\frac{T_\mathrm{A}}{\tau}\frac{1}{(z-1)} = H(z) \,,$$

und für die Rück-Substitution:

$$H(z) = -\frac{T_\mathrm{A}}{\tau}\frac{1}{z-1} \quad \xrightarrow{z=\mathrm{e}^{\mathrm{j}\varpi T_\mathrm{A}}} \quad \underline{A}(\mathrm{e}^{\mathrm{j}\varpi T_\mathrm{A}}) = -\frac{T_\mathrm{A}}{\tau}\frac{1}{\left(\cos\varpi T_\mathrm{A} - 1\right)+\mathrm{j}\cdot\sin\varpi T_\mathrm{A}} \quad (4.9)$$

mit $\underline{A}(\mathrm{e}^{\mathrm{j}\varpi T_\mathrm{A}}) \approx -\dfrac{1}{\mathrm{j}\varpi\cdot\tau}$ für $\varpi \ll \dfrac{1}{T_\mathrm{A}}$.

Auswertung und Vergleich

Mit steigender Frequenz weicht in beiden Fällen die Betragsfunktion zunehmend vom Idealverlauf ab, wobei der Realteil des Nenners beim ER-Integrator, Gl. (4.8), einen positiven und
beim EV-Integrator, Gl. (4.9), einen negativen Phasenfehler verursacht. Diese systematischen
Fehler sind nicht zu korrigieren und sollten deshalb durch Wahl eines ausreichend kleinen
Abtastintervalls (bzw. einer entsprechend hohen Abtastrate f_A) gering gehalten werden, um
nicht in die Größenordnung der anderen im System vorhandenen Fehlereinflüsse zu kommen
(Schalter-Durchgangswiderstände, Toleranzen, parasitäre Kapazitäten).

4.20 Was ist ein LDI-Integrator?

Die Übertragungseigenschaften der beiden für die Praxis wichtigsten SC-Integratorprinzipien
(ER- bzw. EV-Integrator) wurden in Abschn. 4.19 für den z- und für den ϖ-Bereich abgeleitet.
Das Ergebnis hat gezeigt, dass beide Realisierungsvarianten mit einem systematischen Fehler
behaftet sind: Abweichungen in Betrag und Phase bei sinkender Taktfrequenz.

Interessanterweise kann aus einer Kombination der beiden Integratoren in Bild 4.7 eine neue
Approximationsvorschrift mit verbesserten Eigenschaften abgeleitet werden. Das Produkt aus
den Systemfunktionen beider *Euler*-Integratoren , Gl. (4.8) und Gl.(4.9),

$$H(z)_{ER} \cdot H(z)_{EV} = \frac{T_A^{\,2}}{\tau^2} \cdot \frac{1}{\left(1-z^{-1}\right)(z-1)} = \frac{T_A^{\,2}}{\tau^2} \cdot \frac{z}{(z-1)^2} = \left(\frac{T_A}{\tau} \cdot \frac{z^{1/2}}{(z-1)}\right)^2.$$

kann nämlich gedeutet werden als eine fiktive Serienschaltung zweier gleicher Elemente mit
der Systemfunktion (Quadratwurzel aus der rechten Seite)

$$H(z) = \frac{T_A}{\tau} \cdot \frac{z^{1/2}}{(z-1)} = \frac{T_A}{\tau} \cdot \frac{1}{\left(z^{-1/2} - z^{1/2}\right)}.$$

Um die speziellen Eigenschaften dieser Funktion zu erkennen, erfolgt zunächst die Rück-
Substitution der e-Funktion mit der Variablen ϖ :

$$H(z) = \frac{T_A}{\tau} \frac{1}{\left(z^{-1/2} - z^{1/2}\right)} \xrightarrow{z=e^{j\varpi T_A}} \underline{A}(e^{j\varpi T_A}) = \frac{T_A}{\tau} \frac{1}{\left(e^{-j\varpi T_A/2} - e^{j\varpi T_A/2}\right)}.$$

Nach Anwendung der *Euler*-Formel für komplexe Zahlen erhält man dafür eine Form, die den
direkten Vergleich mit der Originalfunktion $\underline{A}(j\omega)$ ermöglicht:

$$\underline{A}(e^{j\varpi T_A}) = \frac{T_A}{\tau} \frac{1}{\left(e^{-j\varpi T_A/2} - e^{j\varpi T_A/2}\right)} = \frac{T_A}{2\tau} \cdot \frac{1}{j\sin\left(\varpi T_A/2\right)} \xleftrightarrow{\text{Vergleich}} \frac{1}{j\omega\tau} = \underline{A}(j\omega).$$

Der Vergleich beider Amplitudenfunktionen zeigt, dass auch diese Approximation sich dem
Idealverlauf des kontinuierlichen Integrators annähert, sofern die Sinusfunktion für ϖ-Werte,
die ausreichend klein sind im Vergleich zum Kehrwert des halben Abtastintervalls, durch ihr
Argument ersetzt werden kann.

Besonders interessant für eine praktische Anwendung ist aber die Tatsache, dass der Nenner dieser Übertragungsfunktion keinen Realteil aufweist und somit auch keinen Verlustwinkel erzeugt. Im Gegensatz zu jeder der beiden *Euler*-Näherungen kann also im vorliegenden Fall die Funktion des idealen Integrators bezüglich einer konstanten Phasendrehung $\varphi = -90°$ ohne Fehler nachgebildet werden. Die Funktion entspricht deshalb einem „verlustlosen zeitdiskreten Integrator" (lossless discrete integrator, LDI) – kurz: LDI-Integrator [16].

Der Betrag dagegen weicht mit ansteigender Frequenz – verursacht durch die Sinusfunktion im Nenner – zunehmend von der Integratorfunktion ab. Dieser Fehler lässt sich als nichtlineare Neuskalierung der Frequenzachse deuten:

$$\varpi = \frac{2}{T_A} \arcsin\left(\frac{\omega T_A}{2}\right).$$

Durch diesen Zusammenhang kommt es also lediglich zu einer Dehnung der Frequenzachse mit der Charakteristik einer arcsin-Funktion.

Damit ist festzuhalten, dass bei der Serienschaltung von ER- und EV-Integrator die jeweiligen Phasenfehler sich kompensieren und so das Verhalten zweier verlustloser Integratoren (LDI) nachgebildet wird. Diese Eigenschaften der *Euler*-Integratoren werden z. B. ausgenutzt bei SC-Schaltungen in Leapfrog-Struktur (Abschn.4.7), indem ein invertierender ER-Integrator mit einem nicht-invertierenden EV-Integrator in einer geschlossenen Schleife zusammenge-schaltet wird.

4.21 SC-Stufen mit OPV oder OTA?

Abgesehen von einigen Sonderfällen kommt das SC-Prinzip in der Filtertechnik heute fast ausnahmslos nur in Form von monolithisch integrierten Schaltungen zur Anwendung. Vor dem Hintergrund systembedingter Anforderungen und operationeller Randbedingungen resultieren daraus technische Vorgaben mit besonderen Konsequenzen für die Verstärkereinheiten:

- extrem hoher Eingangswiderstand (Verhinderung parasitärer Kondensatorentladungen),
- ausreichend großer Verstärkungswert (kleine Fehler beim Ladungstransfer),
- große Bandbreite bei ausreichender Stabilität (hohe Taktraten für hohe Arbeitsfrequenzen),
- ausreichende Großsignalanstiegsrate (slew rate),
- geringer Leistungsverbrauch und Niedrigspannungsbetrieb (mobiler Einsatz),
- geringer Platzbedarf (Chipfläche).

Als Ergebnis zahlreicher experimenteller Untersuchungen hat sich gezeigt, dass die CMOS-Technologie den bestmöglichen Kompromiss zur Erfüllung dieser Vorgaben darstellt – gerade auch im Hinblick auf einen möglichst geringen Schalter-Durchgangswiderstand. Außerdem ist es auch unter den Gesichtspunkten Schaltungsaufwand, Bandbreite, Leistungsverbrauch und Flächenbedarf sinnvoll, nur mit ein- oder zweistufigen CMOS-Verstärkerstufen in Kaskode-Architektur zu arbeiten, wobei die rein kapazitive Last dann nach dem Stromquellenprinzip über einen hohen Ausgangswiderstand geladen wird.

Im Gegensatz – oder richtiger: in Ergänzung – zum ursprünglichen SC-Prinzip auf der Basis klassischer Operationsverstärker stellt die spannungsgesteuerte Stromquelle (OTA-Prinzip) deshalb heute für die integrierte SC-Technologie die bevorzugte Lösung dar.

Der Vorgang des Ladungstransfers mit einer gesteuerten Stromquelle lässt sich beschreiben am Beispiel des EV-Integrators, Bild 4.7(b), wenn man gedanklich den OPV im Bild durch einen OTA ersetzt. Hat der Eingangskondensator C_E eine negative Spannungsprobe gespeichert, wird der Kondensator C_A durch den positiven Ausgangsstrom i_A so auf- bzw. nachgeladen, dass am OTA-Ausgang ein positiver Spannungssprung auftritt. Dabei wird der Kondensator C_E von dem durch die beiden Kondensatoren fließenden Strom entladen. Dieser Vorgang wird beendet, wenn die Spannung über C_E und damit auch der Ausgangsstrom Null ist, wobei die Ladung nach dem Prinzip des Ladungserhalts von C_E auf C_A übergegangen ist.

Bei diesen Überlegungen wurde vereinfachend angenommen, dass der CMOS-OTA als ideale Stromquelle arbeitet. In der Praxis wird – verursacht durch einen endlichen Ausgangswiderstand der CMOS-Verstärkerstufe (100...250 kΩ) – ein kleiner Reststrom fließen und somit eine Restspannung U_N auf dem Kondensator C_E am n-Eingang zurückbleiben. Diese Restspannung kann bei ausreichend großer Verstärkung – das ist das Produkt aus OTA-Steilheit g_m und OTA-Ausgangswiderstand R_P – vernachlässigbar klein gehalten werden.

Zahlenbeispiel: Vergleich zwischen OPV und OTA

Vorgaben: C_E=C_A=C=10 nF ; Schalterdurchgangswiderstand R_D=10 kΩ .

OPV: Verstärkung v_0=U_A/U_N=-100 (Annahme),

Ladungstransfer $Q_E = C_E U_E = Q_A = C_A \left(U_N - U_A \right) + \underbrace{C_E \cdot U_N}_{\text{Restspannung}}$

$$\xrightarrow[U_N=-U_A/100]{C_E=C_A} \quad U_A = -U_E \frac{100}{100+2} = -U_E \cdot 0{,}98 \,,$$

Zeitkonstante $\tau = R_D \cdot C = 10\ \text{k}\Omega \cdot 10\ \text{nF} = 100\ \mu\text{s}.$

OTA: Verstärkung v_0=$-g_m R_P$= -10 mA/V·10 kΩ=-100 (Annahme),

Ladungstransfer   (Ergebnis identisch zum OPV wegen gleicher Verstärkung),

Zeitkonstante $\tau = R_D \cdot C + R_P \cdot C/100 = 100\ \mu\text{s}+1\ \mu\text{s} = 101\ \mu\text{s}\,.$

Vergleich. Der Ladungstransfer erfolgt in beiden Fällen mit einem Fehler von 2%. Grund dafür ist die geringe Verstärkung von nur v_0=-100. Obwohl der OTA nicht als ideale Stromquelle angesetzt wurde (sondern mit R_P=10 kΩ), wird die Ladezeitkonstante nur unwesentlich vergrößert. Wegen der Analogie zwischen Strom- und Spannungsquelle gilt diese Überlegung auch, wenn z. B. der Ausgangswiderstand eines OPV auf 10 kΩ vergrößert würde.

4.22 Aktivfilter in *RC-* oder SC-Technik?

Entscheidender Vorteil der SC-Technologie und eigentlicher Anlass zu ihrer Entwicklung ist die Möglichkeit, komplette Filterschaltungen höheren Grades als kompakte IC-Bausteine herstellen zu können. Dazu kommt, dass die Zeitkonstanten – neben der Taktfrequenz – nicht von den Absolutwerte der Kapazitäten, sondern nur von Kapazitätsverhältnissen abhängen, die in MOS-Technologie garantiert werden können mit Toleranzen unterhalb von 0,1 %.

Beim praktischen Einsatz von SC-Filtern sind – im Vergleich zu den analogen RC-Filtern – aber einige Besonderheiten zu berücksichtigen, die zu beachten sind.

Begrenzung der Abtastrate

SC-Filter sind abtastanalog arbeitende Schaltungen, die den Einschränkungen der zeitdiskreten Signalverarbeitung unterliegen und bei denen sich das Eingangssignal während der Dauer des Abtastvorgangs nicht verändern darf. Da SC-Filter aber sowieso nur bei Frequenzen betrieben werden, die viel kleiner sind als die Abtastrate, mit der die Schalter betätigt werden (übliche Praxis: Faktor 50...200), kann die Schalter-Kondensator-Kombination am Eingang der Filterstufe die Funktion des Abtastens mit ausreichender Genauigkeit übernehmen.

Die Obergrenze für die Abtastrate wird festgelegt entweder durch die endliche Großsignal-Anstiegsrate der Verstärker und/oder durch die endliche Aufladungszeit der Kondensatoren, die bestimmt wird vom endlichen Durchgangswiderstand der MOSFET-Schalter.

Unabhängig von Vorgaben durch das Abtasttheorem wird die Taktrate nach unten begrenzt durch parasitäre Entladungserscheinungen (Leckströme) bei großen Speicherzeiten, wodurch es zu Verfälschungen der Übertragungseigenschaften kommen kann.

Bandbegrenzung am Eingang

Als zeitdiskret arbeitendes System müssen SC-Filter auch die Vorgaben des Abtasttheorems erfüllen, nach dem eine Rekonstruktion des Signalverlaufs aus den verarbeiteten Proben nur dann fehlerfrei möglich ist, wenn das Eingangsspektrum bei einer Frequenz f_{max} bandbegrenzt ist und die Abtastrate f_A mindestens doppelt so groß ist wie diese Obergrenze f_{max}.

Gegebenenfalls müssen störende Frequenzkomponenten durch ein analoges Vorfilter (Anti-Aliasing-Filter) ausreichend gut bedämpft werden. Eine vollständige Unterdrückung aller Spektralanteile oberhalb von f_{max} würde allerdings eine ideale Tiefpassfunktion voraussetzen, die nicht realisierbar – aber auch nicht notwendig – ist. In der Praxis kann nämlich ein bestimmter Aliasing-Fehler zugelassen werden, wenn dieser im Bereich des allgemeinen Rauschpegels liegt. In den meisten Fällen ist deshalb für das Vorfilter ein RC-Tiefpass ersten oder maximal zweiten Grades ausreichend.

Nachfilterung

Obwohl SC-Filter mit den mathematischen Methoden der zeitdiskreten Signalverarbeitung berechnet werden, ermöglichen die als Ladungsspeicher wirkenden Kondensatoren zu jedem Zeitpunkt definierte Spannungszustände. Dabei ändern die Kondensatoren ihre Ladung mit jeder Taktphase aber nahezu sprungförmig und verursachen so den typischen treppenförmigen Verlauf der Ausgangsspannung. Damit kann das abtastanalog arbeitende SC-Filter angesehen werden als eine Kombination

„Zeitdiskretes System mit Abtast-Halte-Schaltung (A-H)".

Der Zusammenhang zwischen der Systemfunktion $H(z)$ und dem tatsächlichen Übertragungsverhalten der Schaltung wird deshalb durch eine multiplikative Verknüpfung mit der Funktion der Abtast-Halte-Einheit $\underline{H}_{AH}$ hergestellt:

$$\underline{H}_{AH}(s) = \frac{1-e^{-sT_A}}{sT_A} \quad \xrightarrow{\ s\to j\omega\ } \quad \underline{A}_{AH}(j\omega) = \frac{\sin\left(\dfrac{\omega T_A}{2}\right)}{\dfrac{\omega T_A}{2}} e^{-\frac{j\omega T_A}{2}} .$$

Diese Funktion $\underline{A}_{AH}$ mit einer sin x/x-Charakteristik verursacht im Hauptintervall des durch die Abtastung entstandenen periodischen Spektrums eine geringe zusätzliche Dämpfung. Die Auswirkungen auf den Durchlass- und Übergangsbereich von Tiefpass- und Bandpassfunktionen sind allerdings bis zu einer Frequenz $f \approx f_A/20$ vernachlässigbar (Fehler maximal 1%).

Außerdem wird durch die Funktion $\underline{A}_{AH}$ bei $f=f_A$ eine Nullstelle erzeugt, die – zusammen mit der abnehmenden sin x/x-Charakteristik – zu einer Bedämpfung der periodischen Spektralanteile außerhalb des Hauptintervalls führt. Diese zusätzliche Tiefpasswirkung der Abtast-Halte-Einheit macht eine Nachfilterung zur Glättung der Ausgangsspannung oftmals überflüssig.

Zusammenfassung

Tabelle 4.1 fasst die wichtigsten Unterschiede zwischen den *RC*-Filtern und dem SC-Prinzip zusammen.

Tabelle 4.1   Vergleich *RC*- und SC-Filter

	Aktive *RC*-Filter	SC-Filter
Integrationsfähigkeit	nein	ja
Typischer Frequenzbereich	1 Hz ...50 MHz	0,01 Hz....500 kHz (max. Taktrate ca. 50 MHz)
Externe Abstimmbarkeit	eingeschränkt	Polfrequenz = f(Taktrate)
Verstärker	Operationsverstärker	2-stufiger OTA ausreichend
Abweichungen, Fehler	keine Approximationsfehler, teilweise erheblicher Einfluss von Bauteiltoleranzen	Approximationsfehler, Toleranzeinfluss gering, sin x/x-Dämpfung
Peripherie	Keine besonderen Anforderungen	Taktgenerator, evtl. Vor- und Nachfilterung (analog)
Störungen	Thermisches Rauschen (Widerstände, Verstärker)	Takt-Überkopplungen, Taktrauschen
Temperaturstabilität	schlecht	Sehr gut

4.23 Warum sind kleine Grenzfrequenzen problematisch?

Es gibt zahlreiche Spezialanwendungen (Messtechnik, Medizintechnik, Verkehrstechnik, Bauwesen, Seismologie, Geophysik), für die elektronische Filter benötigt werden mit Grenzfrequenzen unterhalb von 1 Hz. Es ist eine bekannte Tatsache, dass der Einsatzbereich aktiver Filter frequenzmäßig nach oben begrenzt ist durch die mit steigender Frequenz abnehmende Leistungsfähigkeit der aktiven Elemente (Verstärkungsabnahme, Phasendrehungen, Eingangs- und Ausgangsimpedanzen, parasitäre Effekte).

Damit stellt sich die Frage, ob auch bei extrem kleinen Frequenzen mit Realisierungsproblemen gerechnet werden muss. Da die relevanten Eigenschaften der Verstärkereinheiten (OPV, OTA) sich bei sinkender Frequenz immer mehr dem bei der Berechnung angesetzten Ideal annähern, müssen die Ursachen für eventuell auftretende Abweichungen der Filterfunktion, die nicht nur toleranzbedingt sind, woanders gesucht werden.

Durch ein einfaches Zahlenbeispiel kann der kritische Bereich identifiziert werden:

Für einen RC-aktiven Tiefpass mit einer Grenzfrequenz von f_G=0,1 Hz müssen die durch RC-Kombinationen bestimmten Zeitkonstanten im Bereich von $\tau \approx$1,6 s liegen. Ein Widerstand von R=160 kΩ (1,6 MΩ) würde dann einen Kapazitätswert von C=10 µF (1 µF) erfordern. In beiden Fällen liegt einer der beiden Werte außerhalb der in Abschn. 3.13 genannten Vorzugsbereiche für Widerstände und Kapazitäten (R_{max}=1 MΩ, C_{max}=1 µF). Bei noch größeren Zeitkonstanten wird die Dimensionierung natürlich noch kritischer.

Einerseits besteht das Problem darin, dass Widerstandswerte in der Größenordnung der bei der Dimensionierung idealisierten OPV-Eingangswiderstände Abweichungen vom gewünschten Übertragungsverhalten verursachen; außerdem erzeugen sie unerwünschte Gleichspannungs-abfälle (Arbeitspunktverschiebungen), die hervorgerufen werden durch die ebenfalls vernachlässigten Eingangsruheströme des Verstärkers.

Diese Situation kann zwar entschärft werden durch Wahl eines Verstärkers mit FET-Eingangsstufe; eine zweite Fehlerquelle bleibt aber bestehen: Kondensatoren mit Kapazitäten im unteren und mittleren µF-Bereich haben gegenüber dem nF-Bereich deutlich schlechtere Gütewerte mit parallel wirkenden Leckwiderständen, die im Zusammenwirken mit den Schaltwiderständen gleicher Größenordnung zu weiteren Fehlern führen. Daraus resultiert die Forderung, gerade für Filter mit niedrigen Grenzfrequenzen Kondensatoren hoher Qualität auszuwählen. Trotzdem bleibt das grundsätzliche Problem bestehen, dass für den genannten Frequenzbereich RC-Filter nur mit relativ großen Übertragungsfehlern herstellbar sind.

Auf der Suche nach Alternativen haben sich deshalb zwei andere Realisierungsmöglichkeiten für den Sub-Audiobereich herauskristallisiert:

OTA-C-Technologie

Wenn die Rolle der Widerstände durch Transkonduktanzverstärker (OTA) übernommen wird, werden die Filter-Zeitkonstanten aus dem Kapazitäts-Steilheits-Verhältnis $\tau = C/g_m$ gebildet, vgl. Abschn. 3.14. Für einen Kondensator mit der Kapazität C=16 nF würde die Zeitkonstante $\tau \approx$1,6 s beispielsweise eine Steilheit g_m=10 nA/V erfordern. Damit wird deutlich, dass auch die OTA-C-Technologie nicht problemlos Zeitkonstanten im Sekundenbereich ermöglicht, denn derartig geringe Steilheiten mit Strömen im nA-Bereich können nur durch spezielle CMOS-Schaltungsstrukturen in integrierter Form erzeugt werden. Entsprechende Vorschläge können der Fachliteratur [17] entnommen werden (Stichworte: Stromteilung/current division, Stromkompensation/current cancellation, Steilheitsabsenkung/transconductance reduction).

Switched-Capacitor-Technologie (SC)

Sofern getaktete Systeme mit ihren bekannten Anforderungen und Einschränkungen zulässig sind, stellt die Technik geschalteter Kapazitäten die derzeit leistungsfähigste Alternative dar, um Zeitkonstanten der genannten Größenordnung zu erzeugen (s. dazu auch Abschn. 5.10). Für die Widerstandsnachbildung gelten dabei die einfachen Zusammenhänge:

$$\tau = R_E C_A \xrightarrow{R_E = 1/f_A C_E} \tau = \frac{C_A}{f_A C_E}. \tag{4.10}$$

Bei einem Kapazitätsverhältnis von 16 (160) wäre zur Erzeugung der Zeitkonstante $\tau \approx$1,6 s also eine Taktfrequenz (Abtastrate) f_A=10 Hz (100 Hz) erforderlich. Dabei handelt es sich um eine bereits etablierte Technik; so liegt beispielsweise die untere Frequenzgrenze der Filterbausteine aus der Reihe MAXIM 291/295 bei f_{min}=0,1 Hz.

4.24 Was sind Median-Filter?

Median-Filter sind nichtlineare Schaltungen, die zur Klasse der Rangordnungsfilter gehören. Ihr Funktionsprinzip besteht darin, eine bestimmte Anzahl benachbarter Eingangswerte nach Größe bzw. Intensität zu ordnen und durch einen einzigen repräsentativen Wert zu ersetzen. Bei einem Mittelwertbildner (mean filter) wäre dieser Wert der arithmetische Mittelwert. Beim Median-Filter hingegen ist dieses der sog. „Zentralwert" (median) x_{MED}, der in der Mitte der beim Vergleich berücksichtigten Werte liegt. Als Folge davon wird die Summe der absoluten Differenzen zu den anderen Werten ein Minimum:

$$x_{\mathrm{MED}} = \mathrm{MED}\{x_1, x_2, \dots x_N\} \quad \text{und} \quad \sum_{i=1}^{N} |x_{\mathrm{MED}} - x_i| = \text{Minimum} .$$

So ist beispielsweise für die Wertefolge (0,8/0,95/1,05/1,2/2,5) der arithmetische Mittelwert $\tilde{x}$=1,3 und der Zentralwert x_{MED}=1,05. Bei der Ermittlung des Zentralwertes werden – im Gegensatz zum Mittelwert – „Ausreißer" nach unten und nach oben nicht berücksichtigt. Diese Eigenschaft bestimmt den Anwendungsbereich der Median-Filter: Befreiung von kurzzeitigen Störimpulsen, die der auszuwertenden Information überlagert sind.

Grundsätzlich könnte dafür auch ein Tiefpass benutzt werden – allerdings mit der Konsequenz, dass die höheren Frequenzanteile des informationstragenden Signals dann ebenfalls beeinflusst würden, wie z. B. die Flankensteilheit rechteckförmiger Signale. Median-Filter werden heute vorwiegend eingesetzt in der Bildbearbeitung sowie in Medizintechnik und Seismik.

Da der Zentralwert aus mehreren aufeinander folgenden Eingangswerten durch Vergleich ermittelt wird, sind zeitdiskret arbeitende Systeme für diese Art der Störbefreiung besonders geeignet (Digitalfilter und abtastanaloge SC-Schaltungen). Aber auch für zeitkontinuierliche Signalverläufe kann mit analog arbeitenden Median-Filtern eine wirksame Unterdrückung solcher Störungen erreicht werden. Zu diesem Zweck wird das gestörte Signal entweder in eine Folge dicht benachbarter Proben gewandelt (Abtastwerte), oder es durchläuft eine analoge Verzögerungsleitung, die mit einer entsprechenden Anzahl von Anzapfungen ausgestattet ist, um die Wertefolge zur parallelen Weiterverarbeitung zur Verfügung zu stellen.

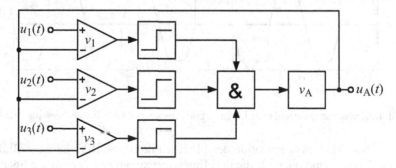

Bild 4.8 Analoges Median-Filter, Blockschaltbild (Prinzip)

Das Blockschaltbild in Bild 4.8 verdeutlicht eine Realisierungsmöglichkeit für ein einfaches analoges Median-Filter mit drei Zweigen [18]. Dabei können die drei Verstärkungsfunktionen mit anschließender symmetrischer Begrenzung und Summenbildung z. B. auch kombiniert als Differenzverstärker oder auch als OTA-Stufe ausgeführt werden.

Beispiel 1: Prinzip

Funktion und Wirksamkeit der Anordnung aus Bild 4.8 soll durch das folgende Beispiel über-prüft werden:

$u_1(t): f = 500$ Hz, $\quad u_{1,\max} = 2,5$ V,

$u_2(t): f = 1000$ Hz, $\quad u_{2,\max} = 1,0$ V,

$u_3(t):$ Rechteck, $T=1$ ms, $\quad u_{3,\max} = 0,8$ V;

Verstärkungen: $v_{1,2,3}=1500$, $\quad v_A(s)=10/(1+s \cdot 10^{-6})$, $\quad$ Begrenzer: ± 10 V.

Im Gegensatz zu den drei idealisierten Eingangsverstärkern erhält der Summierverstärker v_A ein Tiefpassverhalten ersten Grades (Zeitkonstante 1 µs).

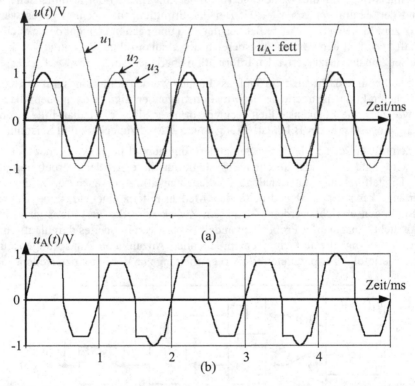

Bild 4.9 Spannungsverläufe am Eingang und Ausgang des Median-Filters aus Bild 4.8

Als Ergebnis einer Schaltungssimulation des Median-Filters von Bild 4.8 ist in Bild 4.9(a) die Überlagerung der Zeitfunktionen für die drei Eingangsspannungen und für die Spannung $u_A(t)$ am Ausgang (Kurvendarstellung fett) wiedergegeben. Die separate Wiedergabe der Ausgangs-spannung in Bild 4.9(b) zeigt deutlich, dass der zeitliche Verlauf von $u_A(t)$ sich zusammensetzt aus den Kurvensegmenten der drei Eingangsfunktionen, welche jeweils in der Mitte zwischen zwei anderen Funktionsteilen liegen. Die Schaltung bildet also zu jedem Zeitpunkt aus den angebotenen drei Eingangsspannungen den Zentralwert u_{MED}, der dann zu dem geschlossenen Kurvenzug $u_A(t)$ führt.

Beispiel 2: Störbefreiung

Im Gegensatz zum ersten Beispiel, welches die prinzipielle Funktionsweise eines Median-Filters demonstrieren sollte, orientiert sich das zweite Beispiel an einer typischen Anwendung aus der Praxis. Zwecks Nachbildung einer angezapften Verzögerungsleitung werden als Eingangssignale für das Median-Filter aus Bild 4.8 bei der Simulation drei zeitlich um jeweils 0,05 ms gegeneinander verschobene Rechteckfunktionen u_1, u_2 und u_3 gewählt, denen kurzzeitige Störimpulse überlagert sind. Die Amplitude dieser Störung wird mit 0,2 V – das sind 20% der Signalamplitude – absichtlich groß gewählt. Eine gemeinsame Darstellung des Zeitverlaufs der drei gestörten Signale ist in Bild 4.10 (oben) wiedergegeben.

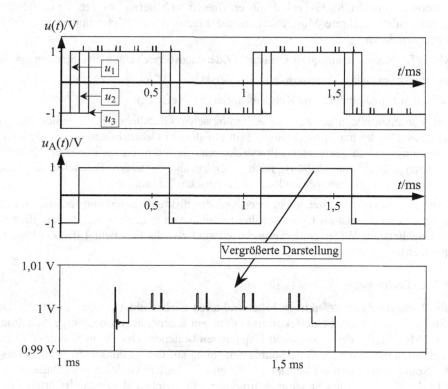

Bild 4.10 Störbefreiung einer Rechteckfolge durch das Median-Filter aus Bild 4.8

Für die Dimensionierung des Median-Filters werden Verstärkungen und Spannungen für die Signalbegrenzung aus dem ersten Beispiel verwendet. Der mittlere Teil von Bild 4.10 zeigt als Ergebnis einer Schaltungssimulation die von den Störungen weitgehend befreite Ausgangsspannung $u_A(t)$. Erst in der Ausschnittsvergrößerung (unten) kann man die verbleibenden Störungen mit einer Amplitude von nur noch 4 mV erkennen – entsprechend einer Störunterdrückung von 200/4=50 (34 dB).

Der besondere Vorteil dieser Technik gegenüber einem konventionellen linearen Tiefpassfilter zeigt sich in der unveränderten Flankensteilheit der Ausgangsfolge. Aus diesem Grunde finden Median-Filter breite Anwendung bei der Störbefreiung im Bereich der Bildbearbeitung, ohne dass damit eine merkliche Beeinträchtigung schneller Signalwechsel bei abrupten Kontrastübergängen verbunden ist.

4.25 Welche Technologie für integrierte Analogfilter?

Analoge Signalverarbeitung ist zugleich immer auch Filtertechnik, bei der – abgesehen vom Mikrowellenbereich – heute praktisch ausschließlich integrierte Verstärker zum Einsatz kommen. Innerhalb der letzten drei Jahrzehnte konzentrierte sich der Entwicklungsaufwand primär darauf, auch komplette Filtersysteme höherer Ordnung als monolithisch integrierte Kompaktbausteine herstellen zu können Das Hauptproblem dabei stellen die zur Realisierung von RC-Zeitkonstanten erforderlichen Ohm-Widerstände dar, die nicht bzw. nicht mit der notwendigen Genauigkeit – und dazu noch mit zu großem Flächenbedarf – integrierfähig sind.

Mit der Entwicklung der MOS-Technlogie eröffneten sich bereits in den 70-er Jahren des vorigen Jahrhunderts mehrere Möglichkeiten, die Funktion von Widerständen nachzubilden bzw. zu ersetzen durch

– die MOSFET-Kennlinie im „quasi-linearen" Widerstandsbereich (für kleine Spannungen U_{DS}),

– gesteuerte Stromquellen (Transkonduktanz-Verstärker, OTA),

– periodisch auf- und umgeladene Kondensatoren (SC-Technik).

Diese drei Varianten bilden zur Zeit die technologischen Grundlagen für komplett integrierte Filterbausteine. Den letzten Entwicklungsschritt auf diesem Gebiet bilden die speziell für den Niedrigspannungsbereich geeigneten Filterstrukturen, die intern im nichtlinearen Kennlinienbereich arbeiten (Logarithmus-Modus), nach außen hin aber als lineare Bausteine zur analogen Signalverarbeitung angesehen werden können (s. Abschn. 2.5 und 2.6).

Einen Kompromiss zwischen der integrierten und der diskreten Schaltungstechnik stellen die von den Herstellern zumeist als Universalfilter bezeichneten Bausteine dar, die lediglich durch extern anzuschließende Widerstände zu ergänzen sind zwecks Festlegung der Zeitkonstanten (Polfrequenzen).

MOSFET-C-Technologie

Wenn die Widerstände in RC-aktiven Filterstrukturen nachgebildet werden durch die Drain-Source-Strecken von MOS-Feldeffekttransistoren, entstehen integrationsfähige Schaltungen, die nur aus MOSFETs, Verstärkern und Kapazitäten bestehen. Der Drain-Source-Widerstand wird dabei durch die steuernde Gate-Source-Spannung auf den gewünschten Wert eingestellt, wobei der Source-Anschluss auf konstantem Potential gehalten werden muss (Masse, virtuelle Masse). In der Praxis werden Schaltungsstrukturen mit gleichen Widerstandswerten gewählt, bei denen die Abstimmung auf den Zielwert gemeinsam erfolgen kann (on-chip-tuning).

Wegen der auch bei kleinen Signalen verbleibenden Nichtlinearität des Drain-Source-Widerstandes werden MOSFET-C-Filter praktisch ausschließlich in Form von symmetrischen und voll-differentiell arbeitenden Schaltungen realisiert, s. Abschn. 3.12, mit einem separaten Gleichtakt-Gegenkopplungszweig (vgl. dazu Bild 3.18).

OTA-C-Technologie

Nähere Erläuterungen zu diesem Prinzip, welches gelegentlich auch als g_m-C-Filtertechnik bezeichnet wird, enthält Abschn. 4.17. Wegen des im Vergleich zum OPV sehr einfachen Aufbaus der Verstärker sind OTA-C-Filter besonders geeignet für hohe Frequenzen bis in den oberen MHz-Bereich. Aus Gründen besserer Linearität, Dynamik und Störsicherheit werden auch hier vermehrt voll-differentielle Strukturen eingesetzt (s. Abschn. 3.12)

Schalter-Kondensator-Filter

Einige grundlegende Fragen zum Thema „SC-Filter" (Prinzip, Randbedingungen, Einschränkungen, Bewertungen) werden in den Abschnitten 4.18 bis 4.22 diskutiert. Die Technik der SC-Filter, die bereits seit fast 30 Jahren kommerziell als IC-Bausteine verfügbar sind, kann mittlerweile als ausgereift angesehen werden.

4.26 Was ist ein Polyphasen-Filter?

Polyphasen-Filter spielen eine bedeutende Rolle bei der Entwicklung vollständig integrierter Empfangssysteme für mobile Kommunikationsanlagen. Mit der Zielsetzung einer ausreichend guten und einfach zu implementierenden Spiegelfrequenz- bzw. Nachbarkanal-Unterdrückung wird dabei vom Überlagerungsprinzip mit einer extrem niedrigen Zwischenfrequenz Gebrauch gemacht – mit dem Vorteil moderater Filtergüten zur Kanaltrennung. Außerdem kann auf den Eingangs-Tiefpass zur Spiegelunterdrückung verzichtet werden, wenn zwei Mischer parallel eingesetzt werden, die in ihrer Phasenlage um 90° versetzt sind. Auf diese Weise werden zwei Kanäle – (I)nphase bzw. (Q)uadratur – gebildet, die nach Tiefpassfilterung in einer speziellen Schaltung zur Spiegelunterdrückung (image rejection, IR) so miteinander kombiniert werden, dass die durch Spiegelfrequenzen verursachten Störungen in Gegenphase auftreten und sich aufheben. Allerdings gilt dieses nur unter idealen Symmetriebedingungen, die in der Praxis nicht gewährleistet werden können [19].

Die bevorzugte Lösung besteht deshalb darin, die beiden separaten Kanalfilter zu ersetzen durch ein gemeinsames spezielles Filter mit zwei Ein- und zwei Ausgängen (I- bzw. Q-Kanal), welches die erforderliche Spiegelfrequenzdämpfung übernehmen kann. Durch eine Über-Kreuz-Verkopplung innerhalb dieses Polyphasen-Filters sind die Toleranzanforderungen an die Symmetrie-Eigenschaften beider Kanäle dann deutlich geringer als bei Einzelfiltern mit der zusätzlich erforderlichen IR-Schaltung zur Spiegelunterdrückung.

Die beiden gleichen – aber um 90° gegeneinander versetzten – Eingangssignale für dieses Filter werden als komplexes Eingangssignal $x=(x_i+jx_q)$ interpretiert. Das Filter wird deshalb auch als „komplexes" Filter bezeichnet mit einer Übertragungsfunktion $H_k(s)=Y/X$, deren Koeffizienten im Gegensatz zu den klassischen Filterstrukturen nicht alle reell sind.

Beispiel

Das einfachste komplexe Filter ersten Grades entsteht beispielsweise aus einem einfachen RC-Tiefpass durch die Variablen-Substitution $s \rightarrow (s-j\omega_0)$:

$$\underline{H}_{TP}(s) = \frac{1}{1+s/\omega_G} \quad \xrightarrow{\; s \rightarrow (s-j\omega_0) \;} \quad H_k = \frac{Y}{X} = \frac{1}{1+s/\omega_G - j\omega_0/\omega_G}. \tag{4.11}$$

Durch diese Substitution ist aus dem Tiefpass eine Funktion mit Bandpass-Charakter und einem komplexen Pol bei $s_P = -\omega_G + j\omega_0$ (nicht konjugiert-komplex!) entstanden. Im Unterschied zu allen klassischen Bandpassfunktionen hat die Durchlasskurve aber einen Verlauf symmetrisch zur Mittenfrequenz. Diese interessante Eigenschaft aller komplexen Filter lässt sich leicht nachweisen, indem der RC-Originaltiefpass auf den Bereich negativer Frequenzen ausgedehnt wird. Die so entstandene Bandpasskurve – symmetrisch zur Mittenfrequenz $\omega=0$ – wird durch die oben angegebene Substitution dann linear in den Bereich positiver Frequenzen verschoben mit der neuen Mittenfrequenz bei $\omega=\omega_0$.

Zwecks Umsetzung in eine Schaltung wird Gl. (4.11) zunächst als Rückkopplungsmodell in der komplexen Ebene dargestellt, Bild 4.11(a). Daraus ergibt sich dann die Anordnung mit zwei reellen Zweigen (I- und Q-Kanal) in Bild 4.11(b). Die Multiplikation mit dem imaginären Faktor $j\omega_0/\omega_G$ in der Rückführungsschleife des Modells in Bild 4.11(a) führt zu der Über-Kreuz-Kopplung zwischen beiden Kanälen in Bild 4.11(b), wobei I- und Q-Kanal als Real- bzw. Imaginärteil des komplexen Filters wirken.

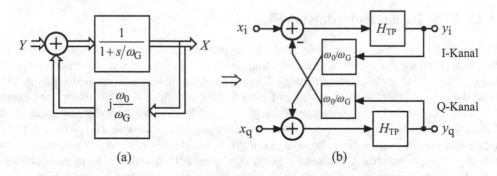

(a)   (b)

Bild 4.11 Komplexer Bandpass, Rückkopplungsmodell (a) und Blockschaltbild (b)

Eine Möglichkeit zur elektronischen Realisierung des Blockschaltbildes – ausgehend von zwei identischen aktiven RC-Tiefpässen ersten Grades – ist in Bild 4.12 skizziert.

– Tiefpass-Dimensionierung: f_G=50 kHz, R_1=R_2=10 kΩ, C=318 pF ;

– Bandpass-Dimensionierung: f_0=1 MHz, f_0/f_G=R_2/R_k=200, R_k=500 Ω ;

– Simulation: Die Schaltung (Verstärker ideal) wird einer AC-Analyse unterzogen, wobei das Eingangssignal x_q gegenüber dem Signal x_i um ±90° verschoben ist ($x=x_i \pm j\,x_q$).

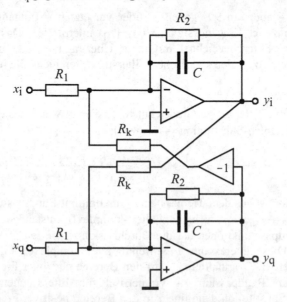

Bild 4.12 Komplexer Bandpass ersten Grades (Eingang: $x=x_i+j\,x_q$)

Das Simulationsergebnis (für $|x_i|=|x_q|=1$ V) bestätigt die Erwartung, dass die beiden reellen Tiefpässe (Bandbreite f_G=50 kHz) in der untersuchten Schaltung zu einem komplexen Bandpass mit einer zu f_0=1 MHz symmetrischen Übertragungscharakteristik führen (Bandbreite B=2f_G=100 kHz), sofern der Q-Kanal dem I-Kanal um 90° voreilt, Bild 4.13. Dagegen beträgt die Ausgangsspannung bei f_0=1 MHz lediglich 2,5% der Maximalamplitude von 1 Volt, wenn – verursacht durch eine Spiegelfrequenz – die Phasenverschiebung des Q-Kanals –90° beträgt. Dieses einfache komplexe Filter ersten Grades ermöglicht damit eine Spiegelfrequenz-Unterdrückung von $4Q$=4f_0/B=2R_2/R_k=40 (entsprechend 32 dB).

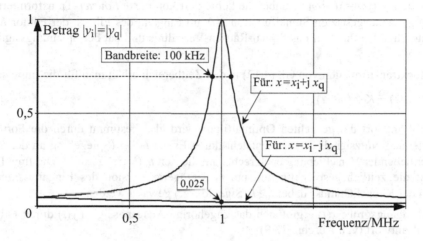

Bild 4.13 Komplexer Bandpass, Übertragungscharakteristik für Eingangssignale $x=x_i\pm j\,x_q$

4.27 Was ist ein Optimalfilter?

In jedem System zur Signalübertragung sind Störungen wirksam, durch welche die Sicherheit der Informationserkennung beeinträchtigt wird. Als qualitatives Maß für die Beschreibung des im jeweiligen Übertragungssystem maximal zulässigen Störeinflusses wird das Verhältnis aus Nutz- und Störleistung herangezogen (Signal-Rausch-Abstand in dB). Die anzuwendenden Verfahren zur Verbesserung bzw. Optimierung dieses Verhältnisses – d. h. zur Erhöhung der Sicherheit bei der Auswertung – werden dabei bestimmt durch die Struktur des Nutzsignals. Die klassische Methode zur Begrenzung stationärer und kontinuierlicher Störeinflüsse (wie thermisches Rauschen) besteht in der Reduzierung der Übertragungsbandbreite auf das gerade noch zulässige Minimum. Die technische Realisierung dieser für die drahtlose Informations-übertragung typischen Problemstellung ist Aufgabe der analogen Filtertechnik.

Für den Sonderfall, dass es nur um die Erkennung ganz bestimmter – und a-priori bekannter – Signalformen geht, sind spezielle „Suchfilter" entwickelt worden, die eine Signalerkennung auch noch bei minimalem Signal-Rausch-Verhältnis zulassen. Diese auch als Optimalfilter (matched filter) bezeichneten elektronischen Einheiten erlauben die zuverlässige Erkennung rauschgestörter Signale bekannter Form unter optimaler Ausnutzung der im Signal enthaltenen Energie durch die einfache Entscheidung: Existenz ja/nein bzw. zu welchem Zeitpunkt?

Derartige signalangepasste Filter finden Anwendung in der digitalen Übertragungstechnik sowie in der Radar- und Sonartechnik (Objekterkennung, Ortung, Laufzeitmessung).

Übertragungseigenschaften

Die Berechnung der Eigenschaften eines Optimalfilters (Übertragungsfunktion, Sprung- oder Impulsantwort) ist im Prinzip eine Optimierungsaufgabe mit dem Ziel der Maximierung des Signal-Rausch-Abstandes zum Zeitpunkt der Signalabfrage bei $t=t_0$. Als Ergebnis erhält man nach längerer Rechnung [20] den folgenden Ausdruck für die Filter-Übertragungsfunktion:

$$\underline{A}(\mathrm{j}\omega)_{\mathrm{opt}} = K \cdot X^*(\mathrm{j}\omega) \cdot \mathrm{e}^{-\mathrm{j}\omega \cdot t_0} . \tag{4.12}$$

Die Funktion $X^*(\mathrm{j}\omega)=X(-\mathrm{j}\omega)$ ist dabei die konjugiert-komplexe *Fourier*-Transformierte zu der als bekannt vorausgesetzten Signalfunktion $x(t)$ am Eingang des Filters; der Faktor K ist eine Konstante ohne Einfluss auf das Signal-Rausch-Verhältnis und hat bei Spannungssignalen die Einheit 1/Vs.

Durch Rücktransformation von Gl. (4.12) in den Zeitbereich erhält man für die Impulsantwort:

$$h_{\mathrm{opt}}(t) = K \cdot x(t_0 - t) . \tag{4.13}$$

Die Impulsantwort des gesuchten Optimalfilters wird also bestimmt durch die Form des zu verarbeitenden Nutzsignals $x(t)$; sie entsteht durch Ersatz $t \to -t$ (Spiegelung an der Ordinate) mit anschließender Verschiebung nach rechts um die Zeit t_0 (Verzögerung). Die Impulsantwort ist damit die zeitlich gespiegelte und um t_0 verzögerte Version des Eingangssignals. Aus Gründen der Kausalität muss dabei $t_0 \geq T$ (Signaldauer) gewählt werden.

Für die Eingangsgröße $x(t)$ ergibt sich das zugehörige Ausgangssignal $y(t)$ durch Faltung mit der Impulsantwort (vgl. Abschn. 1.19):

$$y(t) = \{x * h_{\mathrm{opt}}\}(t) = \int\limits_{-\infty}^{\infty} x(\tau) \cdot h_{\mathrm{opt}}(t-\tau)\mathrm{d}\tau . \tag{4.14}$$

Anmerkung. Wird Gl. (4.13) in Gl. (4.14) eingesetzt, kann das Integral auch als die um t_0 verzögerte Autokorrelationsfunktion (AKF) zu $x(t)$ gedeutet werden. Deshalb werden diese Optimalfilter auch als Korrelationsfilter bezeichnet.

Beispiel

Das auszuwertende Signal $x(t)$ sei ein Rechteckpuls zwischen $t=0$ und $t=T$ (Pulsdauer). Die Impulsantwort h_{opt} des zugehörigen Optimalfilters hat damit die gleiche Form und ist für den Fall $t_0=T$ deckungsgleich mit $x(t)$. Die Auswertung des Faltungsintegrals in Gl. (4.14) kann dann z. B. nach der in Abschn. 1.19 beschriebenen Methode erfolgen, wobei das zur Impulsantwort gehörende Rechteck – von links nach rechts – über die Signalform geschoben und das durch die Überlappung beider Rechtecke definierte Flächenprodukt ausgewertet wird. Als Ausgangssignal $y(t)$ entsteht auf diese Weise eine dreieckförmige Funktion der Breite $2T$ mit einem Maximum bei $t=t_0=T$.

Eine technische Realisierung dieses Optimalfilters kann durch eine einfache Integratorstufe erfolgen, da jede integrierende Schaltung auf ein rechteckförmiges Eingangssignal mit einem linearen Anstieg der Ausgangsspannung reagiert (Dreieckflanke). Der Integrator wird dann zum Zeitpunkt des erwarteten Maximums abgefragt und danach wieder auf Null gesetzt, um für den nächsten Vorgang vorbereitet zu sein. Bei ausreichend großer Signalleistung kann eine Annäherung an diese Operation auch bei Verwendung eines einfachen RC-Gliedes erfolgen.

4.28 Sind Filterentwurfs-Programme empfehlenswert?

Es gibt zahlreiche Programme zur Unterstützung beim Entwurf und bei der Dimensionierung passiver und aktiver Filterschaltungen – teilweise auch als kostenfreie Entwicklungsversionen mit gewissen funktionalen Einschränkungen. Der Einsatz derartiger Programme kann den Arbeitsaufwand bis zur fertig dimensionierten Schaltung deutlich verringern und ist deshalb durchaus zu empfehlen, sofern man sinnvollen Gebrauch von ihnen macht.

So darf man nicht erwarten, dass ein Entwurfsprogramm dem Anwender die Entscheidung darüber abnimmt, welche Übertragungscharakteristik und welcher Filtergrad den Selektivitäts- bzw. Dämpfungsanforderungen am besten gerecht wird. Und auch die Festlegung auf eine geeignete Schaltung und das zugehörige Impedanzniveau bleibt dem Anwender vorbehalten. Diese Programme können aber durchaus hilfreich sein bei der Entscheidungsfindung, indem sie durch grafische Darstellungen (*Bode*-Diagramme, Sprungantworten) den direkten Vergleich der vom Programm vorgeschlagenen Lösungen ermöglichen.

Vor der Auswahl eines bestimmten Programms zur Filtersynthese ist zu beachten, dass die verschiedenen Programme sich deutlich im Funktionsumfang unterscheiden und nur eine mehr oder weniger kleine Auswahl an Filtertypen, Syntheseverfahren und Schaltungsstrukturen anbieten. So wird die leistungsfähigste Filterschaltung der Kaskadentechnik – die GIC-Stufe – nur von ganz wenigen Programmen berücksichtigt. Das gleiche gilt für die schaltungsmäßig etwas anspruchsvolleren Funktionen mit Übertragungsnullstellen (Approximationen nach *Tschebyscheff*/invers und *Cauer*) sowie für Schaltungen von Verzögerungselementen und Allpassfiltern. Bei vielen Produkten hat man als Anwender dann oft nur die Wahl zwischen den beiden Standardschaltungen: Struktur mit Zweifach-Gegenkopplung oder *Sallen-Key*-Topologie.

Darüber hinaus beschränken sich diese Programme bei der Realisierung der Aktivelemente auf Spannungsverstärker (OPV). Für viele Anwendungen stellen aber die Verstärker mit Strom- ausgang (OTA) eine attraktive Alternative dar (Stichworte: IC-Technlogie, Abstimmbarkeit).

Eine weitere bedeutende Einschränkung der meisten Programme besteht darin, dass der Filter- entwurf nur nach dem Prinzip der Kaskadensynthese möglich ist. Gerade bei erhöhten Anfor- derungen an Selektivität, Stabilität und Genauigkeit haben aber die Verfahren mit aktiver Nachbildung passiver *RLC*-Netzwerke – aktive Induktivitäten, FDNR-Technik, Leapfrog- Strukturen – deutliche Vorteile (Abschn. 4.7).

Weitere Unterschiede gibt es beim maximal möglichen Filtergrad und bei der Formulierung der Anforderungen an das Filter – entweder über Dämpfungswerte (Toleranzschema) oder über eine Vorgabe von Filtergrad und Durchlassgrenze. In beiden Fällen ist dann anschließend die gewünschte Charakteristik (Approximation) aus den jeweils angebotenen Varianten aus- zuwählen.

Generell ist vor einer unkritischen Übernahme der von den Programmen vorgeschlagenen Lösungen zu warnen. Um für bestimmte Anforderungen ein „optimales" Filter zu finden, sind oft zusätzliche Randbedingungen und Einschränkungen zu beachten, die das Programm nicht berücksichtigen kann. So wird die Entscheidung für oder gegen eine bestimmte Schaltung z. B. auch davon abhängen, in welcher Technologie (diskret, Platine, IC) und in welcher Stückzahl das Filter hergestellt werden soll. Im Hinblick auf mobile Anwendungen kann auch der Aspekt des Leistungsverbrauchs oder der Spannungsversorgung (einfach/symmetrisch) ein wichtiges Kriterium bei der Wahl der Schaltung und des Verstärkertyps sein, s. dazu auch Abschn. 4.8.

Es folgt eine Übersicht über PC-Programme für Entwurf und Dimensionierung von Filter-schaltungen, die als kostenfreie Versionen über das Internet zu beziehen sind:

AADE Filter Design (Version 4.42), Almost All Digital Electronics, www.aade.com,
Freeware, nur für passive Strukturen;

AktivFilter (Version 3.0.4), SoftwareDidaktik, www.softwaredidaktik.de,
Demo-Version mit stark begrenztem Leistungsumfang;

FilterCAD (Version 3.0), Linear Technology, www.linear.com,
kein Filterentwurf möglich, Programm liefert Pol- und Nullstellendaten;

Filter Free 2009 (Version 6.1.5), NuhertzTechnologies, www.filter-solutions.com,
kostenfreie Version mit begrenztem Leistungsumfang;

Filterlab (Version 2.0), Microchip Technology Inc., www.microchip.com,
kostenfreie Software mit begrenzten Wahlmöglichkeiten;

FilterPro (Version 2.0), Texas Instruments Inc., www.ti.com,
kostenfreie Software mit begrenzten Wahlmöglichkeiten;

FilterWizPro (Version 4.31), Schematica Software, www.schematica.com,
Demo-Version (ohne Angabe von Widerstandswerten);

Maxim Filter Design Software, Maxim Integrated Products, www.maxim-IC.com,
kein Filterentwurf möglich, Programm liefert Pol- und Nullstellendaten;

Micro-Cap Evaluation (Version 9.06), Spectrum Software, spectrum-soft.com,
Programm zur Schaltungsanalyse (Demo-Version) mit Filter-Modul;

Multisim (Version 10.1), Interactive Image Technologies, www.electronicsworkbench.com,
Programm zur Schaltungsanalyse (Demo-Version) mit Filter-Modul;

SuperSpice (Version 2.2.201), AnaSoft Ltd., www.anasoft.co.uk,
Programm zur Schaltungsanalyse (Demo-Version) mit separatem Filter-Modul.

(

Weitergehende Informationen zu Funktionsumfang, Leistungsfähigkeit und Leistungsgrenzen dieser Programmpakete sind in [4] zu finden.

5 Harmonische Oszillatoren

5.1 Was ist ein harmonischer Oszillator?

Harmonische Oszillatoren – manchmal auch als „linear" bezeichnet (dazu Abschn. 5.5) – sind elektronische Schaltungen, die ein sinusförmiges Spannungssignal mit konstanter Amplitude erzeugen können, ohne dass dazu ein Eingangssignal erforderlich ist. Das Funktionsprinzip eines harmonischen Oszillators kann durch zwei Modellvorstellungen veranschaulicht werden.

LC-Resonanzkreis

Wird ein *LC*-Resonanzkreis durch kurzzeitige Energiezufuhr (Spannungs- oder Stromimpuls) angeregt, findet ein wechselseitiger Energieaustausch in Form eines sinusförmigen Stromes zwischen Kondensator und Induktivität statt. Wegen unvermeidbarer Wirkleistungsverluste im Kreis nimmt die Amplitude dieser Schwingung kontinuierlich mit der Zeit ab. Neben dem frequenzbestimmenden passiven Netzwerk müssen *LC*-Oszillatoren deshalb ein Aktivelement zur Verlustkompensation enthalten, welches als negativer Widerstand wirkt und dabei dem Resonanzkreis Energie aus der Betriebsspannungsquelle zuführt.

Oszillator-Schaltungen, deren Funktionsprinzip auf diese Weise zu beschreiben ist, werden als „Zweipol-Oszillatoren" bezeichnet (dazu Abschn. 5.2).

Verstärker mit Rückkopplung

Eine andere Erklärung des Oszillatorprinzips basiert auf der Theorie der Rückkopplung (Abschn. 1.4) mit dem zugehörigen Rückkopplungsmodell, Bild 1.4. Die daraus abgeleitete Eingangs-Ausgangs-Beziehung, Gl. 1.10, wird hier noch einmal angegeben:

$$\frac{u_2}{u_1} = \frac{F_E(j\omega) \cdot v_0(j\omega)}{1 - F_R(j\omega) \cdot v_0(j\omega)} = \frac{F_E(j\omega) \cdot v_0(j\omega)}{1 - L_0(j\omega)}. \tag{5.1}$$

Für den Fall, dass eine Ausgangsspannung u_2 auch bei verschwindend kleinem Eingangssignal entstehen soll (u_1=0), folgt aus obiger Beziehung für die Schleifenverstärkung L_0 bei einer bestimmten Frequenz ω_0 die notwendige Bedingung $L_0(j\omega_0)$=1, vgl. dazu auch Abschn. 1.5.

Diese Bedingung ist auch anschaulich nachvollziehbar: Damit am Verstärkerausgang sich die Signalgröße u_2 selber reproduzieren kann, muss u_2 deshalb über ein passives Netzwerk F_R auf den Verstärkereingang rückgeführt werden und dabei ein Signal erzeugen, welches nach der Multiplikation mit dem Verstärkungswert v_0 wieder exakt die Ausgangsgröße u_2 ergibt. Diese Überlegung ist gleichbedeutend mit der Forderung, dass die Spannung u_2 auf dem Weg durch beide Übertragungsblöcke F_R und v_0 genau mit dem Verstärkungswert „1" beaufschlagt wird (also: $L_0(j\omega_0)$=1). Die Übertragungseigenschaften von F_R sollten dabei so gewählt werden, dass diese Bedingung nur für eine einzige Frequenz – die gewünschte Schwingfrequenz ω_0 – erfüllt werden kann. Der Rückkopplungsvierpol F_R muss deshalb als frequenzselektives Netzwerk (Filter) ausgelegt werden. Der Eingangsblock F_E in Bild 1.4 ist im freischwingenden Oszillatorbetrieb überflüssig und kann entfallen.

Für die aus einem Verstärker mit frequenzabhängigem Rückkopplungsnetzwerk aufgebauten Vierpol-Oszillatoren existieren zahlreiche Schaltungen, s. dazu Abschn. 5.12.

5.2   Wann schwingt der Zweipol-Oszillator?

Wie in Abschn. 5.1 angedeutet, werden Zweipol-Oszillatoren abgeleitet aus dem klassischen *LC*-Resonanzkreis, dessen Verluste durch eine Aktivschaltung kompensiert werden müssen. Aus dem dafür erforderlichen Maß an Entdämpfung des Kreises lässt sich eine Bedingung zur Selbsterregung ableiten (Schwingbedingung).

Ausgehend von einem *RLC*-Parallelkreis, dessen Verluste in einem Parallelwiderstand R_P konzentriert sind, kann die Verlustkompensation durch ein zusätzliches parallel liegendes Element mit einem negativen Eingangswiderstand $R_N = -|R_N|$ erfolgen, s. Bild 5.1.

Schwingbedingung

Wegen (vgl. Abschn. 2.2)

$$R_P \parallel (-|R_N|) = \frac{R_P \cdot (-|R_N|)}{R_P - |R_N|} \xrightarrow{R_P = |R_N|} \infty$$

lässt sich die Schwingbedingung für den Zweipol-Oszillator sofort angeben:

$$R_P = |R_N|. \qquad\qquad (5.2)$$

Schaltungsbeispiel

Eine Methode zur Erzeugung eines negativen Eingangswiderstandes mit einem OPV wurde in Abschn. 2.2 beschrieben (NIC, Bild 2.2). Daraus resultiert die Oszillatorschaltung in Bild 5.1. Das ursprünglich nur am Knoten A_0 verfügbare Oszillatorsignal kann jetzt – verstärkt um den Faktor $v=(1+R_R/R_0)$ – am niederohmigen OPV-Ausgang (Knoten A) abgenommen werden. (Hinweis: Die Berechnung von v resultiert aus dem Substitutionstheorem, Abschn. 1.17).

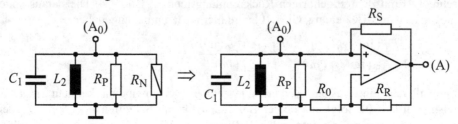

Bild 5.1   *RLC*-Parallelkreis mit Entdämpfung durch einen NIC

Mit dem in Abschn. 2.2 angegebenen Ausdruck für den NIC-Eingangswiderstand und mit der Schwingbedingung, Gl. (5.2), gilt dann die einfache Dimensionierungsvorschrift

$$R_P = |R_N| = \frac{R_S}{R_R} R_0 \quad \Rightarrow \quad \frac{R_P}{R_S} = \frac{R_0}{R_R}.$$

Interpretation als Vierpol-Oszillator

Interessanterweise kann die Funktion dieser Schaltung auch auf anderem Wege beschrieben werden. Dazu wird der Operationsverstärker mit den beiden Widerständen R_R und R_0 als eine nicht-invertierende Verstärkereinheit mit $v=1+R_R/R_0$ angesehen, deren Ausgangssignal über einen passiven Bandpass – gebildet aus R_S und dem $R_P L_2 C_1$-Resonanzkreis – auf den nicht-invertierenden OPV-Eingang rückgekoppelt wird.

Nur durch eine andere Interpretation der Schaltungsstruktur kann damit dieser Zweipol- in einen Vierpol-Oszillator überführt werden. Damit wird zugleich auch die zu Beginn von Abschn. 5.1 getroffene Aussage bestätigt, dass die Unterscheidung zwischen Zweipol- und Vierpol-Oszillatoren lediglich aus unterschiedlichen Modellvorstellungen resultiert. Beide Modelle können bei einer aktiven Nachbildung des entdämpfenden negativen Widerstandes ineinander überführt werden. Es ist also eine reine Frage der Zweckmäßigkeit und Anschaulichkeit, welches Modell zur Erklärung und zur Berechnung herangezogen wird; ein weiteres Beispiel zum Übergang vom Zweipol- auf den Vierpol-Oszillator enthält Abschn. 5.4.

Schaltungsmodifikation

Mit dem Ziel, eine schwingungsfähige aktive RC-Schaltung ohne Induktivitäten zu erzeugen, kann in einem zweiten Schritt die Parallelschaltung aus Induktivität L_2 und Verlustwiderstand R_P ersetzt werden durch einen weiteren Operationsverstärker zur Induktivitätsnachbildung. Dieser OPV arbeitet mit R_2 und C_2 als invertierender Integrator, dessen Ausgangsspannung mit steigender Frequenz abnimmt und so einen Strom mit induktivem Charakter durch den Widerstand R_1 treibt (Bild 5.2, linker Schaltungsteil).

Für diese Nachbildung einer Induktivität mit Parallel-Verlustwiderstand R_P gilt:

$$R_P = R_1 \| R_2 \quad \text{und} \quad L_2 = R_1 R_2 C_2 .$$

Die resultierende RC-Oszillatorschaltung mit zwei Operationsverstärkern zeigt Bild 5.2.

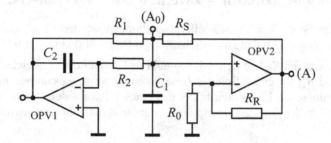

Bild 5.2 Zweipol-Oszillator mit aktiver Induktivitätsnachbildung

5.3 Wann schwingt der Vierpol-Oszillator?

Die aus dem Rückkopplungsmodell (Abschn. 1.4, Bild 1.4) abgeleiteten Oszillatorstrukturen bestehen aus zwei in einer geschlossenen Schleife zusammengeschalteten Einheiten – einem frequenzabhängigen Vierpolnetzwerk $\underline{F}_R(\mathrm{j}\omega)$ und einem Verstärker $\underline{v}_0(\mathrm{j}\omega)$. Wie bereits in Abschn. 5.1 angegeben, muss zur Aufrechterhaltung einer Schwingung mit der Kreisfrequenz ω_0 die folgende Schwingbedingung erfüllt sein:

$$\underline{v}_0 \cdot \underline{F}_R (s = \mathrm{j}\omega_0) = \underline{L}_0 (s = \mathrm{j}\omega_0) = 1 . \tag{5.3}$$

Die Größe $\underline{L}_0$ ist dabei die in Abschn. 1.4 definierte Schleifenverstärkung.

Diese Schwingbedingung, Gl. (5.3), entspricht der von *H. Barkhausen* vor mehr als 70 Jahren formulierten „Allgemeinen Selbsterregungsformel" für Oszillatoren (mit Röhrenverstärker) und wird nachfolgend im Hinblick auf ihre praktische Verwirklichung näher untersucht.

Mit Rücksicht auf die verbreitete Praxis, bei Vierpol-Oszillatoren Operationsverstärker als aktive Bausteine zu verwenden, wird das allgemeine Verstärkersymbol $\underline{v}_0$ in Gl. (5.3) durch den Verstärkungswert v eines gegengekoppelten OPV ersetzt. Um dabei eine eventuelle Vorzeichenumkehrung berücksichtigen zu können (invertierender Betrieb), wird zusätzlich ein Phasenwinkel φ_V explizit ausgewiesen.

Damit entsteht aus Gl. (5.3) die aus zwei Teilen (Betrag und Phase) bestehende Forderung:

$$\underline{L}_0(j\omega_0) = \left|\underline{F}_R(j\omega_0) \cdot v\right| \cdot e^{j\varphi_R} \cdot e^{j\varphi_V} = 1, \tag{5.4a}$$

$$\text{Betrag:} \quad \left|\underline{L}_0(j\omega_0)\right| = \left|\underline{F}_R(j\omega_0) \cdot v\right| = 1 \quad \Rightarrow \quad \left|\underline{F}_R(j\omega_0)\right| = \frac{1}{|v|}, \tag{5.4b}$$

$$\text{Phase:} \quad e^{j\varphi_R} e^{j\varphi_V} = 1 \quad \Rightarrow \quad \varphi_R + \varphi_V = \varphi_0 = 0. \tag{5.4c}$$

Damit eine einmal entstandene Schwingung erhalten bleiben kann, muss sowohl die Betragsbedingung, Gl. (5.4b), als auch die Phasenbedingung, Gl. (5.4c), bei $\omega = \omega_0$ exakt eingehalten werden. Außerdem ist bei der Dimensionierung sicherzustellen, dass ω der Oszillator zum Zeitpunkt $t=0$ sicher anschwingen kann. Die mit diesen Anforderungen verknüpfte Problematik bei der Schaltungsauslegung wird in Abschn. 5.5 diskutiert.

5.4 Der *Clapp*-Oszillator – Zweipol- oder Vierpol-Oszillator?

Eine der bekanntesten Transistor-Oszillatorschaltungen ist der *Clapp*-Oszillator, der in der Realisierung mit einem JFET in Drain-Schaltung in Bild 5.3(a) skizziert ist.

Der Source-Widerstand R_S legt den Arbeitspunkt fest, wobei ein vergleichsweise hochohmiger Gate-Widerstand R_G für ein definiertes Gate-Potential sorgt. Zusammen mit den am Source-Knoten angeschlossenen Elementen bildet die Induktivität L_S den Arbeitswiderstand für den JFET. Die Verluste der Schwingkreisspule L_1 werden durch den Serienwiderstand R_V berücksichtigt.

Weil eine Aufteilung der Schaltung in einen Verstärkerteil und einen frequenzbestimmenden Rückkopplungspfad nicht so ohne weiteres möglich erscheint, ist es zweckmäßig, für eine Schaltungsberechnung die Modellvorstellung des Zweipol-Oszillators heranzuziehen. Zu diesem Zweck muss zunächst der Schaltungsteil identifiziert und analysiert werden, der mit einem negativen Eingangswiderstand eine ausreichende Entdämpfung des Resonanzkreises bewirkt.

Modell: Zweipol-Oszillator mit Entdämpfung

Für eine Entdämpfung muss der negative Widerstand am oberen Knoten des Resonanzkreises wirksam sein. In dem zugehörigen HF-Ersatzschaltbild, Bild 5.3(b), wird deshalb der Eingangswiderstand $r_1 = u_1/i_1$ an der eingetragenen Trennungslinie ermittelt:

$$u_1 = u_{GS} + \frac{i_1 + i_D}{j\omega C_2} \quad \text{mit} \quad u_{GS} = \frac{i_1}{j\omega C_1} \quad \text{und} \quad i_D = g_m u_{GS},$$

$$\Rightarrow \quad r_1 = \frac{u_1}{i_1} = \frac{1}{j\omega \dfrac{C_1 C_2}{C_1 + C_2}} - \frac{g_m}{\omega^2 C_1 C_2} \quad \Rightarrow \quad r_1 = \frac{1}{j\omega C_{1,2}} - |r_N|.$$

Die Berechnung hat an der Schnittstelle also einen kapazitiven Eingangswiderstand mit einem negativ-reellen Anteil $-|r_N|$ ergeben, der in Reihe zur resultierenden Kapazität $C_{1,2}$ wirkt und ausreichend groß sein muss, um die Kreisverluste kompensieren zu können. Für eine genaue Kontrolle der Schwingbedingung nach Gl. 5.2 müssten sowohl R_V als auch r_N zuvor in zwei Ersatzwiderstände umgerechnet werden, die parallel zum resultierenden Resonanzkreis liegen. Es erscheint deshalb sinnvoll, die Schaltung alternativ als Vierpol-Oszillator zu betrachten.

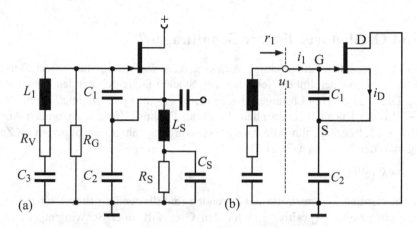

Bild 5.3 *Clapp*-Oszillator, Schaltbild (a) und HF-Ersatzschaltung (b)

Modell: Vierpol-Oszillator

Soll der *Clapp*-Oszillator als Vierpol-Oszillators interpretiert werden, muss vorher das Signal-ersatzschaltbild in Bild 5.4(a) durch Anwendung des Prinzips der „virtuellen Masse" in eine andere Form gebracht werden. Dabei wird lediglich der physikalisch „echte" Massepunkt aufgehoben und das Massepotential nunmehr dem Schaltungsknoten „S" (Source) zugeordnet. Auf diese Weise entsteht ein äquivalentes Ersatzschaltbild, Bild 5.4(b), in dem der Transistor nun in Source-Schaltung erscheint, an dessen Ausgang ein separates frequenzabhängiges Rückkopplungsnetzwerk angeschlossen ist.

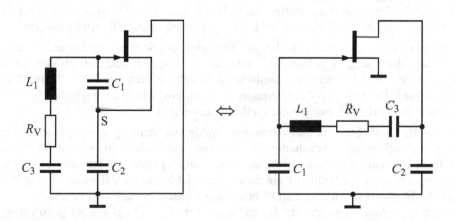

Bild 5.4 *Clapp*-Oszillator, HF-Ersatzschaltung (a) und äquivalente Source-Schaltung (b)

Damit ist diese Topologie des *Clapp*-Oszillators sehr viel übersichtlicher als das Original in Bild 5.4(a) und nun kann die Schleifenverstärkung L_0 zur Überprüfung der Schwingbedingung herangezogen werden. Falls der Verlauf von $\underline{L}_0(j\omega)$ durch Schaltungssimulation ermittelt wird, kann man alternativ zum JFET-Transistormodell mit Betriebsspannung und Widerständen zur Einstellung des Arbeitspunktes (R_S und R_G in Bild 5.3) auch eine spannungsgesteuerte Stromquelle mit der aktuellen Steilheit des JFET einsetzen.

5.5   Sind Oszillatoren lineare Schaltungen?

Die Systemtheorie enthält die wichtige Aussage, dass der Nenner der Systemfunktion $\underline{H}(s)$ stets identisch ist mit der linken Seite der zur System-DGL gehörenden charakteristischen Gleichung. Damit sind deren Lösungen (Eigenwerte) $s_N = \sigma_N \pm j\omega_N$ zugleich die Nullstellen des Nenners – also die Unendlichkeitsstellen (Pole) der Funktion $\underline{H}(s)$, s. dazu auch Abschn. 1.1. Wie in Abschn. 1.1 gezeigt, führt die Analyse schwingungsfähiger Schaltungen im Zeitbereich zu Lösungen in der Form nach Gl. (1.5):

$$u(t) = K \cdot e^{\sigma_N t} \sin \omega_N t .$$

Damit ist bei stabilen Systemen mit abklingenden (aufklingenden) Einschwingvorgängen der Realteil σ_N stets negativ (positiv) und für den Grenzfall einer Schwingung mit konstanter Amplitude muss $\sigma_N = 0$ sein. Diese Forderung entspricht der in Abschn. 5.2 formulierten Schwingbedingung für den Zweipol-Oszillator (Entdämpfung). Bei Vierpol-Oszillatoren kann die Oszillatorschaltung als Filter aufgefasst werden, bei dem eines der geerdeten Elemente den Signaleingang bildet. Die Eigenwerte des Systems bleiben dabei erhalten und entsprechen den Polen der zugehörigen Filter-Systemfunktion. Nach den Definitionen aus Abschn. 1.3 besitzt das System für $\sigma_N = 0$ dann ein Polpaar auf der Im-Achse der s-Ebene mit der Polgüte $Q_P \rightarrow \infty$.

Eine schwingungsfähige Schaltung kann also nur dann ein sinusförmiges Ausgangssignal konstanter Amplitude erzeugen, wenn für den Realteil der Eigenwerte (Dämpfungskonstante) $\sigma_N = 0$ gilt. Andernfalls kommt es entweder zu abklingenden ($\sigma_N < 0$) oder zu aufklingenden ($\sigma_N > 0$) Schwingungsformen. Für eine praktisch einsetzbare Oszillatorschaltung muss also die Schwingbedingung, Gl. (5.2) bzw. Gl. (5.3), exakt eingehalten werden. Diese Forderung kann jedoch – vor dem Hintergrund gestufter Werte für alle Bauelemente mit zusätzlichen Toleranzabweichungen – allein durch eine genaue Dimensionierung keinesfalls erfüllt werden.

Als zusätzliche Randbedingung muss bei der Auslegung der Schaltung außerdem sichergestellt werden, dass der Oszillator schnell und zuverlässig zum Zeitpunkt $t=0$ anschwingen kann (Einschalten der Betriebsspannung). Deshalb müssen die Eigenwerte bei $t=0$ zunächst einen leicht positiven Realteil ($\sigma_N > 0$) aufweisen, der bei anwachsender Schwingungsamplitude automatisch in den Bereich $\sigma_N \approx 0$ zurückgeführt werden muss.

Die Lösung dieses Problems besteht darin, dass ein von der Schwingungsamplitude abhängiger – also ein nichtlinearer – Schaltungsteil zusätzlich vorzusehen ist, dessen Verhalten den selbsttätigen Übergang vom Anschwingzustand (mit $\sigma_N > 0$) in den stationären Schwingzustand (mit $\sigma_N \approx 0$) ermöglicht. Allerdings kann für eine absolut konstante Schwingungsamplitude der theoretische Idealwert $\sigma_N = 0$ dauerhaft nicht erreicht werden; es stellt sich vielmehr ein Zustand ein, bei dem das Ausgangssignal um diesen Sollwert pendelt. Dabei kommt es zu einem ständigen Wechsel zwischen Anwachsen ($\sigma_N > 0$) und Abklingen der Schwingung ($\sigma_N < 0$).

Durch eine sorgfältige und durchdachte Dimensionierung kann die so verursachte Amplituden-
schwankung – d. h. die Welligkeit der Ausgangsamplitude – gering gehalten werden. Man
spricht in diesem Zusammenhang von „Amplitudenstabilisierung".

Damit kommt es also zu der paradoxen Situation, dass Oszillatorschaltungen für sinusförmige
Signale einerseits zwar möglichst linear arbeiten sollen, andererseits aber auch einen nichtlinearen Schaltungsteil enthalten müssen, um diese „Quasi-Linearität" überhaupt gewährleisten
zu können. Als Kompromiss sollte der Grad der Nichtlinearität dabei so gering wie möglich,
aber auch so groß wie nötig gewählt werden, um die gewünschte Funktion der Amplitudenkontrolle sowohl in der Anschwingphase als auch im stationären Schwingzustand sicherstellen
zu können, um Sättigungs- bzw. Begrenzungseffekte zu verhindern.

Die erweiterte Schwingbedingung

Die mit Gl. (5.2) bzw. Gl. (5.3) formulierten Bedingungen für die Schwingfähigkeit einer
Schaltung gelten zunächst nur für den eingeschwungenen Zustand und müssen im Hinblick auf
den Anschwingvorgang erweitert werden:

- Zweipol-Oszillatoren:

$$|R_N| \geq R_P \quad \text{(Serienschaltung beider Elemente)},$$
$$|R_N| \leq R_P \quad \text{(Parallelschaltung beider Elemente).}$$

(5.5a)

- Vierpol-Oszillatoren:

$$|\underline{L}_0(j\omega_0)| = |\underline{F}_R(j\omega_0) \cdot v| \geq 1 \quad \text{und} \quad \varphi_R + \varphi_V = \varphi_S = 0.$$

(5.5b)

In beiden Fällen gilt das Ungleichheitszeichen für kleine Ausgangsamplituden (Zeitpunkt $t=0$,
Anschwingphase) und das Gleichheitszeichen für den eingeschwungenen Zustand.

Als amplitudenabhängige Elemente haben sich Dioden, Heiß- und Kaltleiter, lichtabhängige
Widerstände, Feldeffekttransistoren und OTA-Bausteine bewährt. Das Wirkungsprinzip dieser
Elemente besteht darin, auf anwachsende Amplituden bzw. auf eine daraus abgeleitete Steuer-
spannung mit veränderter Strom-Spannungscharakteristik zu reagieren. Sie müssen mit der
Verstärkungseinheit so kombiniert werden, dass steigende Ausgangsamplituden zu sinkenden
Verstärkungswerten führen und umgekehrt.

5.6   Gibt es eine hinreichende Schwingbedingung?

Für die Klasse der Vierpol-Oszillatoren gibt es zwei Bedingungen, Gl. (5.4), die von der
Schleifenverstärkung erfüllt werden müssen, damit die rückgekoppelte Anordnung oszillieren
kann. Es muss aber betont werden, dass es sich bei dieser Formel um eine Voraussetzung zur
Schwingungserzeugung – also um eine *notwendige* Bedingung – handelt. Umgekehrt darf
keinesfalls daraus geschlossen werden, dass jede Schaltung, deren Schleifenverstärkung bei
einer bestimmten Frequenz ω_0 reell wird und den Wert $L_0(j\omega_0)=1$ hat, einen schwingungsfähigen
Oszillator darstellt. Die Formulierung für eine *hinreichende* Schwingbedingung ist in der
Fachliteratur nur schwerlich zu finden; sie lässt sich jedoch über die Umkehrung der Aussagen
zum Stabilitätskriterium nach *Nyquist* (Abschn. 1.9) relativ leicht ableiten.

In Abschn. 5.5 wurde darauf hingewiesen, dass die Pole der Systemfunktion $\underline{H}(s)=\underline{Z}(s)/\underline{N}(s)$
eines rückgekoppelten Systems, Abschn. 5.1, Gl. (5.1), den Nullstellen s_N der Nennerfunktion
$\underline{N}(s)=1-\underline{L}_0(s)$ entsprechen, woraus sich unmittelbar Gl. (5.4) ergeben hat.

Im eingeschwungenen Zustand mit konstanter Amplitude liegen diese Nullstellen idealerweise auf der imaginären Achse der komplexen s-Ebene (Realteil $\sigma_N=0$), müssen jedoch während der Anschwingphase (mit $\sigma_N>0$) einen geringen positiven Realteil aufweisen, vgl. Gl. (5.5b).

Sofern $\underline{N}(s)$ keine Pole in der rechten s-Halbebene besitzt, umläuft die Ortskurve $\underline{N}(j\omega)$ deshalb gemäß Umlaufkriterium, Abschn. 1.9, bei wachsender Frequenz den Koordinatenursprung im Uhrzeigersinn. In der $\underline{L}_0$-Ebene führt der Verlauf der Ortskurve für die Schleifenverstärkung $\underline{L}_0(j\omega)=1-\underline{N}(j\omega)$ darum ebenfalls im Uhrzeigersinn um den Punkt $L_0=+1$. Im eingeschwungenen Zustand wird die reelle Achse von der Ortskurve – in Übereinstimmung mit der notwendigen Schwingbedingung (*Barkhausen*-Formel) – dann für $\omega=\omega_0$ bei „+1" geschnitten.

Damit hat sich zu der Forderung $\underline{L}_0(j\omega_0)=1$ eine Zusatzbedingung ergeben – nämlich, dass der Punkt „+1" der $\underline{L}_0$-Ebene von der Ortskurve $\underline{L}_0(j\omega)$ bei steigender Frequenz in Richtung vom ersten zum vierten Quadranten („von oben nach unten") durchlaufen werden muss. Dabei wechseln Imaginärteil und Phasenwinkel der Schleifenverstärkung $\underline{L}_0$ das Vorzeichen.

Anschaulich formuliert: Die Phasenfunktion der Schleifenverstärkung muss bei $\omega=\omega_0$ eine negative Steigung haben. In Ergänzung der Formel von *Barkhausen*, Gl. (5.4), kann damit eine Schwingungsbedingung formuliert werden, die sowohl hinreichend als auch notwendig ist:

$$\left|\underline{L}_0(j\omega_0)\right|=1 \quad \text{und} \quad \varphi_0(\omega_0)=0 \quad \text{mit} \quad \left.\frac{d\varphi_0}{d\omega}\right|_{\omega=\omega_0} < 0. \tag{5.6}$$

Zur Erläuterung sind in Bild 5.5 vier Schleifenverstärkungen als Ortskurven dargestellt, die alle durch den „Schwingungspunkt" $L_0=+1$ laufen.

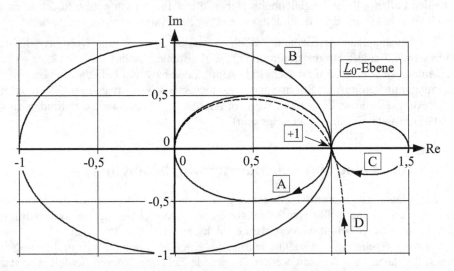

Bild 5.5 Ortskurven für vier Systeme mit Rückkopplung
(mit wachsender Frequenz in Pfeilrichtung)

Die beiden Kurven A und B gehören zu zwei klassischen RC-Rückkopplungsschaltungen (*Wien*- bzw. Allpass-Oszillator). Bei Vertauschung beider Teile des Wien-Zweiges, entsteht eine Bandsperrfunktion, die in Kombination mit einem Verstärker $v=+1,5$ die Kurve C ergibt. Die mit D gekennzeichnete Kurve gehört zu einer frei definierten Schleifenverstärkung $\underline{L}_0(s)=(1+s)/s\cdot(1-0,1\cdot s)$.

Die zu den beiden klassischen Oszillatoren gehörenden Ortskurven A und B schneiden die reelle Achse bei „+1" mit abnehmender Phasencharakteristik und erfüllen so das Kriterium nach Gl. (5.6). Die anderen beiden Funktionen (Kurven C und D) laufen ebenfalls durch den Punkt $L_0=+1$ – allerdings „von unten nach oben" mit positiver Steigung des Phasengangs. Damit ist der dritte Teil des Schwingungskriteriums, Gl. (5.6), nicht erfüllt.

Zur Überprüfung der Schwingfähigkeit rückgekoppelter Schaltungen ist es jedoch nicht notwendig, die Ortskurven der Schleifenverstärkung auszuwerten. Auch mit einer Kleinsignal-Wechselspannungsanalyse und getrennter Darstellung von Betrag und Phase kann geprüft werden, ob der Phasengang bei $\omega=\omega_0$ gemäß Gl. (5.6) eine negative Steigung aufweist.

5.7 Sinusform auch ohne Amplitudenstabilisierung?

Bei ausreichender Selektivität des frequenzbestimmenden Teils (Filter) der Oszillatorschaltung sind besondere Schaltungsmaßnahmen zur Amplitudenkontrolle (vgl. Abschn. 5.5) evtl. dann entbehrlich, wenn das Ausgangssignal direkt am Ausgang des Filters über einen zusätzlichen Entkopplungsverstärker abgenommen wird. Eine Stabilisierung erfolgt dann durch eine „harte" Begrenzung – verursacht durch die Aussteuerungsgrenzen des Verstärkers (Betriebsspannung). Die Bedämpfung der Oberwellen des Verstärker-Ausgangssignals (abgeschnittene Sinuswelle) durch das Filter – Tiefpass oder Bandpass (evtl. auch aktiv, vgl. Abschn. 5.12) – führt dann zu einer für viele Anwendungen qualitativ ausreichend guten Sinusform des Oszillatorsignals.

Über eine ganz spezielle Art der Amplitudenkontrolle verfügt eine Anordnung, die aus einer geschlossenen Schleife mit zwei integrierenden Stufen besteht. Die besonderen Eigenschaften dieses Oszillators werden erstmalig hier ausführlich beschrieben.

Doppel-Integrator-Oszillator (Quadratur-Oszillator)

Wird die klassische invertierende Integratorstufe (*Miller*-Integrator, Phasendrehung +90°) mit einer nicht-invertierenden Integratorschaltung (Phasendrehung –90°) in einer Schleife zusammengeschaltet, Bild 5.6, kompensieren sich die Phasendrehungen beider Stufen. Für die nicht-invertierende Stufe kann dabei ein *Miller*-Integrator mit zusätzlichem Inverter oder eine der beiden anderen Schaltungen aus Abschn. 3.18 (Bild 3.25) eingesetzt werden.

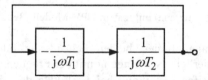

Bild 5.6 Doppel-Integrator-Oszillator, Blockschaltbild

Damit kann die Phasenbedingung aus Gl. (5.4c) zunächst als erfüllt angesehen werden und die vereinfachte Schwingbedingung führt zu der Schwingfrequenz f_0:

$$\underline{L}_0(j\omega_0) = -\frac{1}{j\omega_0 T_1} \cdot \frac{1}{j\omega_0 T_2} = \frac{1}{\omega_0{}^2 T_1 T_2} = 1,$$

$$\Rightarrow \quad f_0 = \frac{1}{2\pi\sqrt{T_1 T_2}} \xrightarrow{T_1=T_2=T} \frac{1}{2\pi T}.$$

(5.7)

Die Schleifenverstärkung $\underline{L}_0(j\omega)$ ist also immer reell und bestätigt so die Erwartung, dass die Schwingbedingung hinsichtlich der Phase für jede Frequenz erfüllt ist. Dieses gilt allerdings nur unter der Annahme idealisierter Eigenschaften für die Integratoren. Für reale Verstärker trifft das nur für den mittleren Frequenzbereich zu – und das auch nur näherungsweise, da eine Phasendrehung von exakt 90° nur bei einer einzigen Frequenz erreicht wird, die normalerweise nicht der gewünschten Schwingfrequenz entspricht. Die weitere Diskussion dieser Problematik erfolgt in Form eines konkreten Beispiels.

Beispiel

Das Simulationsergebnis eines *Miller*-Integrators (*Bode*-Diagramm) für ein realistisches OPV-Makromodell (LM741) mit der Zeitkonstante $T=RC=159{,}15$ μs ist in Bild 5.7 wiedergegeben. Die Durchtrittsfrequenz f_D mit einer Verstärkung von 0 dB ist identisch mit der gewünschten Schwingfrequenz $f_0=1/2\pi T=1$ kHz. Der Ausschnittsvergrößerung wird dazu der Phasenwinkel $\varphi=+89{,}9°$ entnommen. Ein entsprechend dimensionierter nicht-invertierender Integrator würde den gleichen Betragsverlauf und eine um 180° verschobene Phasenfunktion zeigen: $\varphi=-90{,}1°$ bei $f_0=1$ kHz. In beiden Fällen wird der Idealwert $\varphi=\pm90°$ nur bei $f_{90}\approx70$ Hz erreicht.

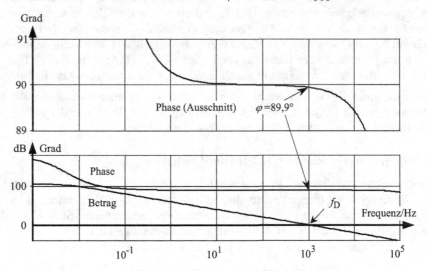

Bild 5.7 Integrator (invertierend) mit realem OPV-Modell, Betrags- und Phasenfunktion

Damit stellt sich nun die Frage, ob diese beiden nicht-idealen Integratoren in einer Schaltung wie in Bild 5.6 eine kontinuierliche Schwingung mit der Frequenz $f_0=1$ kHz erzeugen können, obwohl die Phase der Schleifenverstärkung bei $f_0=1$ kHz den Wert $\varphi_0=89{,}9°-90{,}1°=-0{,}2°$ annimmt, womit die Schwingbedingung als nicht erfüllt angesehen werden muss.

Zunächst ist festzuhalten, dass bei $f_{90}\approx70$ Hz (mit $\varphi_0=0°$) die Verstärkung jedes Integrators oberhalb von 0 dB liegt, womit zunächst ein sicheres Anschwingen bis zur Aussteuerungsgrenze gewährleistet ist (Selbsterregung). Sowohl auf experimentellem Wege als auch durch Simulationen ist nachzuweisen, dass sich dann ein stationärer Schwingungszustand bei $f_0=1$ kHz einstellt. Der Grund dafür ist die Tatsache, dass der oben erwähnte negative Phasenfehler von $\varphi_0=-0{,}2°$ kompensiert werden kann durch eine positive Phasenverschiebung gleicher Größe, die von beiden Integratoren durch nichtlineare Übersteuerungseffekte verursacht wird.

Es stellt sich also bei einer bestimmten Verstärker-Übersteuerung mit harter Begrenzung der Amplituden ein Gleichgewichtszustand ein zwischen dem systembedingten negativen Phasenfehler und der mit dem Übersteuerungsgrad ansteigenden positiven Phasenverschiebung.

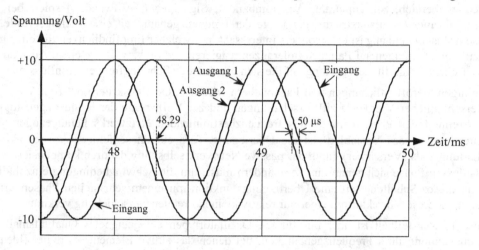

Bild 5.8 Integrator (invertierend), Ausgangssignal mit und ohne Übersteuerung

Dieser Effekt kann durch Schaltungssimulation sichtbar gemacht werden (Bild 5.8). Zu diesem Zweck werden zwei ansonsten identische invertierende Integratorschaltungen mit unterschiedlichen Versorgungsspannungen betrieben (±12 V bzw. ±6 V). Beide Einheiten erhalten das gleiche Eingangssignal mit der Frequenz f=1 kHz und einer Amplitude, die zur Übersteuerung des Verstärkers Nr. 2 mit der kleineren Versorgungsspannung führt. Ein Vergleich beider Ausgangssignale zeigt die mit der Übersteuerung verknüpfte Zeitverschiebung am Ausgang Nr. 2 (50 µs entsprechend etwa 18°). In der Oszillatorpraxis sind die Übersteuerungseffekte normalerweise aber geringer, da die zu kompensierenden Phasenabweichungen selten eine Grenze von etwa 5° übersteigen. So würde im vorliegenden Beispiel der negative Phasenfehler von nur –0,2° zu einer kaum erkennbaren Signalbegrenzung am Ausgang führen.

(

Es sei erwähnt, dass es sich bei der durch Übersteuerung verursachten Phasenverschiebung um einen in der einschlägigen Fachliteratur bisher kaum dokumentierten Effekt handelt, der ausschließlich bei Integratorschaltungen auftritt (weitere Erläuterungen dazu in Anhang A).

Die Oszillatorsignale an beiden Verstärkerausgängen sind in der Phase gegenseitig um 90° verschoben, woraus sich die ebenfalls gebräuchliche Bezeichnung „Quadratur-Oszillator" ableitet. Für gleiche Zeitkonstanten T_1=T_2 und gleiche Betriebsspannungen erreichen beide OPV-Einheiten die maximal mögliche Amplitude gleichzeitig und weisen deshalb auch die gleichen Begrenzungseffekte auf.

Gemäß Gl. (5.7) können beide Zeitkonstanten aber auch ungleich gewählt werden. Die beiden Stufen haben dann bei f_0 nicht mehr die gleiche Verstärkung – mit der Folge, dass bei unterschiedlichen Ausgangsamplituden nur die Stufe mit der größeren Verstärkung (kleinere Zeitkonstante) Begrenzungseffekte zeigt. Die andere Stufe liefert dann ein kleineres sinusförmiges Signal mit einer Qualität, die eine zusätzliche Amplitudenregelung zumeist überflüssig macht.

5.8 Gibt es ein allgemeines Qualitätskriterium für Oszillatoren?

Neben einer Reihe von technischen, operationellen und auch wirtschaftlichen Gesichtspunkten (Frequenzbereich, Signalqualität, Abstimmbarkeit, Signalpegel, Aufwand,...) spielt bei der Auswahl einer Oszillatorstruktur die Frage der Frequenzgenauigkeit eine wichtige Rolle. In diesem Zusammenhang ist es besonders interessant, mit welcher Empfindlichkeit die einzelnen Oszillatorschaltungen auf Parametertoleranzen reagieren und ob bzw. in welchem Ausmaß die vorzusehende Amplitudenregelung auf die sich einstellende Schwingfrequenz Einfluss nimmt.

In einigen Veröffentlichungen und Fachbüchern wird als „Qualitätskriterium" zum Vergleich unterschiedlicher Vierpol-Oszillatorschaltungen und zur Vorhersage der Frequenzgenauigkeit die Steilheit des Phasenverlaufs des frequenzbestimmenden Netzwerks herangezogen. Der Hintergrund dieses Vorschlags ist die Überlegung, dass ein Phasenfehler $+\Delta\varphi$ des aktiven Schaltungsteils (Verstärker) durch das passive Netzwerk selbsttätig dadurch kompensiert wird, dass dessen Phase sich genau um $-\Delta\varphi$ ändern muss, um die Schwingbedingung einzuhalten. Wenn dieses Schaltungsteil eine Übertragungsfunktion mit einem sehr steilen Phasenverlauf besitzt, ist diese Korrektur mit einer nur relativ kleinen Frequenzverschiebung verknüpft.

Diese Phasensteilheit ist aber nur für die Oszillatortypen ein geeignetes Qualitätsmaß zur Kennzeichnung ihrer Frequenzgenauigkeit, bei denen das aktive Element als reiner (idealer) Verstärker wirken soll und die Schwingfrequenz nicht von Schwankungen des Verstärkungswertes beeinflusst wird. Das gilt z. B. für die Oszillatoren, bei denen das frequenzbestimmende Netzwerk als Bandpass (*Wien*- und *Meissner*-Oszillator) oder als Bandsperre ausgebildet ist. Für alle anderen Oszillatorstrukturen ist die Phasensteilheit nur mit gewissen Einschränkungen (*RC*-Phasenschieberschaltungen) oder auch überhaupt nicht als Qualitätsmaß geeignet (z. B. Doppel-Integratorschleifen, Abschn. 5.7).

Diese Argumentation ist im Prinzip auch auf Zweipol-Oszillatoren anwendbar, bei denen das Aktivelement als entdämpfender negativer Widerstand wirkt und die für bestimmte Analysen auch als Vierpol-Oszillatoren interpretiert und dargestellt werden können (s. dazu auch Abschn. 5.2 und Abschn. 5.4).

Ein allgemein gültiges Qualitätskriterium für Oszillatoren muss die Verschiebung des bestimmenden Polpaares p_0 aufgrund von Ungenauigkeiten sowohl der passiven als auch der aktiven Elemente erfassen (Einfluss von Toleranzen und Nicht-Idealitäten). Ein geeignetes Mittel dafür ist eine Empfindlichkeitsziffer S, die den Einfluss von Abweichungen der Schleifenverstärkung $\underline{L}_0(j\omega)$ auf die Lage dieses Polpaares erfassen kann. In [21] wird gezeigt, dass diese Kenngröße einfach ermittelt werden kann über

$$S_{L_0}^{p_0} = -\cfrac{1}{\underline{S}_s^{L_0}\Big|_{s=j\omega_0}} \; . \tag{5.8}$$

Die im Nenner von Gl. (5.8) stehende Empfindlichkeit der Schleifenverstärkungsfunktion gegenüber der komplexen Frequenzvariablen s bei der Nominalschwingfrequenz ω_0 ist dann relativ einfach über die Bildung des Differentialquotienten zu berechnen. Als Ergebnis ergibt sich dafür im allgemeinen ein komplexer Ausdruck mit Real- und Imaginärteil [21]:

$$\underline{S}_s^{L_0}\Big|_{s=j\omega_0} = S_R + jS_\varphi. \tag{5.9}$$

Der Imaginärteil S_φ ist identisch zu der eingangs erwähnten Phasensteilheit; der Realteil S_R erfasst einen möglichen Einfluss von Verstärkungsänderungen auf die Lage des Pols.

Der Betrag dieser Empfindlichkeitsziffer kann dann als ein universelles Qualitätsmaß zum Vergleich verschiedener Oszillatoren herangezogen werden. Zudem können aus diesen Überlegungen auch noch wichtige Erkenntnisse hinsichtlich der Auslegung und Wirksamkeit von Schaltungszweigen zur Amplitudenkontrolle abgeleitet werden.

Eine Auswertung von Gl. (5.9) für einige Standard-Oszillatoren zeigt, dass beispielsweise der Realteil dieser Empfindlichkeitsziffer zu Null wird für den *Wien*- und den *Meissner*-Oszillator. Ein großer Imaginärteil ist dann identisch zu einer hohen Phasensteilheit und führt – wie zuvor bereits auf anschaulichen Wege für diese beiden Oszillatortypen festgestellt – mit Gl. (5.8) zu einer geringen Empfindlichkeit der Polstelle gegenüber Phasenabweichungen der Schleifenverstärkung. Eine wirksame Amplitudenstabilisierung ist durch eine Verstärkungsregelung wegen $S_R=0$ dann ohne Einfluss auf die Schwingfrequenz möglich.

Umgekehrt lässt sich für den Doppel-Integrator-Oszillator ein Imaginärteil $S_\varphi=0$ berechnen (S_R endlich), womit auch auf diesem Wege bestätigt wird, dass die Schwingfrequenz direkt von der Verstärkung innerhalb der Schleife abhängt. Eine Amplitudenstabilisierung könnte deshalb – sofern überhaupt erforderlich (vgl. Abschn. 5.7) – nur über eine Phasenregelung erfolgen.

Für den Fall, dass beide Anteile in Gl. (5.9) ungleich Null sind – wie es sich z. B. für den *RC*-Phasenschieber-Oszillator ergibt – würde eine Amplitudenstabilisierung durch Regelung des Verstärkungswertes gleichzeitig zu einer Verstimmung der Schwingfrequenz führen.

5.9 Was ist ein Ringoszillator?

Ringoszillatoren bestehen aus mehreren in einem Ring zusammengeschalteten invertierenden Verstärkern. Wegen der notwendigen Gleichspannungs-Gegenkopplung muss die Stufenzahl ungerade sein, so dass zur Erfüllung der Schwingbedingung mit einer Phasendrehung von insgesamt 360° mindestens drei Stufen erforderlich sind. In diesem Fall muss jede Stufe bei der gewünschten Schwingfrequenz ω_0 eine Phasendrehung von 60° erzeugen. Nach diesem Prinzip arbeiten auch die unter dem Namen „*RC*-Phasenschieber" bekannten Oszillatoren.

Es ist jedoch üblich, die Bezeichnung „Ringoszillator" nur für eine Kette aus einfachen invertierenden Transistorstufen zu verwenden. Aus Gründen der Last-Entkopplung zwischen den einzelnen Stufen kommen dafür nur Feldeffekttransistoren in Frage. Ringoszillatoren werden heute nahezu ausnahmslos als integrierte Schaltung auf der Basis von CMOS-Inverterstufen realisiert, Abschn. 2.8. Als Beispiel ist in Bild 5.9 das Prinzip eines einfachen Ringoszillators mit drei Inverterstufen skizziert.

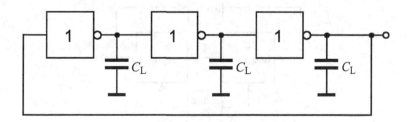

Bild 5.9 Ringoszillator mit drei CMOS-Invertern

Wegen der starken Übersteuerung jeder CMOS-Stufe ist eine direkte Berechnung der Schwingfrequenz über eine lineare Kleinsignal-Wechselspannungsanalyse nicht möglich. Stattdessen werden zur Abschätzung der Frequenz die zeitlichen Eigenschaften herangezogen (Verzögerungszeiten). Bei n gleichartigen Stufen gilt folgende einfache Näherung:

$$f_0 \approx \frac{1}{n \cdot 2t_V} \qquad (t_V: \text{Lauf- bzw. Verzögerungszeit je Stufe}). \tag{5.10}$$

Die mittlere Verzögerungszeit t_V ist im Datenblatt des Inverters angegeben – ist aber auch von externen Größen abhängig (Versorgungsspannung, Lastkapazität C_L). Der Faktor 2 berücksichtigt die Tatsache, dass der Ring zweimal für eine volle Periode durchlaufen werden muss. Der CMOS-Inverter vom Typ 74H04 zeigt in der Simulation bei einer Lastkapazität C_L=10 pF eine Verzögerungszeit $t_V \approx 7$ ns. Nach Gl. (5.10) ist dafür die Schwingfrequenz $f_0 \approx 23{,}8$ MHz. Eine Schaltungssimulation von Bild 5.9 führt auf f_0=24 MHz (Versorgungsspannung 5 V).

Die Ringoszillatoren gehören nicht zur Gruppe der harmonischen Oszillatoren; sie werden aber trotzdem in diesem Abschnitt angesprochen, weil sie auch in der Analogelektronik eine nicht unbedeutende Rolle spielen. Obwohl die Festlegung der Schwingfrequenz gemäß Gl. 5.10 nur relativ grob erfolgen kann (Toleranzen bei der Laufzeit, Einflüsse von Versorgungsspannung und Temperatur), wird der CMOS-Ring bevorzugt eingesetzt als gesteuerter Oszillator (VCO), dessen Frequenz in einer Regelschleife automatisch nachgeführt wird (PLL).

5.10 Welcher Oszillator für den milli-Hz-Bereich?

Aufbau und Dimensionierung von Aktivfiltern für Polfrequenzen unterhalb von 1 Hz wurden in Abschn. 4.23 behandelt. Die in diesem Zusammenhang erwähnten Anwendungsgebiete und die damit verknüpften Realisierungsprobleme gelten gleichermaßen auch für lineare Oszillatoren mit derartig geringen Schwingfrequenzen. Unabhängig von der gewählten Schaltung sind dafür Zeitkonstanten im unteren bis mittleren Sekundenbereich notwendig, die ungünstig große Werte für die passiven Bauteile erfordern, deren parasitäre Eigenschaften Abweichungen von den Systemvorgaben verursachen.

Eine interessante Lösung dieser Problematik besteht z. B. darin, einen Oszillator auf der Basis geschalteter Kapazitäten einzusetzen, mit dem relativ leicht Schwingfrequenzen im unteren mHz-Bereich erzeugt werden können. Die Umsetzung von der *RC*- in die SC-Technik und die Möglichkeiten zur Frequenzabstimmung/-steuerung gestalten sich besonders einfach und übersichtlich für alle Oszillatorschaltungen, die aus Integratorstufen aufgebaut sind (Abschn. 5.7).

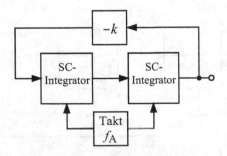

Bild 5.10 SC-Oszillator in Doppel-Integrator-Struktur

Es ist sinnvoll, dafür zwei gleichartige SC-Integratoren (Zeitkonstante T) nach dem Prinzip von Bild 4.7 zu verwenden. Wie im zugehörigen Blockschaltbild in Bild 5.10 angedeutet, muss die Schleife dann vorzeichenrichtig mit Invertierung ($-k$) geschlossen werden. Die Schwingfrequenz f_0 ergibt sich dann über Gl. (4.10) und Gl. (5.7) als Funktion des Parameters k und der Taktfrequenz (Abtastrate) f_A zu

$$f_0 = \frac{\sqrt{k}}{2\pi T} \quad \xrightarrow[\text{Gl.(4.10)}]{T=C_A/f_A C_E} \quad f_0 = f_A \cdot \frac{\sqrt{k}}{2\pi} \cdot \frac{C_E}{C_A} . \tag{5.11}$$

Beispiel

Es wird ein Oszillator in der Struktur nach Bild 5.10 mit zwei SC-Integratoren nach Bild 4.7 dimensioniert für die Schwingfrequenz f_0=0,005 Hz. Für eine Taktrate f_A=10 Hz und einen Faktor k=−0,01 erhält man über Gl. (5.11) dann ein Kapazitätsverhältnis von C_A/C_E=31,83, welches im nF- oder im pF-Bereich realisiert werden kann. Sowohl die Funktion der Schaltung als auch die Dimensionierung lassen sich durch Schaltungssimulation bestätigen.

Das Kapazitätsniveau kann frei gewählt werden, wobei allerdings folgendes zu beachten ist: Die Kapazitätswerte sollten einerseits groß sein, um den Einfluss parasitärer Entladungen gering zu halten, andererseits aber auch zusammen mit dem endlichen Durchgangswiderstand der Schalter eine ausreichend kleine Zeitkonstante bilden, um eine genaue Übernahme des Abtastwerts während der begrenzten Ladungsphase $T_A/2$ zu gewährleisten.

5.11 Was ist das Verfahren der „harmonischen Balance"?

Das unter der Bezeichnung „harmonische Balance" (harmonic balance) bekannt gewordene Verfahren ist eine Näherungsmethode, mit deren Hilfe nichtlineare Systeme der Regelungstechnik hinsichtlich ihrer Tendenz zu unerwünschten Grenzzyklen (Schwingungen) analysiert werden können. Oft handelt es sich dabei um ungewollte Nichtlinearitäten im Regelkreis – wie z. B. Übersteuerungseffekte mit und ohne Hysterese, die zu Eigenschwingungen führen und die mit linearen Analysemethoden nicht zu erfassen sind. Eine elegante und einfach zu handhabende Methode besteht darin, den Einfluss des nichtlinearen Systemteils auf sinusförmige Signale als „Beschreibungsfunktion" $B(a)$ (describing function) in Abhängigkeit vom Aussteuerungsparameter a mathematisch zu erfassen. Die Näherung besteht dann darin, die durch die Nichtlinearitäten verursachten Oberwellen zu vernachlässigen und das Systemverhalten nur für die Frequenz der Grundschwingung zu untersuchen. Voraussetzung für eine akzeptable Genauigkeit ist deshalb ein generelles Tiefpassverhalten der frequenzbestimmenden Teile des Regelkreises mit ausreichend guter Unterdrückung der Oberwellen.

Dieses Verfahren kann aber auch eingesetzt werden zur Analyse von Oszillatorschaltungen, bei denen es sich im Prinzip um rückgekoppelte Anordnungen handelt, deren Schwingungsamplitude durch eine gewollte Nichtlinearität konstant gehalten wird. Bei Oszillatoren erhält deshalb der eingesetzte Verstärker eine amplitudenabhängige Übertragungskennlinie – im einfachsten Fall wird die von der Versorgungsspannung bestimmte Begrenzung der Maximalamplitude ausgenutzt („harte" Begrenzung mit abgeschnittener Sinusform). Die zugehörige Beschreibungsfunktion $B(a)$ ist dann der Schlüssel zur Berechnung des Schwingungszustands. Zur Ermittlung der Funktion $B(a)$ muss der nichtlineare Teil des Systems zuvor vom linearen Teil separiert werden. Die Darstellung in Bild 5.11 gilt für den erwähnten Fall, dass die Nichtlinearität durch eine harte Begrenzung der Ausgangsspannung des Verstärkers entsteht.

Als Ausgangspunkt des Verfahrens wird für alle im Blockschaltbild angegebenen Spannungen ein sinusförmiger Verlauf mit der Frequenz f_0 vorausgesetzt. Da durch die Begrenzerfunktion des letzten Blocks zusätzliche Frequenzanteile bei Vielfachen von f_0 erzeugt werden, die dann im Filternetzwerk F_R wieder ausreichend unterdrückt werden müssen, repräsentiert die mit u_0 bezeichnete Limiter-Ausgangsspannung ausschließlich den Signalanteil bei der Grundfrequenz f_0. Damit befindet sich das Gesamtsystem im Zustand der „harmonischen Balance". Unter dieser Voraussetzung lässt sich aus Bild 5.11 direkt ablesen:

$$\underline{F}_R \cdot v = \frac{u_2}{u_0}, \quad B(a) = \frac{u_0}{u_2} \quad \Rightarrow \quad \underline{F}_R \cdot v \cdot B(a) = 1 \quad \text{(Gleichung der harmonischen Balance)}.$$

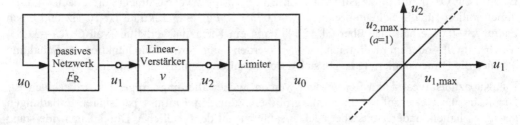

Bild 5.11 Oszillator-Blockschaltbild und Verstärkerkennlinie mit Begrenzung

Die Beschreibungsfunktion $B(a)$ ist also das Verhältnis zwischen den zur Frequenz f_0 (Grundwelle) gehörenden Spannungsverläufen am Ausgang und am Eingang des nichtlinearen Blocks (hier: Limiter) in Abhängigkeit vom Übersteuerungsgrad a. Für $a \leq 1$ ohne Begrenzerwirkung ist $B(a) = 1$. Für alle $a > 1$ lässt sich die Funktion $B(a)$ über die *Fourier*-Analyse der begrenzten Signalform berechnen und wird hier ohne Ableitung angegeben [22]:

$$B(a) = \frac{2}{\pi}\left[\arcsin\left(\frac{1}{a}\right) + \frac{1}{a} \cdot \sqrt{1 - \left(\frac{1}{a}\right)^2} \right] \quad \text{für} \quad a = \frac{u_1}{u_{1,\text{max}}} > 1. \tag{5.12}$$

Zur zahlenmäßigen Auswertung dient die graphische Darstellung in Bild 5.12.

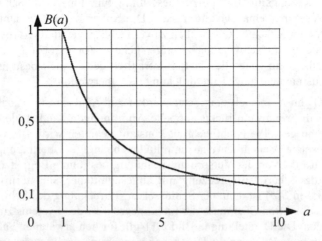

Bild 5.12 Beschreibungsfunktion $B(a)$ für harte Begrenzung; a=Übersteuerungsgrad

Im vorliegenden Beispiel mit einer Nichtlinearität, die nur durch Begrenzung der Verstärker-kennlinie hervorgerufen wird, ergibt sich eine reelle Beschreibungsfunktion. Bei anderen nichtlinearen Einflüssen (z. B. Hysterese) kann $B(a)$ auch komplexer Natur sein.

Beispiel

Es wird der *RC*-Phasenschieber-Oszillator untersucht mit einem frequenzbestimmenden Netz-werk $\underline{F}_R$, welches aus der Serienschaltung von drei gleichen *RC*-Gliedern besteht, die mit einem als Inverter arbeitenden OPV (Verstärkung $v=-R_F/R$) eine geschlossene Schleife bilden. Die Rückkopplungsfunktion des passiven Netzwerks lautet

$$\underline{F}_R(j\omega) = \frac{1}{4 + j\omega \cdot 10RC + (j\omega)^2 \cdot 6R^2C^2 + (j\omega)^3 R^3C^3}. \tag{5.13}$$

Wird der Imaginärteil des Nenners gleich Null gesetzt, wird diese Funktion reell und führt so auf die Schwingfrequenz ω_0. Aus der Bedingung $F_R(\omega=\omega_0)\cdot v_{ideal}=L_0(\omega=\omega_0)=1$ ergibt sich dann der zugehörige theoretische Verstärkungswert $v=v_{ideal}$. Auf diese Weise erhält man:

$$\omega_0 = \frac{\sqrt{10}}{RC}, \quad F_R(\omega=\omega_0) = F_{R,0} = -\frac{1}{56} \quad \Rightarrow \quad v_{ideal} = -\frac{R_F}{R} = -56. \tag{5.14}$$

Damit kann die Schaltung dimensioniert werden. Für ein sicheres Anschwingen und unter Berücksichtigung von Bauteiltoleranzen muss der aktuelle Verstärkungswert v_{real} größer als der berechnete Wert v_{ideal} gewählt werden. Die Folge davon ist eine kontinuierlich ansteigende Schwingungsamplitude, wodurch der Verstärker in die Sättigung getrieben wird und die zu-nächst sinusförmige Spannung u_2 am Ausgang des Operationsverstärkers hart begrenzt wird.

Allerdings kann am Ausgang des dreistufigen Filternetzwerks eine praktisch sinusförmige Spannung u_1 abgenommen werden, deren Amplitude über die Beschreibungsfunktion $B(a)$ des übersteuerten Verstärkers ermittelt werden kann. Zu diesem Zweck wird $B(a)$ durch die beiden Werte $F_R(\omega_0)=F_{R,0}$ und v_{real} ausgedrückt, vgl. Spannungsangaben in Bild 5.11:

$$\frac{u_0}{u_1} = \frac{1}{F_{R,0}}, \quad \frac{u_1}{u_2} = \frac{1}{v_{real}} \quad \Rightarrow \quad B(a) = \frac{u_0}{u_2} = \frac{1}{F_{R,0} \cdot v_{real}}.$$

Wird beispielsweise der aktuelle Verstärkungswert $v_{real}=-64$ gewählt, ergibt sich zusammen mit $F_{R,0}=-1/56$ daraus ein Zahlenwert für die Beschreibungsfunktion von $B(a)=56/64=0,875$. Eine genaue Auswertung der Beziehung nach Gl. (5.12) bzw. des zugehörigen Diagramms in Bild 5.12 führt zu dem Übersteuerungsgrad $a=1,29$. Bei einer maximalen Ausgangsspannung von z. B. ±10 V (Begrenzung) und der zugehörigen Eingangsamplitude $\hat{u}_{1,max}=10/56\approx0,179$ V erhält man dann am Ausgang von F_R die aktuelle Schwingungsamplitude:

$$\hat{u}_1 = a \cdot \hat{u}_{1,max} = 1,29 \cdot 0,179 \approx 0,23 \text{ V}.$$

Eine Schaltungssimulation bestätigt diese Abschätzung und führt auf $\hat{u}_1=0,202$ V.

Anmerkung. Das im obigen Beispiel auf den *RC*-Phasenschieber-Oszillator angewendete Verfahren zur Ermittlung des Schwingungszustandes bei Verstärkerübersteuerung würde beim *Wien*-Oszillator falsche Ergebnisse liefern. Grund dafür ist die überaus geringe Selektivität des *Wien*-Zweiges, der als Bandpass mit einer Güte von nur $Q=1/3$ wirkt. Damit kann die Voraus-setzung zur Anwendung dieser Methode – nämlich die Dominanz der Grundwelle mit einer ausreichend guten Dämpfung der Oberwellen – nicht erfüllt werden.

5.12 Was ist die beste Oszillatorschaltung?

Diese Frage ist nicht durch Nennung einer bestimmten Schaltung zu beantworten, denn – wie auch bei aktiven Filterschaltungen (Abschn. 4.8) – es gibt eine ganze Reihe von Kriterien, die bei der Auswahl der Schaltung eines harmonischen Oszillators in Betracht zu ziehen sind:

- Freie Wahl, Einstellung und Abstimmbarkeit der Schwingfrequenz (unabhängig von der Schwingbedingung),
- Amplitudenstabilisierung (Konzepte, Aufwand, Wirksamkeit),
- Ausgangssignal (Frequenzstabilität, Flexibilität, Amplitude, Signalqualität, Verzerrungen),
- Spannungsversorgung (symmetrisch, unsymmetrisch),
- Frequenzbereich (Verstärkertyp, Modellauswahl),
- Komplexität der Schaltung (Aufwand),
- Aktive Empfindlichkeiten (gegenüber nicht-idealen Verstärkereigenschaften),
- Passive Empfindlichkeiten (gegenüber Bauteiltoleranzen),
- Anzahl/Werte der passiven Elemente (Kosten, Verfügbarkeit, Normwerte),
- Möglichkeiten zur monolithischen Integration (Technologie).

Die oben gewählte Reihenfolge beinhaltet noch keinerlei Wertung, denn in der Praxis besteht immer die Aufgabe, den besten Kompromiss zur Erfüllung der fallspezifischen Anforderungen zu finden. Die Fachliteratur enthält zahlreiche Schaltungsvorschläge für lineare Oszillatoren auf der Basis von Einzeltransistoren oder integrierten Verstärkern [4], wobei für Frequenzen bis etwa 1 MHz heute zweifellos die Schaltungsstrukturen dominieren, bei denen Operationsverstärker oder auch OTAs (IC-Technologie) als aktive Elemente eingesetzt werden.

Die Zahl der möglichen Alternativen reduziert sich aber deutlich, wenn gefordert wird, dass die Schwingfrequenz – ohne Einfluss auf die Schwingbedingung und auf die Wirksamkeit der Amplitudenkontrolle – durch nur ein Bauelement eingestellt bzw. nachgestimmt werden kann. Zusätzlich besteht oft auch der Wunsch, dass die Schaltung wahlweise mit einfacher oder symmetrischer Spannungsversorgung zu betreiben ist. Diese Anforderungen können aber durch viele der klassischen Oszillatorschaltungen nicht oder nur sehr eingeschränkt erfüllt werden. Dieses gilt z. B. für die Oszillatoren mit *Wien*-Brücke, *RC*-Phasenschieber, Doppel-T-Glied, Allpass-Glied und mit Integratorstufen.

Zwei unkonventionelle und unter den genannten Aspekten attraktiv erscheinende Schaltungsstrukturen werden nachfolgend vorgestellt.

Oszillator mit aktivem Bandpass

Ein aktiver Bandpass wird zu einem Oszillator, wenn das konjugiert-komplexe Polpaar durch entsprechende Dimensionierung auf die imaginäre Achse der s-Ebene verlagert werden kann (Polgüte $Q_P\rightarrow\infty$). In den meisten Fällen ist die Variation der Polfrequenz dann aber ziemlich problematisch. Als einfaches Beispiel dafür sei der bekannte *Sallen-Key*-Bandpass erwähnt, der bei einer Verstärkung $v=4$ nur für die Dimensionierung $R_1=R_2$ und $C_1=C_2$ oszilliert.

Eine bessere Alternative besteht darin, das Ausgangssignal des Bandpasses über einen richtig dimensionierten Entkopplungsverstärker zur Einhaltung der Schwingbedingung, Gl. (5.4), auf den Eingang rückzukoppeln. Im Hinblick auf die geforderte Abstimmbarkeit sollte dafür ein Bandpass verwendet werden, dessen Mittenverstärkung bei der Variation der Mittenfrequenz erhalten bleibt. Bei der Schaltung in Bild 5.13 kommt die bekannte Struktur mit Zweifach-Gegenkopplung – ergänzt durch den Widerstand R_0 – zur Anwendung.

Die Auswertung von Zähler und Nenner der Bandpass-Systemfunktion [4] zu Bild 5.13

$$\underline{H}(s) = -\frac{s\,R_\mathrm{P}R_2C/R_1}{1+s\cdot 2R_\mathrm{P}C + s^2 R_\mathrm{P}R_2C^2} \quad \text{mit:} \quad R_\mathrm{P} = R_0\,\|\,R_1$$

zeigt, dass die Mittenverstärkung $A_\mathrm{M} = -R_2/2R_1$ ist. Für den Fall $A_\mathrm{M} = -1$ ist dann

$$\omega_\mathrm{M} = \frac{1}{R_1 C}\sqrt{\frac{R_0+R_1}{2R_0}} \quad \text{und} \quad Q = \frac{1}{2}\sqrt{\frac{R_2}{R_0}+2} \quad \text{für:} \quad A_\mathrm{M} = -1 \;\Rightarrow\; R_2 = 2R_1.$$

Für eine Schwingfrequenz $f_0 = 1$ kHz können beispielsweise folgende Bauteilwerte für den Oszillator verwendet werden: $R_1 = 8$ kΩ, $R_2 = 16$ kΩ, $R_0 = 160$ Ω, $C = 0{,}1$ µF und $R_\mathrm{A} = R_\mathrm{B} = 1$ kΩ .

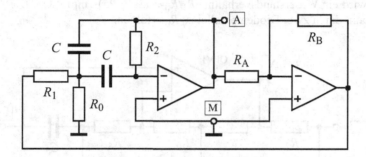

Bild 5.13   Oszillator mit Bandpass in Zweifach-Gegenkopplungsstruktur

Schaltungseigenschaften

Die Schwingfrequenz f_0 kann – ohne Beeinflussung der Schwingbedingung $A_\mathrm{M}\cdot v = 1$ – durch Variation eines einzigen Widerstandes (R_0) verändert werden. Da dieser Widerstand einseitig geerdet ist, kann auch eine elektronische Frequenzkontrolle (z. B. mit FET) auf einfache Weise implementiert werden. Ein weiterer Vorteil der Schaltung ist der wahlweise Betrieb mit symmetrischer oder unsymmetrischer Spannungsversorgung, weil der auf Massepotential liegende Knoten „M" ohne weitere Schaltungsänderungen zur Vorspannungserzeugung auch über einen Spannungsteiler an die halbe Betriebsspannung angeschlossen werden kann.

Eine einfache Amplitudenstabilisierung mit zwei antiparallelen Dioden im R_B-Zweig ist ausreichend, da dabei erzeugte Verzerrungen durch die Filterwirkung des Bandpasses deutlich reduziert werden (Filtergüte bei obiger Dimensionierung $Q \approx 5$). Am OPV-Ausgang „A" ist in diesem Fall ein für viele Anwendungen qualitativ akzeptables Sinussignal verfügbar.

Oszillator auf GIC-Basis (GIC-Resonator)

Besonders leistungsfähige Filterschaltungen nutzen das GIC-Prinzip (Generalized Impedance Converter, GIC) zur Erzeugung negativer Widerstände (FDNR) oder zur aktiven Induktivitäts-Nachbildung. Es erscheint deshalb vielversprechend, den GIC auch bei Oszillatorschaltungen einzusetzen. Ausgangspunkt ist ein LC-Parallelresonanzkreis mit einer GIC-Induktivität. Diese Anordnung ist nur dann in der Lage, kontinuierliche Schwingungen zu erzeugen, wenn die Verluste der Aktivschaltung und des Parallelkondensators C kompensiert werden. Zu diesem Zweck wird die klassische GIC-Struktur um einen Widerstand R_0 erweitert. Das Funktionsprinzip des resultierenden GIC-Resonators, Bild 5.14, ist ausführlich erläutert in [4].

Unter der Voraussetzung idealer Operationsverstärker kann die komplexe Eingangsimpedanz am Schaltungsknoten „E_1" berechnet werden:

$$\underline{Z}_{E1} = \frac{sC_5 R_2 R_4 R_6}{R_3} + \left(R_1 - R_0 \frac{R_2}{R_3} \right) = sL + R_N \,.$$

Dabei repräsentiert der erste Term eine reine Induktivität L; der reelle Anteil R_N besteht aus einer Differenz, die durch passende Widerstandswahl ein negatives Vorzeichen erhalten muss (Prinzip Zweipol-Oszillator, Abschn. 5.2). Für die einfache Dimensionierung mit drei gleichen Widerständen $R_2=R_3=R_4=R$ erhält man dann

$$L = C_5 R R_6 \quad \text{und} \quad R_N = R_1 - R_0 < 0 \quad (\text{für } R_0 > R_1).$$

Für die Praxis wird ein Widerstandsverhältnis $R_1/R_0 \approx (0{,}9...0.95)$ empfohlen. Die Amplituden-stabilisierung kann durch zwei Dioden parallel zu R_0 erfolgen.

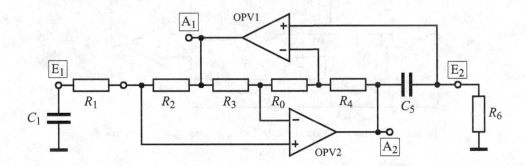

Bild 5.14 GIC-Resonator

Im stationären Zustand stellt sich die für den LC-Kreis charakteristische Schwingfrequenz ein:

$$f_0 = \frac{1}{2\pi\sqrt{LC_1}} = \frac{1}{2\pi\sqrt{C_1 C_5 R R_6}} \xrightarrow{\;C_1=C_5=C\;} \frac{1}{2\pi C \sqrt{R R_6}} \,.$$

Beispiel zur Dimensionierung für f_0=1 kHz:

$$R_2 = R_3 = R_4 = R = 1\,\text{k}\Omega\,, \quad C_1 = C_5 = C = 0{,}1\,\mu\text{F},$$
$$R_6 = 2{,}53\,\text{k}\Omega\,, \quad R_0 = 270\,\Omega\,, \quad R_1 = 250\,\Omega.$$

Schaltungseigenschaften

Diese Schaltung erlaubt ebenfalls das Durchstimmen der Frequenz durch Variation nur eines geerdeten Widerstandes (R_6), der zwecks elektronischer Abstimmung durch einen Feldeffekt-transistor ersetzt werden kann. Ohne Einsatz der oben erwähnten Stabilisierungsdioden tritt eine Begrenzung der aufklingenden Schwingungsamplitude nur bei einem der beiden Verstär-ker ein – und zwar für obige Dimensionierung am Ausgang A_1. Deshalb kann am anderen OPV bei A_2 trotzdem ein Sinussignal mit zumeist ausreichender Qualität erwartet werden.

Bei unsymmetrischer Versorgung mit nur einer Betriebsspannung U_B wird der Widerstand R_6 einfach ersetzt durch einen Spannungsteiler aus zwei gleichen Widerständen R_T doppelter Größe (R_T=$2R_6$) zwischen U_B und Masse.

6 Simulationstechnik

6.1 Wie wird die offene OPV-Verstärkung simuliert?

Moderne Programme zur Simulation elektronischer Schaltungen enthalten für eine Vielzahl von Operationsverstärkern (OPV) ausreichend genaue Makromodelle, mit denen das reale Verhalten des Verstärkerbausteins nachgebildet werden kann. Zur Überprüfung des Modells bezüglich der offenen frequenzabhängigen Verstärkung $\underline{v}_0(j\omega)$ wird eine Wechselspannungsanalyse (AC-Analyse) durchgeführt, wobei die Frequenz mit mindestens 10 Stützpunkten pro Dekade logarithmisch durchgestimmt werden sollte.

Da der Verstärker ohne Gegenkopplungszweig arbeitet, entsteht dabei eine Situation, die auch aus der Messpraxis am realen Baustein bekannt ist: Die Voraussetzung zur Ermittlung der Verstärkung – ein Arbeitspunkt im mittleren Teil der linearen Übertragungskennlinie – ist meistens nicht erfüllt, da die auch bei Makromodellen normalerweise berücksichtigte Offsetspannung den OPV übersteuert (Gleichspannungsverstärkung $10^5...10^6$). Als Folge davon „liegt" der Ausgang auf Betriebsspannung. Um den Verlauf der Verstärkung $\underline{v}_0(j\omega)$ dennoch simulieren zu können, gibt es zwei Möglichkeiten, die nachfolgend kurz beschrieben werden.

Kompensation der Offsetspannung

Da es nicht immer möglich ist, der Modellbeschreibung die Offset-Parameter direkt zu entnehmen, sollte der Wert der modellierten Offsetspannung durch eine separate DC-Simulation ermittelt werden. Dabei wird der invertierende OPV-Eingang geerdet und der nicht-invertierende Eingang wird mit einer Gleichspannungsquelle verbunden, die im Rahmen der Analyse über einen Bereich von z. B. $(-5...+5)$ mV durchgestimmt wird. Damit wird die zu erwartende Offsetspannung mit Sicherheit erfasst, wobei allerdings auf eine ausreichende Auflösung zu achten ist ($1\mu V$ oder kleiner). Die grafische Darstellung der Ausgangsspannung als Funktion der durchgestimmten Eingangsspannung ergibt dann die Übertragungskennlinie, deren steiler Anstieg im mittleren Bereich der Gleichspannungsverstärkung entspricht. Diese Kennlinie schneidet die horizontale Spannungsachse bei der Offsetspannung U_0.

Wenn bei der folgenden AC-Analyse der Eingangs-Wechselspannung (AC-Quelle) eine Gleichspannung dieser Größe U_0 überlagert wird, kann der Verstärkungsverlauf $\underline{v}_0(j\omega)$ nach Betrag und Phase problemlos simuliert und dargestellt werden.

Gleichspannungs-Gegenkopplung

Sofern man auf den exakten Verstärkungsverlauf unterhalb von etwa 1 Hz verzichtet, kann ein passender Arbeitspunkt durch einen Gegenkopplungswiderstand $R_G \approx (1...10)$ MΩ eingestellt werden. Diese 100%-ige Gegenkopplung muss durch einen Kondensator mit großer Kapazität ($C_0 \approx 10...100$ F) zwischen invertierendem Eingang und Masse auf den Bereich sehr kleiner Frequenzen beschränkt werden. Die AC-Analyse mit einer Signalquelle am p-Eingang ergibt dann den exakten Verstärkungsverlauf $\underline{v}_0(j\omega)$ weit genug oberhalb einer Grenzfrequenz

$$f_G = \frac{v_{00}}{2\pi \cdot R_G \cdot C_0} \xrightarrow[R_G=10^6 \ \Omega, \ C_0=100 \ \text{F}]{v_{00}=10^6} f_G \approx 1,5 \ \text{mHz}.$$

6.2   Wie überprüft man die Polverteilung bei Aktivfiltern?

Bei aktiven Filtern, die nach dem Prinzip der Kaskadensynthese aus einzelnen Stufen zweiten Grades aufgebaut sind, wird jede Stufe durch Vorgabe ihrer Poldaten (Polfrequenz ω_P und Polgüte Q_P) separat dimensioniert. Grundlage dafür ist die allgemeine biquadratische Übertragungsfunktion in ihrer Normalform, bei der die Poldaten im Nennerpolynom $\underline{N}(j\omega)$ erscheinen (vgl. dazu auch Abschn. 1.3 und Abschn. 4.12):

$$\underline{A}(j\omega) = \frac{\underline{Z}(j\omega)}{\underline{N}(j\omega)} = \frac{a_0 + a_1(j\omega) + a_2(j\omega)^2}{1 + \frac{1}{Q_P} \cdot \frac{j\omega}{\omega_P} + \left(\frac{j\omega}{\omega_P}\right)^2}. \tag{6.1}$$

Für die einzelne Filterstufe ergeben sich die Bauteilwerte durch einen Koeffizientenvergleich zwischen Gl. (6.1) und der zur aktuellen Schaltung gehörenden Übertragungsfunktion. Auf diese Weise erzeugte Dimensionierungsformeln sind für sehr viele Schaltungsvarianten in der einschlägigen Literatur verfügbar [4].

Die dimensionierte Schaltung wird in ihrem Übertragungsverhalten aber mehr oder weniger von den Vorgaben abweichen. Dafür gibt es mehrere Gründe: Bauteiltoleranzen, nicht-ideale Verstärkereigenschaften, parasitäre Schaltkapazitäten, etc. In diesem Zusammenhang sind Programme zur Schaltungssimulation eine wertvolle Hilfe, um das Ausmaß der Abweichungen abschätzen und die wesentlichen Einflussgrößen identifizieren zu können. Neben der durch die Zählerkoeffizienten in Gl. (6.1) festgelegten Grundverstärkung wird der spezielle Verlauf der Filterfunktion durch das konjugiert-komplexe Polpaar bzw. durch die zugehörigen Poldaten ω_P und Q_P bestimmt, deren Werte deshalb per Simulation überprüft werden sollten.

Bandpass

Beim Bandpass (mit $a_0=a_2=0$) ist die Polfrequenz identisch zur Mittenfrequenz ($\omega_P=\omega_0$) und die Polgüte identisch zur Kreisgüte ($Q_P=Q$), die über die 3-dB-Bandbreite definiert ist. Dabei beeinflusst Q_P auch den Phasenverlauf der Übertragungsfunktion, denn der Imaginärteil der Nennerfunktion $\underline{N}(j\omega)$ in Gl. (6.1) ist umgekehrt proportional zum Gütefaktor Q_P. Über den Differentialquotienten $d\varphi/d\omega$ erhält man dann einen einfachen formelmäßigen Zusammenhang zwischen der Steigung der Phasenfunktion an der Stelle $f=f_P$ und der Polgüte:

$$Q_P = -f_P \cdot \frac{\pi}{360} \cdot \left.\frac{d\varphi}{df}\right|_{f=f_P} \tag{6.2}$$

(Diese Formel berücksichtigt die Tatsache, dass bei der Simulation normalerweise die Phase in Grad angegeben ist und die Frequenzachse in Hz skaliert wird.)

Weil der Bandpass bei $f=f_P$ die größte Phasensteilheit aufweist, kann man sich als Ergebnis einer AC-Analyse die Funktion nach Gl. (6.2) vom Simulationsprogramm direkt darstellen lassen, wobei der Wert der Güte dann als Maximalwert bei $f=f_P$ abgelesen werden kann.

Tiefpass und Hochpass

Da die Unterscheidung zwischen Tief-, Band-, und Hochpass nur durch die Wahl der Zählerkoeffizienten in Gl. (6.1) erfolgt, gilt die Beziehung nach Gl. (6.2) auch für Tiefpässe (mit $a_1=a_2=0$) und Hochpässe (mit $a_0=a_1=0$). Bei der Auswertung der Simulationsergebnisse ist allerdings zu beachten, dass die Polgüte – anders als beim Bandpass – nicht beim Maximum der Funktion, sondern bei der aktuellen Polfrequenz f_P abgelesen werden muss.

Dabei ist die Polfrequenz f_P die Frequenz, bei der die Phasendrehung $-90°$ (beim Tiefpass) bzw. $+90°$ (beim Hochpass) beträgt. Diese Winkel ergeben sich aus Gl. (6.1) für den Fall $\omega = \omega_P$, wobei die Vorzeichen nur für nicht-invertierende Schaltungen gelten; für invertierende Filterstufen zweiten Grades gelten die umgekehrten Vorzeichen (Addition von 180°).

6.3 Kann SPICE mehr als Schaltungs-Analyse?

Die heute in vielen Programmversionen verfügbaren Simulationspakete auf der Basis des SPICE-Codes werden primär eingesetzt, um beim Entwurf elektronischer Schaltungen die Dimensionierung zu überprüfen und den Einfluss von Änderungen und Toleranzen einzelner Bauteile oder anderer Schaltungspapameter aufzuzeigen. Dabei handelt es sich im Prinzip um eine klassische Aufgabenstellung: Analyse einer dimensionierten Schaltung. Hier soll nun die weitergehende Fragestellung beantwortet werden, ob bzw. wie ein derartiges Programm auch eingesetzt werden kann zur Unterstützung sowohl beim Schaltungsentwurf als auch bei der Festlegung einzelner Bauteilwerte (Dimensionierung, Schaltungssynthese).

In begrenztem Umfang kann dieses beispielsweise schon die DC-Analyse leisten, sofern ein Bauelement (Widerstand) oder ein anderer Schaltungsparameter (z. B. Stromverstärkung eines Transistors) durchgestimmt wird, um den Einfluss auf die Strom- und Spannungsverteilung innerhalb der Schaltung zu ermitteln mit dem Ziel, einen bestimmten Zustand (Arbeitspunkt) schaltungsmäßig vorgeben zu können. Auch aus der Auswertung statistischer Analysen mit Parametervariation kann man einige Erkenntnisse zur Empfindlichkeit bestimmter Kenngrößen auf Änderungen einzelner Schaltungsteile ableiten.

Besonders leistungsfähige Simulationsprogramme verfügen für derartige Aufgabenstellungen über eine spezielle Optimierungsstrategie (Beispiel: „Optimizer" bei Orcad/PSpice), mit deren Hilfe ausgewählte Bauteile und/oder Modell-Kenngrößen gezielt so verändert werden, dass ein vorgegebenes Optimierungsziel (goal function) erreicht wird. Zu diesem Zweck startet das Programm automatisch eine Vielzahl von Simulationsläufen mit gezielt veränderten und auf ihre Wirkung hin kontinuierlich überprüften und angepassten Parametern. Dabei kann das Optimierungsziel eine bestimmte zahlenmäßig spezifizierte Größe sein (Leistungsverbrauch, Bandbreite, Phasendrehung,...) oder auch z. B. eine Übertragungsfunktion, die einer anderen Zielfunktion angenähert werden soll (curve fitting).

Ein interessantes Beispiel aus der aktiven Filtertechnik, bei dem das Programm sogar eine Modifikation der Schaltungsstruktur berechnet, soll die Leistungsfähigkeit und den Nutzen derartiger Optimierungsprogramme demonstrieren.

Beispiel

Ein Verfahren zum Entwurf aktiver Filter mit besonders geringen Empfindlichkeiten gegenüber Toleranzeinflüssen besteht darin, die einzelnen Elemente einer dimensionierten passiven *RLC*-Struktur durch Anwendung der *Bruton*-Transformation in andere Elemente zu überführen (Abschn. 4.16). Dabei gehen alle Widerstände in Kapazitäten, alle Induktivitäten in Widerstände und alle Kapazitäten in aktiv zu realisierende Impedanzkonverter über, die als FDNR beschaltet und betrieben werden, s. Abschn. 2.3. Die entsprechenden Zusammenhänge nach Gl. (4.6) werden hier noch einmal wiederholt:

$$R \rightarrow C^* = \frac{\tau_N}{R} \ , \quad L \rightarrow R^* = \frac{L}{\tau_N} \ , \quad C \rightarrow D^* = \tau_N C \ \text{(FDNR)}.$$

Dabei kann die das Impedanzniveau bestimmende Normierungsgröße τ_N unter praktischen Gesichtspunkten frei gewählt werden. Die elektronische Realisierung eines FDNR-Blocks erfordert zwei Operationsverstärker, vgl. Bild 2.4. Mit geringerem Aufwand kann allerdings die Parallelschaltung aus FDNR und einer Kapazität („verlustbehafteter" FDNR) durch nur einen OPV nachgebildet werden, vgl. Bild 2.3. Die zugehörige passive Referenzschaltung müsste in diesem Fall verlustbehaftete Kapazitäten (mit Parallelwiderstand R_P) enthalten. Eine derartige Struktur entspricht aber nicht der klassischen Kettenleiter-Topologie, deren Bauteilwerte in normierter Form über Tabellen oder Filtersoftware leicht zu ermitteln sind.

Im folgenden Beispiel wird gezeigt, wie das Teilprogramm „Optimizer" aus ORCAD/Pspice eingesetzt werden kann, um die Zahlenwerte der durch einen Parallelwiderstand erweiterten Struktur eines passiven RLC-Tiefpassfilters dritten Grades neu berechnen zu lassen [23].

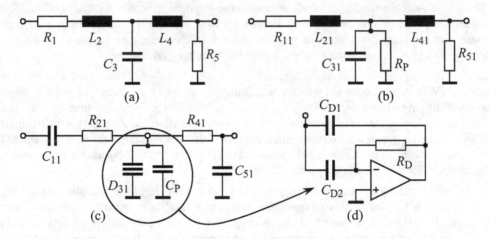

Bild 6.1   Tiefpass (n=3): Originalstruktur (a), Ergänzung durch R_P (b),
Bruton-transformierte Schaltung (c), Realisierung der Kombination $D_{31}\|C_P$ (d)

Vorgaben: Butterworth-Tiefpass, n=3, Grenzfrequenz f_G=1 kHz, Abschlusswiderstände 1 kΩ.

- Schritt 1: Ermittlung der Zahlenwerte für das passive Referenzfilter (Tabellen, Software), R_1=R_5=1 kΩ, L_2=L_4=159,03 mH, C_3=318,06 nF;

- Schritt 2: AC-Analyse (Übertragungsfunktion) der Referenzschaltung in Bild 6.1(a);

- Schritt 3: Abspeichern der Simulationsergebnisse (Betragswerte) als Tabelle;

- Schritt 4: AC-Analyse der durch R_P erweiterten Schaltung, Bild 6.1(b), mit Anwendung des „Optimizer"-Unterprogramms,
  – Ziel: Angleichung der Übertragungsfunktion an die Werte der Referenztabelle,
  – Ergebnis: Praktisch 100%-ige Übereinstimmung;

- Schritt 5: Übernahme der vom Programm nach Abschluss der Optimierung ermittelten Werte R_{11}=493,7 Ω, L_{21}=L_{41}=82 mH, C_{31}=624,56 nF, R_P=11,48 kΩ, R_{51}=520,1 Ω ;

- Schritt 6: Neue Schaltung nach Anwendung der *Bruton*-Transformation: Bild 6.1(c);

- Schritt 7: Realisierung der Kombination $D_{31}\|C_P$ durch die Aktivschaltung in Bild 6.1(d) mit Dimensionierung nach Gl. (2.3).

6.4 Falsch oder richtig?

Eine der Grundregeln beim Einsatz von Programmen zur Schaltungssimulation besagt, dass man den Ergebnissen nicht „blind" vertrauen darf, sondern diese unbedingt im Hinblick auf ihre Plausibilität überprüfen muss. Das bedeutet andererseits, dass man in der Lage sein sollte, das Ergebnis ungefähr vorhersagen zu können – also z. B. die von der Frequenz abhängige komplexe Verstärkung oder den Verlauf der Sprungantwort einer Schaltung. Die Simulation soll dann nur noch genauere Informationen liefern über Grenzfrequenzen, Einschwingzeiten, Phasendrehungen, etc.

Der Hintergrund für diese Empfehlungen zum kritischen Umgang mit Simulationsergebnissen ist die Tatsache, dass diese manchmal durchaus im Widerspruch zur Realität stehen können. In den meisten Fällen wird die Ursache in einem Fehler bei der Eingabe der Schaltung zu suchen sein: Fehlende oder falsch gepolte Versorgungsspannungen, falsche Bauteilwerte, fehlende oder fälschliche Verbindungen zwischen Knoten, etc. Natürlich ist es dann besonders wichtig, die Fehler rechtzeitig zu erkennen, um die Simulation korrekt durchzuführen und verwertbare Ergebnisse zu erhalten. Ein besonderes Problem in diesem Zusammenhang stellen jedoch Fehler oder Irrtümer dar, deren Auswirkungen nicht so ohne weiteres im Zuge der Schaltungssimulation aufgedeckt werden können.

Als typisches Beispiel dazu soll eine einfache Inverterschaltung mit Operationsverstärker untersucht werden, bei der irrtümlich beide OPV-Eingänge vertauscht wurden – der Rückkopplungszweig also auf den nicht-invertierenden Eingang geführt wird, s. Bild 6.2. Aus der Schaltungspraxis ist bekannt, dass diese Anordnung keinen stabilen Arbeitspunkt im linearen Bereich der Übertragungskennlinie finden kann und folglich nicht einsatzfähig ist. Es soll nun geprüft werden, ob und in welcher Form ein Simulationsprogramm auf diesen unzulässigen Betriebszustand mit Mitkopplung hinweisen kann.

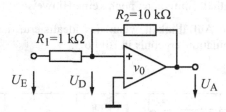

Bild 6.2 Operationsverstärker mit fehlerhafter Rückkopplungsbeschaltung

Das Eingangssignal U_E sei eine sinusförmige Spannung (Frequenz f=1 kHz, Amplitude 1 V) mit einem Gleichspannungsanteil von 100 mV. Bei allen Simulationen kommt sowohl ein idealisiertes Verstärkermodell mit konstanter und für alle Frequenzen gleicher Verstärkung v_0 als auch ein realistisches OPV-Makromodell (LM741/NS) zur Anwendung.

Arbeitspunkt (U_E=$U_{E,DC}$=100 mV, Gleichspannungsverstärkung v_{00}=10^5):

Überraschenderweise findet das Programm für beide Verstärkermodelle (ideal bzw. realistisch) einen stabilen Arbeitspunkt bei einer Ausgangsspannung von ca. –1 V, die bis auf eine kleine Differenz von 200 µV der Spannung gleicht, die sich auch bei einer korrekter Beschaltung (Gegenkopplung) eingestellt hätte. Damit liefert die Simulation noch keinen Hinweis auf eine irrtümliche Vertauschung der beiden OPV-Eingänge, die den Verstärker in der realen Praxis sofort in die Sättigung treiben würde.

Diese Tatsache lässt sich dadurch erklären, dass das Simulationsprogramm für die fehlerhafte Schaltung in Bild 6.2 eine widerspruchsfreie Strom- und Spannungsverteilung finden kann, die man auch auf dem Wege einer formalen Berechnung „von Hand" erhält (ohne gedankliche vorherige Berücksichtigung der Stabilitätsproblematik):

$$U_E - U_D = I_E R_1, \quad U_D - U_A = I_E R_2, \quad U_D = U_A / v_{00};$$

$$\Rightarrow \quad U_A = U_E \frac{R_2}{R_1 + R_2} \cdot \frac{v_{00}}{1 - \dfrac{R_1}{R_1 + R_2} v_{00}} = -0{,}1 \frac{10}{11} \cdot \frac{10^5}{1 - \dfrac{1}{11} 10^5} = -1{,}0001 \text{ V}.$$

(Kommentar: Natürlich ist es ein Widerspruch, dass trotz Ansteuerung des nicht-invertierenden Eingangs am Ausgang eine negative Spannung erscheint; es wurde aber eine irrtümliche Vertauschung vorausgesetzt, so dass dieser Widerspruch nicht auffällt.)

Gleichspannungs-Analyse

Auch das Ergebnis einer DC-Analyse gibt noch keinen Hinweis auf den Schaltungsfehler und es stellt sich der für den Gegenkopplungsfall erwartete Spannungsverlauf ein. Weil bei einer DC-Analyse nacheinander die gleichen Rechenschritte wie bei der Arbeitspunktfeststellung – nun aber für mehrere Werte von U_E – abgearbeitet werden, ergibt sich deshalb praktisch die gleiche Variation der Ausgangsspannung wie für die korrekte Beschaltung (Gegenkopplung). Dieses gilt wieder für beide Verstärkermodelle (ideal bzw. realistisch).

Wechselspannungs-Analyse (AC-Analyse)

Die AC-Analyse der Inverterschaltung aus Bild 6.2 unter Verwendung eines idealisierten OPV-Modells ist nicht besonders aussagekräftig, da die Schaltung keine frequenzabhängigen Elemente enthält. Der Verlauf von Betrag und Phase bei wachsender Frequenz ist konstant bei +20 dB bzw. −180° und enthält somit auch noch keine Hinweise auf einen Fehler.

Jedoch offenbart sich eine Auffälligkeit wenn das idealisierte durch das realistische OPV-Modell ersetzt wird, s. Simulationsergebnis in Bild 6.3.

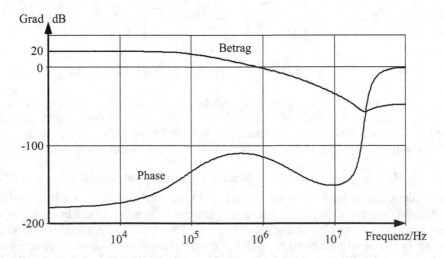

Bild 6.3   Verstärkungsverlauf (Betrag, Phase) zu Bild 6.2, OPV-Makromodell LM741/NS

Die Betragsfunktion zeigt den erwarteten Verlauf mit einer Maximalverstärkung von 20 dB. Der scheinbare Verstärkungsanstieg zwischen 10 MHz und 100 MHz wird verursacht durch einen parasitären Signalanteil, der über R_2 auf „direktem" Wege zum OPV-Ausgang gelangt und dort am Ausgangswiderstand des Verstärkermodells einen Spannungsabfall verursacht. Dieser Effekt würde genauso auch bei korrekter Gegenkopplungsbeschaltung auftreten.

Allerdings zeigt der trotz sinkender Verstärkung ansteigende Phasengang nicht den Verlauf, der von einem Kausalsystem mit Tiefpass-Charakter und der dargestellten Betragsfunktion zu erwarten ist. Damit wird dem Betrachter sofort signalisiert, dass das untersuchte System entweder zur Instabilität neigt oder – wie im vorliegenden Fall – grundsätzlich instabil ist.

Trotzdem beweist eine Nachberechnung der Phasenfunktion, dass das Programm – ausgehend von dem zuvor ermittelten (unrealistischen) Arbeitspunkt – grundsätzlich korrekt gerechnet hat. Mit einem vereinfachten Ansatz für $\underline{v}_0(j\omega)$ ergibt sich nämlich der ansteigende Phasenwinkel auch aus der allgemeinen Formel für mitgekoppelte Systeme, Gl. (1.10):

$$\frac{U_A}{U_E} = \frac{\underline{v}_0 \cdot F_E}{1 - \underline{v}_0 \cdot F_R} = \frac{F_E}{\frac{1}{\underline{v}_0} - F_R} = \frac{Z}{N(j\omega)} \quad \text{mit: } \underline{v}_0 \approx \frac{\omega_T}{j\omega} \ , \ F_E = \frac{R_2}{R_1 + R_2} \ , \ F_R = \frac{R_1}{R_1 + R_2} \ ;$$

$$\Rightarrow \quad \varphi = \varphi_Z - \varphi_N = 0 - \varphi_N = -\varphi_N = -\arctan\left(-\frac{\omega}{\omega_T \cdot H_R}\right) = \arctan\left(\frac{\omega}{\omega_T \cdot H_R}\right).$$

Transienten-Analyse

Die Transienten-Analyse der Schaltung in Bild 6.2 führt erwartungsgemäß zu einem um 180° verschobenen Sinussignal am Ausgang mit einer Amplitude von 10 V und liefert somit noch keinen Hinweis auf den Fehler – allerdings nur für den Fall des idealisierten OPV-Modells mit konstanter Verstärkung. Wird stattdessen das realistische Makromodell des Bausteins LM741 verwendet, verursachen die frequenzabhängigen Modellelemente Phasendrehungen bzw. Zeitverzögerungen, wodurch der mitgekoppelte Verstärker sich realitätsgetreu aufschaukelt und in die Sättigung getrieben wird. In diesem Fall zeigt die Simulation einen schnellen Anstieg der Ausgangsspannung mit der im OPV-Modell berücksichtigten Großsignal-Anstiegsrate auf den möglichen Maximalwert bis zur Begrenzung durch die Versorgungsspannung.

Zusammenfassung, Fazit

Das Beispiel hat gezeigt, dass Instabilitäten innerhalb eines Systems nur durch ganz bestimmte Simulationen aufgedeckt werden. In diesem Zusammenhang sind besonders die Analysen im Zeitbereich (Tran-Analyse) und im Frequenzbereich (AC-Analyse) zu nennen, wobei die letztgenannte Analyse nur durch Auswertung des Phasenverlauf einen Hinweis auf Instabilitäten – ansteigende Phase trotz sinkender Verstärkung – liefert. Keinesfalls darf deshalb allein aus einem „normalen" Betragsverlauf der Verstärkung auf Stabilität geschlossen werden.

Abschließend soll noch kurz auf die Fragestellung aus der Überschrift – Falsch oder richtig? – eingegangen werden. Wie die Nachrechnung im Absatz „Arbeitspunkt" gezeigt hat, macht das Simulationsprogramm keinen Fehler, wenn es bei einigen Analysen zu Ergebnissen kommt, die nicht der Schaltungspraxis entsprechen. Unter Idealbedingungen (kein Rauschen, absolut konstante Betriebsspannungen ohne Einschaltvorgang) würde sich nämlich ein mitgekoppelter Verstärker genauso verhalten wie es die Simulationen vorhersagen. Aus diesem Grunde liefert das Simulationsprogramm für das hier diskutierte Beispiel auch keine „falschen" Ergebnisse – diese entsprechen nur nicht immer den realistischen Randbedingungen in der Praxis.

6.5   Wie wird die Schleifenverstärkung simuliert?

Das dynamische Verhalten rückgekoppelter Systeme wird bestimmt durch die Schleifenver-stärkung $\underline{L}_0(j\omega)$, die im Nenner der Übertragungsfunktion erscheint und die Stabilitätseigen-schaften festlegt, s. Gl. (1.10). Als geeignetes Qualitätsmaß wird in diesem Zusammenhang die Stabilitätsreserve definiert (Phasen- bzw. Verstärkungsreserve), die über das *Nyquist*- oder das *Bode*-Diagramm ermittelt werden kann (Abschn. 1.6). Im Verlaufe des Schaltungsentwurfs kommt deshalb der Simulation der Schleifenverstärkung eine ganz besondere Bedeutung zu.

Analog zur Vorgehensweise bei ihrer Berechnung wird auch bei der Simulation der Schleifen-verstärkung die Rückkopplungsschleife geöffnet, um ein Testsignal einspeisen zu können mit dem Ziel, das Ausgangssignal am anderen Schnittufer nach Betrag und Phase zu bestimmen. Um aussagefähige Ergebnisse zu erhalten, ist allerdings unbedingt zu beachten, dass jedes Schaltungsteil auch weiterhin unter den Bedingungen der geschlossenen Schleife betrieben wird. Daraus ergeben sich zwei ganz spezielle Voraussetzungen, die eine korrekte Simulation der Schleifenverstärkung komplizieren:

1. Die Anfangsbedingungen innerhalb des Systems – also die Arbeitspunkte einzelner Teil-systeme – dürfen als Folge einer Schleifenöffnung nicht verändert werden;

2. Durch die Öffnung der Schleife verursachte Änderungen der Belastung an der Trennstelle müssen korrigiert werden, sofern ihr Einfluss nicht vernachlässigbar ist.

Diese Voraussetzungen können normalerweise nur dann automatisch erfüllt werden, wenn es sich um idealisierte Übertragungselemente handelt, wie beispielsweise bei block-orientierten Programmen zur Simulation regelungstechnischer Systeme. Bei der Simulation elektronischer Schaltungen hingegen sind zusätzlich bestimmte schaltungstechnische Ergänzungen notwendig zur Erfüllung der beiden oben genannten Bedingungen. Nachfolgend werden drei Verfahren beschrieben, die sich dafür in der Simulationspraxis bewährt haben.

6.5.1   *LC*-Kopplung

Dieses sehr einfache Verfahren arbeitet nicht fehlerfrei, da die oben genannte Voraussetzung Nr. 2 nicht erfüllt werden kann. Es sollte deshalb nur dann angewendet werden, wenn sich innerhalb der Schleife eine Trennstelle finden lässt, an der die Belastung durch abgetrennte Schaltungsteile vernachlässigbar ist – beispielsweise am niederohmigen Ausgang oder am hochohmigen Eingang eines Operationsverstärkers. Das Beispiel in Bild 6.4 verdeutlicht das Verfahren, bei dem die hohe Impedanz einer überdimensionierten Induktivität L_K (1...100 H) für alle interessierenden Signalfrequenzen praktisch eine Öffnung der Schleife darstellt, ohne dass die zur Einstellung und Stabilisierung des Arbeitspunktes notwendige Gleichspannungs-gegenkopplung dadurch aufgehoben wird. Das Testsignal u_x zur Simulation des Verlaufs der Schleifenverstärkung $\underline{L}_0(j\omega)=u_y/u_x=\underline{v}_0(j\omega)\cdot R_1/(R_1+R_2)$ muss dann über einen sehr großen Koppelkondensator C_K (1...100 F) eingespeist werden.

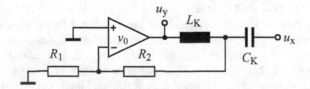

Bild 6.4 Simulation der Schleifenverstärkung ohne Lastkorrektur (*LC*-Methode)

6.5.2 Strom-Spannungs-Einspeisung

Dieses Verfahren mit Doppeleinspeisung (double injection technique) geht zurück auf einen bereits im Jahre 1975 veröffentlichten Vorschlag [24], der erst im Zusammenhang mit der PC-gestützten Berechnung elektronischer Schaltungen seine volle Bedeutung erlangt hat. Beide eingangs erwähnten Voraussetzungen für eine fehlerfreie Simulation der Schleifenverstärkung werden durch dieses Verfahren erfüllt.

Die erforderliche Auftrennung der Rückkopplungsschleife wird durch eine unabhängige Wechselspannungsquelle u_{xy} realisiert, die zwischen beide Schnittufer x bzw. y gelegt wird und auf diese Weise auch weiterhin eine Gleichspannungsgegenkopplung sicherstellt. Der Quotient aus den beiden auf Masse bezogenen Teilspannungen $L_u = u_y/u_x$ repräsentiert dann ein Teilergebnis, das allerdings noch nicht den Einfluss der Strombelastung an der Trennstelle x-y berücksichtigen kann. Zur Erfassung dieses Fehlers wird in einem weiteren Simulationslauf ein Wechselstrom i_{xy} in den nicht geöffneten Kreis eingespeist, der sich in zwei Teilströme aufteilt, deren Verhältnis L_i zur Korrektur herangezogen wird.

Zur grafischen Darstellung der korrekten Schleifenverstärkung als *Bode*-Diagramm müssen die beiden Teilergebnisse L_u bzw. L_i miteinander kombiniert werden können. Dafür existieren grundsätzlich drei Möglichkeiten:
- Zwei separate Simulationsläufe – jeweils mit unterschiedlicher Erregung (u_{xy} bzw. i_{xy}), Voraussetzung: Das Programm kann Ergebnisse aus zwei Simulationen kombinieren;
- Duplizierung der Schaltung zur gleichzeitigen Ermittlung der Teilergebnisse für L_u und L_i;
- Ohne Duplizierung der Schaltung: Zwei AC-Analysen mit Parameter-Variation zwecks aufeinanderfolgender Ermittlung von L_u und L_i, Voraussetzung: Das Programm kann Ergebnisse bei Parameter-Variation kombinieren.

Die letztgenannte Alternative mit Parameter-Variation (parameter stepping) führt zu einer Simulationsanordnung, die für das einfache Beispiel eines gegengekoppelten Operationsverstärkers mit komplexer Last $R_L \| C_L$ in Bild 6.5 dargestellt ist. Dabei muss der Parameter z nacheinander die Werte 0 und 1 annehmen – mit dem Ergebnis, dass bei der ersten Analyse die Spannungsquelle $u_{xy}=1$ V und bei der zweiten Analyse die Wechselstromquelle $i_{xy}=1$ A aktiviert wird. Die beiden Gleichspannungsquellen ($V_{ix}=V_{iy}=0$ V) dienen dabei lediglich der Erfassung der Teilströme i_x und i_y.

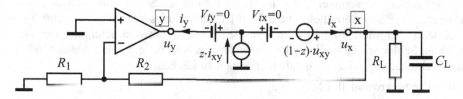

Bild 6.5 Simulationsanordnung für die Schleifenverstärkung (mit Variation $z=0$ bzw. 1)

Die beiden Teilfunktionen (hier in der für das Programm PSpice anzuwendenden Schreibweise mit dem Symbol @ zur Kennzeichnung der beiden Simulationsläufe) erhält man dann über

$$\underline{L}_u(j\omega) = \frac{V(y)@1}{V(x)@1} \quad \text{und} \quad \underline{L}_i(j\omega) = \frac{i(V_{iy})@2}{i(V_{ix})@2} . \tag{6.3}$$

Die Kombination beider Teilergebnisse von Gl. (6.3) nach der Formel

$$\underline{L}_0(j\omega) = \frac{1+\underline{L}_i(j\omega)\cdot\underline{L}_u(j\omega)}{2+\underline{L}_i(j\omega)-\underline{L}_u(j\omega)} \xrightarrow{\underline{L}_i\to\infty} \underline{L}_u(j\omega). \tag{6.4}$$

führt dann zu der gesuchten Funktion der Schleifenverstärkung [24] [25].

Diese Formel bestätigt noch einmal die weiter oben getroffene Feststellung, dass für den Fall einer Schleifenöffnung ohne merklichen Belastungsfehler ($\underline{L}_i\to\infty$ wegen $i_x=0$ und/oder $i_y\to\infty$) die Funktion $\underline{L}_0$ alleine durch die Spannungsfunktion $\underline{L}_u$ bestimmt wird. Aus dieser Erkenntnis resultiert die dritte Alternative zur Simulation der Schleifenverstärkung.

6.5.3 Spannungseinspeisung

Existiert innerhalb der Rückkopplungsschleife die Möglichkeit der Schleifenöffnung, ohne dass damit eine merkliche Änderung der Belastung an dieser Schnittstelle verbunden wäre, kann eine vereinfachte Version der im vorigen Abschnitt beschriebenen Simulationsanordnung eingesetzt werden.

Bei Schaltungen mit Operationsverstärkern kann das der Fall sein, wenn entweder die Eingangsimpedanz des invertierenden Eingangs sehr groß ist gegenüber der Impedanz des dort angeschlossenen Rückkopplungsnetzwerks, oder wenn die OPV-Ausgangsimpedanz gegenüber der Impedanz aus der Parallelschaltung des Rückkopplungszweiges und der externen Last vernachlässigbar ist. Dann können die beiden Null-Volt-Quellen V_{ix} und V_{iy} sowie die Stromquelle i_{xy} in Bild 6.5 entfallen und es verbleibt lediglich die Signalquelle u_{xy} zwischen beiden Schnittufern x und y. Gemäß Gl. (6.3) und Gl. (6.4) kann die Schleifenverstärkung dann mit ausreichender Genauigkeit durch den Ausdruck

$$\underline{L}_0(j\omega) \approx \underline{L}_u(j\omega) = \frac{V(y)}{V(x)}$$

angenähert werden.

6.5.4 Beispiel (Vergleich)

Es wird der Verlauf der Schleifenverstärkung für einen Operationsverstärker mit Widerstandsgegenkopplung und kapazitiver Belastung (Bild 6.5) durch Simulation nach den drei zuvor beschriebenen Verfahren ermittelt. Die beiden Rückkopplungswiderstände R_1 und R_2 werden dabei absichtlich niederohmig gewählt, um die durch Nichtberücksichtigung der Belastung verursachten Fehler bei Anwendung der Methoden aus Abschn. 6.5.1 und Abschn. 6.5.3 in der grafischen Darstellung, Bild 6.6, deutlich erkennen zu können.

– Verstärker-Makromodell: LM741/NS,

– Bauteile: R_1=100 Ω, R_2=400 Ω, R_L=1 kΩ, C_L=100 nF.

Auswertung (Bild 6.6). Die Unterschiede zwischen dem exakten (Kurve 2) und beiden fehlerbehafteten Verfahren (Kurven 1 und 3) zeigen sich besonders in dem Frequenzbereich, der für die Bestimmung der Stabilitätsreserven relevant ist. Der genaue Wert der Phasenreserve lässt sich aus Bild 6.6 bei der Durchtrittsfrequenz $f_D\approx$40 kHz mit φ_{PM}=17,2° ablesen (Kurve 2). Dagegen würden die beiden anderen Simulationen (Kurven 1 und 3) fälschlicherweise deutlich bessere Phasenreserven vortäuschen (etwa 85° bzw. 120°).

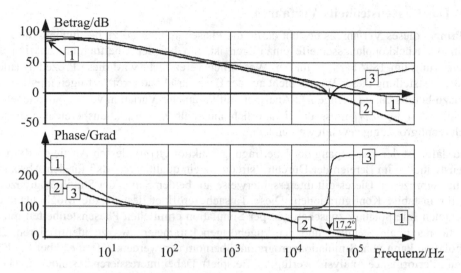

Bild 6.6 Schleifenverstärkung $\underline{L}_0(\mathrm{j}\omega)$, Simulationsergebnisse für drei beschriebene Verfahren; Kurve 1: *LC*-Kopplung, Kurve 2: Strom-Spannungs-Einspeisung (fehlerfrei), Kurve 3: Spannungseinspeisung.

6.6 Kann man die Phasenreserve direkt bestimmen?

Die klassische Methode zur Bestimmung der Phasenreserve eines rückgekoppelten Systems auf dem Wege der Schaltungssimulation besteht darin, den Verlauf der Schleifenverstärkung $\underline{L}_0(\mathrm{j}\omega)$ nach einem der in Abschn. 6.5 beschriebenen Verfahren zu ermitteln und als *Bode*-Diagramm darzustellen. Die Phasenreserve lässt sich dann direkt bei der Frequenz ablesen (Durchtrittsfrequenz f_D), bei der $|\underline{L}_0|=1$ ist, s. Abschn. 1.6. Wie in Abschn. 6.5 ausgeführt, kann eine fehlerfreie Simulation der Schleifenverstärkung aber relativ aufwendig sein (notwendige Schaltungsduplizierung oder Kombination zweier separater Simulationsläufe), so dass sich die Frage nach einer einfacheren Alternative stellt.

Nachfolgend wird deshalb erstmalig ein Verfahren beschrieben, mit dem die Phasenreserve direkt – d. h. ohne Umweg über die Schleifenverstärkung – auf dem Wege der Simulation zahlenmäßig exakt ermittelt werden kann. Dabei wird die Definition der Reserve unmittelbar in eine Simulationsanweisung umgesetzt:

> Die Phasenreserve φ_{PM} ist die Phasenverschiebung φ_Z, die zusätzlich in die Rückkopplungsschleife eingebracht werden muss, damit die Schleifenverstärkung bei der Frequenz f_D (mit $|\underline{L}_0|=1$) gerade eine Phasendrehung $\varphi_0=360°$ erreicht (Stabilitätsgrenze bei $\underline{L}_0=1$).

Das neue Verfahren nutzt die Tatsache, dass die Pole der Systemfunktion bei geschlossener Rückkopplungsschleife beim Übergang vom stabilen in den instabilen Zustand von der linken in die rechte *s*-Halbebene wandern – gleichbedeutend mit einem Wechsel der Phasenreserve von positiven zu negativen Werten.

Dieser Übergang zeigt sich besonders deutlich im Phasengang $\varphi(\omega)$ der Übertragungsfunktion $\underline{A}(\mathrm{j}\omega)$, der für eine Phasenreserve $\varphi_{PM}=0°$ bei der Durchtrittsfrequenz f_D einen Sprung um 180° aufweist (Vorzeichenwechsel der Phase).

6.6.1 Das Phasensteilheits-Verfahren

Das Prinzip dieses Verfahrens besteht darin, die Phasendrehung φ_Z zu bestimmen, die zusätzlich in die Rückkopplungsschleife einzufügen ist, um bei der Übertragungsfunktion einen Phasensprung um 180° herbeizuführen. Wesentlich vereinfacht wird diese Prozedur dadurch, dass die Feststellung dieses Wertes nicht auf der Basis „trial and error" erfolgen muss, sondern dass dazu bereits einige wenige AC-Analysen mit Parameter-Variation von φ_Z ausreichen. Der gesuchte Wert $\varphi_Z = \varphi_{PM}$ muss dabei natürlich innerhalb des Variationsbereichs liegen, der jedoch recht großzügig gewählt werden kann.

Grund dafür ist der Phasengang der Übertragungsfunktion $\underline{A}(j\omega)$, dessen Anstieg – das ist die Phasensteilheit – im Bereich der Durchtrittsfrequenz ein qualitatives Maß für den Abstand zur Stabilitätsgrenze ist. Dieses gilt interessanterweise auf beiden Seiten der Stabilitätsgrenze, also auch für instabile Konfigurationen. Diese Tatsache eröffnet deshalb die Möglichkeit einer gewichteten Interpolation zwischen den per Simulation ermittelten Phasensteilheiten mit dem Ziel, die maximale Steigung und den zugehörigen Parameter φ_{PM} zu identifizieren. Diese Interpolation kann vom Simulationsprogramm übernommen werden, sofern es über die Fähigkeit zur „Performance Analysis" verfügt (s. Beispiel). Dabei interessieren besonders die beiden Werte der Phasensteilheit, zwischen denen ein Vorzeichenwechsel stattfindet. Das gesuchte Ergebnis liegt dann dazwischen – und zwar beim Null-Durchgang der Interpolationskurve.

Der zusätzliche Übertragungsblock $\underline{H}_Z$ mit der Verstärkung $A_Z = 1$ und einer vorzugebenden konstanten Phasendrehung φ_Z sollte – ähnlich wie in Abschn. 6.5.3 erläutert – nach Möglichkeit in die Rückkopplungsschleife eingefügt werden, ohne dass dadurch an der Schnittstelle eine merkliche Änderung der Belastung eintritt. Andernfalls kann die abgetrennte Last aber durch eine einfache und universelle Methode nachgebildet werden (s. Abschn. 6.6.2).

6.6.2 Beispiel

Es soll die Phasenreserve des rückgekoppelten Verstärkers aus Abschn. 6.5 (Bild 6.5) ermittelt werden. Zu diesem Zweck wird ein Übertragungsblock $\underline{H}_Z$ in die Schleife eingefügt, Bild 6.7. Die dadurch vom OPV-Ausgang abgetrennte Belastung (Rückkopplungspfad und Last $R_L \| C_L$) kann durch eine gesteuerte Stromquelle $\underline{G}_L$ nachgebildet werden.

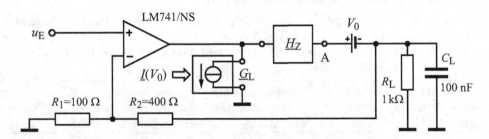

Bild 6.7 Simulationsanordnung für das Phasensteilheits-Verfahren (Beispiel)

Beide Funktionen – $\underline{H}_Z$ und $\underline{G}_L$ – können auf einfache Weise durch ABM–Modelle (Analog Behavioral Model) realisiert werden und sind hier in PSpice-Notation angegeben:

$$\underline{H}_Z(s) = \exp(-s/\text{abs}(s)*\text{phiz}*3.1416/180) \qquad \text{mit: phiz als Parameter},$$

$$\underline{G}_L(s) = \underline{I}(V_0)*\exp(s/\text{abs}(s)*\text{phiz}*3.1416/180) \qquad \text{mit: } s/\text{abs}(s) = j .$$

Anmerkung zur Lastnachbildung. Der durch die Null-Volt-Quelle V_0 fließende Strom liefert die Steuergröße für $\underline{G}_\mathrm{L}$, wobei die durch $\underline{H}_\mathrm{Z}$ verursachte Phasendrehung wieder kompensiert wird. Die hier angewendete einfache Methode zur Lastnachbildung ist nur deshalb erlaubt, weil – anders als bei den in Abschn. 6.5 behandelten Verfahren – kein Testsignal in die Schleife eingespeist wird. Da der Phasengang der Übertragungsfunktion $\underline{A}(\mathrm{j}\omega)$ des geschlossenen Kreises auszuwerten ist, wird die Schaltung lediglich mit der Eingangsspannung u_E erregt.

Simulation

Zur Ermittlung der Phasenreserve werden für die Anordnung nach Bild 6.7 fünf AC-Analysen durchgeführt, wobei für den veränderlichen Parameter „phiz" die folgenden Werte gewählt werden: 10°, 20°, 30°, 40° und 50°. Als Ergebnis sind in Bild 6.8 die fünf Phasenfunktionen am Messpunkt „A" dargestellt. Weil der Anstieg der Kurven ausgewertet werden muss, wird die Frequenz linear durchgestimmt.

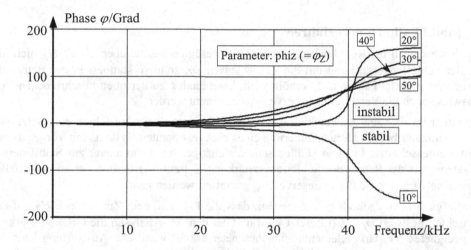

Bild 6.8   Phasenverlauf der Schaltung in Bild 6.7 (Messpunkt A) mit φ_Z als Parameter

Auswertung. Der gesuchte Wert φ_PM liegt zwischen 10° (stabil) und 20° (instabil); aus dem Vergleich der Steigungen beider Kurven folgt außerdem, dass φ_PM näher am größeren der beiden Werte – also oberhalb von 15° – liegen wird. Die daraus folgende erste Schätzung liegt mit $\varphi_\mathrm{PM}\approx17{,}5°$ bereits relativ dicht an dem in Abschn. 6.5.4 ermittelten Wert $\varphi_\mathrm{PM}=17{,}2°$. In den meisten Fällen kann so aus nur wenigen Simulationen eine ausreichend genaue Angabe zur Phasenreserve abgeleitet werden.

Interpolation. Über eine gewichtete Interpolation zwischen den beiden Kurven maximaler bzw. minimaler (negativer) Steigung ist eine exakte Ermittlung möglich. Dazu wird für jeden der φ_Z-Werte der Kehrwert aus der Summe dieser Extremwerte gebildet. Der Nulldurchgang der Verbindungskurve „M" durch diese Stützstellen liefert die gesuchte Phaseninformation (Ableitungen dazu in Anhang B). Verfügt das Simulationsprogramm über die Möglichkeit der „Performance Analysis", kann zur grafischen Ermittlung der Phasenreserve folgendes Makro verwendet werden (angegeben in Pspice/Probe-Notation für die Phase am Ausgangsknoten A):

Makro: M=1/(MAX(d(P(V(A))))+MIN(d(P(V(A))))) .

Als Ergebnis der „Performance Analysis" erhält man die Interpolationskurve „M" in Bild 6.9 mit dem Null-Durchgang bei einem Phasenwinkel φ_Z, der identisch ist mit der zuvor in Abschn. 6.5.4 ermittelten korrekten Phasenreserve $\varphi_{PM}=17{,}2°$.

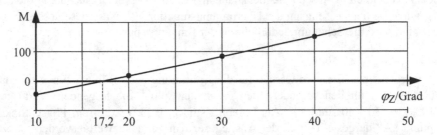

Bild 6.9   Interpolationskurve zu Bild 6.8 (Auswertung der Anstiegs-Extremwerte)

6.6.3 Modifikation des Verfahrens

Wenn durch den in die Rückkopplungsschleife eingefügten zusätzlichen Block H_Z nicht die Phase der Schleifenverstärkung um die Zusatzphasen φ_Z, sondern stattdessen der Betrag um entsprechend gestufte Faktoren A_Z erhöht wird, kann analog zu der oben beschriebenen Vorgehensweise auch die Verstärkungsreserve A_{GM} bestimmt werden.

Interessanter ist aber eine Anwendung, bei der das Phasensteilheits-Verfahren eingesetzt wird zur Unterstützung bei der Dimensionierung eines rückgekoppelten Systems mit vorgegebenen Stabilitätseigenschaften. In vielen Fällen steht als einziger freier Parameter zur Stabilisierung des Systems nur der Betrag der Schleifenverstärkung $|L_0|$ zur Verfügung, der so einzustellen ist, dass eine vorgegebene Phasenreserve φ_{PM} garantiert werden kann.

Diese Aufgabe kann dadurch gelöst werden, dass die Phase in dem Zusatzblock $\underline{H}_Z$ auf den gewünschten Festwert $\varphi_Z=\varphi_{PM}$ gesetzt wird und bei den AC-Analysen die Grundverstärkung eines geeigneten Verstärkerelements zum Parameter erklärt wird. Die Auswertung kann auf dem oben beschriebenen Weg erfolgen, wobei der Null-Durchgang der Interpolationskurve dann auf der Abszisse den erforderlichen Verstärkungswert liefert.

6.7   Phasenkompensation mit SPICE?

Es ist übliche Praxis, den Operationsverstärker (OPV) bei der Auslegung von Verstärker- und Filterschaltungen als ideale spannungsgesteuerte Spannungsquelle anzusetzen. Der Einfluss der dabei vernachlässigten Eingangs- und Ausgangsimpedanzen des Verstärkers auf die Übertragungseigenschaften der Gesamtschaltung kann bei einer sorgfältigen und durchdachten Dimensionierung der passiven Bauelemente im Rückkopplungskreis zumeist ausreichend klein gehalten werden.

Im Prinzip gilt das auch für die bei der Schaltungsberechnung als unendlich groß angesetzte offene OPV-Verstärkung $v_0(j\omega)$ – allerdings nur innerhalb eines nach oben begrenzten Frequenzbereichs. Bei wachsender Frequenz verursacht die kontinuierliche Abnahme der Verstärkung zunehmende Abweichungen von der gewünschten Funktion. Dabei sind es primär die vom Verstärker verursachten Phasendrehungen, auf die rückgekoppelte Schaltungen besonders empfindlich reagieren.

Um den zu hohen Frequenzen hin begrenzten Einsatzbereich der Schaltung zu erweitern, kann man den unerwünschten Abweichungen der Übertragungsfunktion dadurch entgegenwirken, dass das Rückkopplungsnetzwerk in geeigneter Weise durch eine *RC*-Kombination ergänzt wird („passive Phasenkompensation"). Für die Berechnung der Elemente dieses zusätzlichen Netzwerks muss natürlich die reale OPV-Verstärkungscharakteristik bekannt sein. Um den Formelumfang und den Berechnungsaufwand dafür in Grenzen zu halten, wird dabei die Verstärkungsfunktion $\underline{v}_0(j\omega)$ üblicherweise durch ein Modell mit nur einem Pol angenähert.

Nachfolgend wird ein verbessertes Verfahren beschrieben, bei dem das Simulationsprogramm PSpice eingesetzt wird, um dieses *RC*-Kompensationsglied zu berechnen – und zwar unter Berücksichtigung einer realitätsnahen Modellbeschreibung für den Operationsverstärker (incl. Verstärkungsfunktion, Ein- und Ausgangsimpedanz, Lasteinfluss).

Verfahren zur Korrektur von Übertragungsfunktionen (Phasenkompensation)

Das Prinzip des Verfahrens besteht darin, das Ausgangssignal u_{A1} einer idealen Schaltung (mit idealisiertem OPV-Modell) zu vergleichen mit dem Ausgangssignal u_{A2} der realen Schaltung (mit nicht-idealem OPV-Modell). Nach Verstärkung liefert die Signaldifferenz ein Korrektursignal, welches an geeigneter Stelle in die zu korrigierende Schaltung zwischen zwei Knoten X und Y eingespeist wird mit dem Ziel, diese Differenz zu verringern. Die weitere Beschreibung des Verfahrens orientiert sich an dem Blockschaltbild in Bild 6.10.

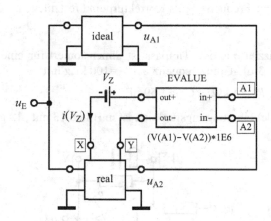

Bild 6.10 Simulationsanordnung zur Phasenkompensation, Prinzipdarstellung

Es handelt sich dabei um das aus der Regelungstechnik bekannte Grundprinzip, nach dem die Abweichung zwischen Ist- und Sollgröße durch eine hohe Schleifenverstärkung klein gehalten werden kann. Aus Betrag und Phasenlage des verstärkten Fehlersignals bei einer auszuwählenden Frequenz f_Z – bzw. aus dem zugehörigen Real- und Imaginärteil – kann das Korrekturnetzwerk über spezielle Formeln berechnet werden. Nach erfolgter Schaltungsmodifikation nimmt die reale Funktion an der Stelle $f=f_Z$ den Idealwert an, wobei auch der Gesamtverlauf der Funktion bei geeigneter Wahl dieser Frequenz sich dem Idealverlauf deutlich annähert.

Zur Phasenkompensation stehen grundsätzlich zwei Alternativen zur Auswahl:
- *RC*-Serienschaltung ,
- *RC*-Parallelschaltung .

Zur Ermittlung der Bauteilwerte wird empfohlen, die Berechnungsformeln zwecks Aufruf im Grafikprogramm als Makro zu definieren und abzuspeichern. Diese Formeln werden hier in Pspice/Probe-Notation angegeben (Ableitungen dazu in Anhang C) und beziehen sich auf die Spannungen an den Knoten X und Y bzw. den Strom in den Knoten X, s. Bild 6.10:

- Definitionen:

$$ur = R\big(V(Y) - V(X)\big) , \quad ui = IMG\big(V(Y) - V(X)\big) ,$$

$$ir = R\big(i(Vz)\big) , \quad ii = IMG\big(i(Vz)\big) .$$

- Korrektur mit RC-Serienschaltung:

$$RS = \big(ur * ir + ui * ii\big)\big/\big(ir * ir + ii * ii\big) ,$$

$$CS = \big(ir * ir + ii * ii\big)\big/\big(\big(ur * ii - ui * ir\big) * 2 * 3.1416 * \text{frequency}\big) .$$
(6.5)

- Korrektur mit RC-Parallelschaltung:

$$RP = \big(ur * ur + ui * ui\big)\big/\big(ur * ir + ui * ii\big) ,$$

$$CP = \big(ur * ii - ui * ir\big)\big/\big(\big(ur * ur + ui * ui\big) * 2 * 3.1416 * \text{frequency}\big) .$$
(6.6)

Anmerkung. Wenn in den beiden Formeln für CS bzw. CP nicht durch eine feste und zuvor ausgewählte Frequenz dividiert wird, sondern durch die laufende Variable „frequency", hat man noch die Möglichkeit, sich erst bei der Auswertung der jeweiligen Ergebniskurven zu diesen Formeln auf eine Frequenz f_Z als Korrekturpunkt festzulegen.

Beispiel

Der in Bild 6.11 skizzierte aktive Tiefpass ist dimensioniert für eine Grundverstärkung von $v=4$ (12 dB) und eine 3-dB-Grenzfrequenz bei $f_G=100$ kHz mit

$$R_1 = 250\ \Omega, \quad R_2 = 1\ \text{k}\Omega, \quad C_2 = 1{,}59\ \text{nF}.$$

Die zugehörige (ideale) Übertragungsfunktion ist in Bild 6.13 mit „1" gekennzeichnet.

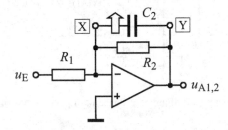

Bild 6.11 Beispiel Phasenkompensation: Aktiver RC-Tiefpass (Ersatz des C_2-Zweiges)

Das Bandbreiten-Verstärkungsprodukt des eingesetzten Operationsverstärkers (LM741/NS) beträgt $f_T \approx 1$ MHz, so dass mit deutlichen Abweichungen im Bereich der Grenzfrequenz zu rechnen ist. Eine Schaltungssimulation unter Verwendung des realen OPV-Makromodells bestätigt diese Erwartung: Grenzfrequenz $f_{G,real} \approx 71$ kHz (Kurve „2" in Bild 6.13).

Um die Grenzfrequenz anzuheben, muss die Zeitkonstante $R_2 C_2$ verringert werden. Da eine Veränderung von R_2 auch die Grundverstärkung von 12 dB beeinflussen würde, darf nur der kapazitive Zweig in der Rückkopplung in geeigneter Weise modifiziert werden.

Nach Duplizierung der Filterstufe wird der OPV durch ein ideales Verstärkermodell ersetzt und beide Schaltungen werden nach dem in Bild 6.10 skizzierten Prinzip mit der gesteuerten Quelle EVALUE kombiniert. Der Kondensator C_2 wird entfernt und stattdessen werden die Ausgänge des Fehlerverstärkers mit dem Knoten X (über die Null-Volt-Quelle V_Z zwecks Stromerfassung) bzw. Y verbunden, s. Bild 6.11. Im Verlaufe einer AC-Analyse berechnet SPICE dann eine RC-Kombination, die parallel zu R_2 gelegt werden muss, um bei einer zu wählenden Frequenz f_Z die beiden Betragsfunktionen (real bzw. ideal) zur Deckung zu bringen.

Die Auswertung der Simulationsergebnisse mit den Formeln von Gl. (6.5) und Gl. (6.6) ergibt, dass formal beide Alternativen (Serien- bzw. Parallelschaltung) zu realisierbaren und positiven Bauteilwerten führen. Da ein zusätzlicher RC-Parallelzweig aber die vorgegebene Verstärkung von 12 dB verändern würde, sollte C_2 durch eine RC-Serienkombination ersetzt werden.

Es werden deshalb beide Formeln nach Gl. (6.5) grafisch ausgewertet, Bild 6.12, wobei es sinnvoll ist, die Korrektur bei der Grenzfrequenz $f_Z=f_G=100$ kHz durchzuführen. Bei 100 kHz können folgende Werte abgelesen werden: $R_S=294\ \Omega$ und $C_S=805$ pF.

Eine erneute AC-Simulation der so korrigierten Schaltung führt auf eine Übertragungsfunktion (Bild 6.13, Kurve „3"), die etwa bis 300 kHz nahezu deckungsgleich ist mit dem Idealverlauf.

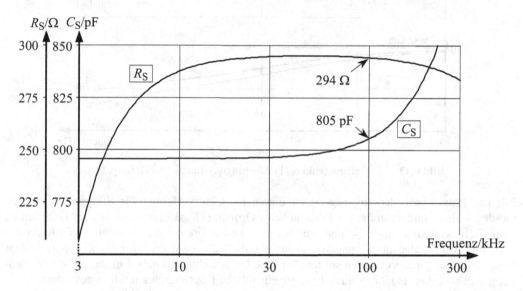

Bild 6.12 Korrekturelemente R_S und C_S als Funktion der Frequenz

Allgemeine Anwendungshinweise

Der Erfolg dieser Methode zur Erweiterung des Einsatzbereichs von Operationsverstärkern „steht und fällt" mit der Auswahl eines für die Korrektur geeigneten Zweiges. Dabei kann das ausgewählte Element entweder ersetzt oder auch ergänzt werden durch eine der beiden RC-Kombinationen. In diesem Zusammenhang ist es hilfreich und wichtig, ein ausreichend gutes Verständnis für die Funktionsweise der Schaltung bzw. für die Aufgabe und den Einfluss jedes einzelnen Bauelements zu besitzen. Oftmals reicht aber auch schon eine genaue Betrachtung der Dimensionierungsformeln, um die wesentlichen Zusammenhänge erkennen zu können. Sollten sich für die Korrekturelemente negative Werte ergeben, sind die Abweichungen zu groß, um sie überhaupt auf diese Weise korrigieren zu können.

Erweiterung (Korrektur höhergradiger Filter)

Das Prinzip eines PC-gestützten Verfahrens zur Korrektur von Übertragungsfunktionen wurde demonstriert am Beispiel eines einfachen aktiven Tiefpasses ersten Grades. Unter Nutzung eines realitätsnahen OPV-Makromodells konnte eine *RC*-Serienschaltung ermittelt werden, die anstelle eines Kondensators in die Schaltung einzufügen ist, um die bei der Dimensionierung idealisierten parasitären OPV-Eigenschaften (primär: Phasendrehungen) nachträglich berücksichtigen zu können. Allerdings können die reale und die ideale Funktion nicht vollständig zur Deckung gebracht werden, da der zusätzliche Kondensator die Ordnung des Systems erhöht hat. Die Gleichheit beider Funktionen kann im oberen Frequenzbereich nur bei einer einzigen Frequenz erzwungen werden, wofür die 3-dB-Grenzfrequenz eine sinnvolle Wahl darstellt.

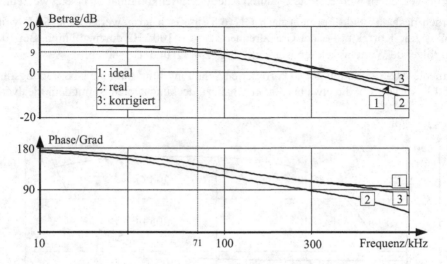

Bild 6.13 *RC*-Tiefpass (Bild 6.11), Übertragungsfunktionen (Betrag, Phase)

Für die Praxis besonders interessant ist dieses Korrekturverfahren für Filterstufen zweiten Grades – als Grundbausteine für Filter höherer Ordnung (Kaskadensynthese). Im Unterschied zum Tiefpass ersten Grades können die Stufen zweiten Grades unterschiedliche Gütewerte – evtl. mit Amplitudenüberhöhungen im Durchlassbereich – aufweisen, welche ebenfalls dem Idealverlauf angenähert werden sollten. Gezielte Untersuchungen haben in diesem Zusammenhang ergeben, dass es nicht sinnvoll ist, die eigentliche Übertragungsfunktion des Filters – wie im Beispiel ersten Grades – bei einer bestimmten Frequenz auf den Sollwert zu ziehen.

Stattdessen hat sich gezeigt, dass die besten Korrekturergebnisse erzielt werden können, wenn die Schleifenverstärkung – und zwar bei der Polfrequenz f_P – zur Phasenkompensation herangezogen wird. Zu diesem Zweck sind die beiden Blöcke „ideal" und „real" in Bild 6.10 zu ersetzen durch die Simulationsanordnung aus Abschn. 6.5.1 oder Abschn. 6.5.3. Auf diese Weise kann ein größerer Teil der Übertragungsfunktion im Bereich der Polfrequenz von der Korrektur erfasst und dem Idealverlauf angenähert werden.

Es sei darauf hingewiesen, dass durch dieses Verfahren auch andere Fehlereinflüsse, die nicht bei der Schaltungsdimensionierung berücksichtigt wurden, in die Korrektur mit einbezogen werden können, wie z. B. Abweichungen einzelner Bauteilwerte vom Idealwert, parasitäre Schaltkapazitäten, OPV-Eingangsimpedanzen und externe Lastimpedanzen.

6.8   Wie simuliert SPICE den Frequenzgang von SC-Filtern?

Filter mit geschalteten Kapazitäten (switched capacitor filter) sind wegen ihrer zeitvarianten Eigenschaften einer direkten Analyse im Frequenzbereich nicht zugänglich. Abgesehen von einigen speziell auf SC-Anwendungen zugeschnittenen Programmen (SWITCAP, SPECTRE) ist aber auch mit SPICE-basierten Simulatoren eine korrekte Ermittlung des Frequenzgangs auf dem Wege einer linearen AC-Analyse möglich, wenn zuvor jede Schalter-Kondensator-Kombination der SC-Schaltung durch eine spezielle und zeitkontinuierliche Ersatzschaltung nachgebildet wird. Dafür existieren zwei unterschiedliche Ansätze, die nachfolgend erläutert werden.

6.8.1   Separate Nachbildung beider Taktphasen

Bei dem in [26] vorgeschlagenen Verfahren wird die zu analysierende SC-Schaltung in zwei spezielle Simulationsanordnungen überführt, die den jeweiligen Kondensatorpositionen in beiden Taktphasen entsprechen und die über gesteuerte Quellen miteinander verkoppelt sind. Dabei wird jeder Kondensator ersetzt durch die Parallelschaltung einer gesteuerten Stromquelle mit einem Widerstand, dessen Wert durch die Abtastfrequenz f_A und die zu ersetzende Kapazität bestimmt wird. Die beiden Ausgangssignale sind dann zu überlagern.

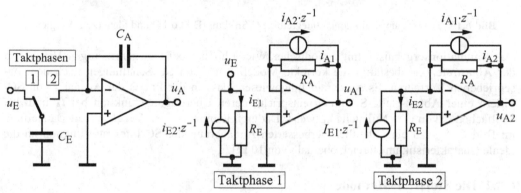

Bild 6.14   SC-Integrator, Ersatzschaltungen für die AC-Analyse

Bild 6.14 erläutert das Verfahren mit der Aufteilung der Originalschaltung in zwei Ersatzstrukturen am Beispiel eines SC-Integrators, s. dazu Abschn. 4.19. Man beachte die vier abhängigen Stromquellen, die gesteuert werden durch die entsprechenden Ströme der Ersatzschaltung für die jeweils andere Taktphase mit Verzögerung um eine Abtastperiode.

Zahlenbeispiel für die Simulation

- *RC-Miller*-Integrator: R_1=10 kΩ, C_2=15,9 nF (τ=159 µs, f_0=1/(2πτ)=1 kHz);
- SC-Äquivalent: Abtastperiode T_A=10 µs, C_E=T_A/R_1=1 nF, C_A=C_2=15,9 nF;
- Simulationsstruktur: R_E=T_A/C_E=10 kΩ, R_A=T_A/C_A=628,3 Ω, z^{-1}=exp(-jωT_A);

Hinweis: Fast alle Simulationsprogramme verfügen über gesteuerten Stromquellen mit der *Laplace*-Variablen s=jω bzw. z^{-1}=exp(-s·1E-5). Zwecks Erfassung der korrekten Stromrichtungen für i_E und i_A wird empfohlen, in Reihe zu den Widerständen R_E bzw. R_A zusätzlich jeweils eine Null-Volt-Quelle zu legen.

Die über vier gesteuerte Stromquellen miteinander verknüpften Teilschaltungen aus Bild 6.14 werden einer Wechselspannungsanalyse (AC-Simulation) unterzogen. Die Summe aus beiden komplexen Ausgangsspannungen u_{A1} und u_{A2} führt zu dem Ausgangssignal u_A des SC-Integrators und zum Betrag der Übertragungsfunktion u_A/u_E, s. Bild 6.15.

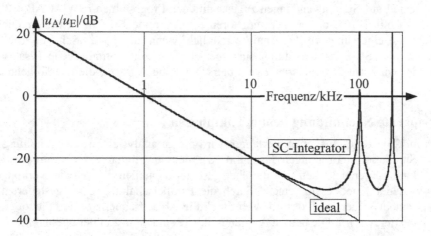

Bild 6.15 Übertragungsfunktionen Integrator: SC-Struktur (Bild 6.14) und ideal (zum Vergleich)

Das Simulationsergebnis – mit periodischer Wiederholung bei den ganzzahligen Vielfachen der Abtastrate f_A – bestätigt die korrekte Modellierung von SC-Schaltungen nach dem beschriebenen Verfahren. Es sei darauf hingewiesen, dass in der Praxis der Ausgang von SC-Filtern einer Abtast-Halte-Schaltung entspricht, deren Übertragungsfunktion bei f_A und den Vielfachen davon eine Nullstelle aufweist. Dadurch kommt es – im Vergleich zur Darstellung im Bild 6.15 – zu einer deutlich verbesserten Annäherung der SC-Integratorfunktion an die ideale Charakteristik im Bereich oberhalb von 10 kHz.

6.8.2 Die Storistor-Methode

Beim Übergang zwischen den beiden Taktphasen kommt es in jeder SC-Einheit zu Ladungsverschiebungen, die als Stromgleichungen interpretiert werden und so den handelsüblichen Simulationsprogrammen zugänglich gemacht werden können. Dabei wird von den folgenden Äquivalenzen Gebrauch gemacht:

$$Q \triangleq I, \quad C \cdot U \triangleq \frac{U}{R_{SC}}, \quad C \triangleq \frac{1}{R_{SC}}.$$

Werden also alle Kapazitäten als reelle Leitwerte interpretiert, gehen die Ladungsgleichungen in ein System von Stromknotengleichungen über. Zum Zwecke der Simulation wird also jeder Kondensator durch einen Widerstand ersetzt, dessen Wert – unter Berücksichtigung einer geeigneten Skalierungsgröße τ_{SC} – dem Kehrwert der Kapazität entspricht. Als Folge der zwei möglichen Schalterstellungen (Taktphasen) gibt es zwei verschiedene Schaltungszustände, die um eine halbe Taktperiode gegeneinander verschoben sind und deshalb zu unterschiedlichen Zeitpunkten zu berücksichtigen sind. Dazu sind spezielle Verzögerungseinheiten erforderlich, die zusammen mit dem Kapazitäts-Ersatzwiderstand R_{SC} ein neuartiges Element darstellen – den „Storistor" (storage resistor) [27].

Der Storistor stellt einen positiven oder negativen Widerstand dar, durch den ein Strom fließt, der proportional zu einer verzögernd wirkenden Spannungsdifferenz ist. Sein Vorzeichen bzw. die Art der Kombination mit dem Ersatzwiderstand R_{SC} hängt von der jeweiligen Schalter-Kondensator-Anordnung ab. Weitere Einzelheiten dazu sowie eine Zusammenstellung der wichtigsten Ersatzschaltungen enthält [28] und Tabelle 6.1 in [4].

Zusammen mit dem hier verwendeten Schaltsymbol des Storistors zeigt Bild 6.16 zwei für die Simulation geeignete Realisierungsmöglichkeiten, wobei die Verzögerung entweder durch das Modell einer Übertragungsleitung (b) oder durch eine spannungsgesteuerte Quelle im *Laplace*-Modus (c) erfolgen kann.

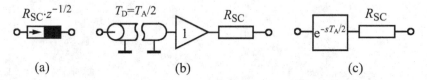

(a)   (b)   (c)

Bild 6.16   Storistor: Schaltsymbol (a), Modell mit Leitungselement (b) oder *Laplace*-Quelle (c)

Zahlenbeispiel für die Simulation

Es wird der SC-Integrator aus Abschn. 6.8.1, Bild 6.14, mit der Storistor-Methode nachgebildet, s. Bild 6.17, und anschließend einer AC-Simulation unterzogen.

– SC-Integrator: Takt-/Abtastperiode T_A=10 µs, C_E=1 nF, C_A=15,9 nF ;
– Ersatzsstruktur: τ_{SC}=10 µs, $R_{SC,E}=\tau_{SC}/C_E$=10 kΩ, $R_{SC,A}=\tau_{SC}/C_A$=645,15 Ω .

Hinweis: Man beachte die unterschiedlichen Vorzeichen und Verzögerungszeiten bei beiden Storistoren. Zur simulationstechnischen Nachbildung der Storistoren nach Bild 6.16 kann das

– Leitungsmodell mit den Laufzeiten $T_{D,E}$=5 µs und $T_{D,A}$=10 µs, oder alternativ die
– *Laplace*-Quelle mit $z^{-1/2}$=exp(−s·5E-6) bzw. z^{-1}=exp(−s·1E-5)

verwendet werden.

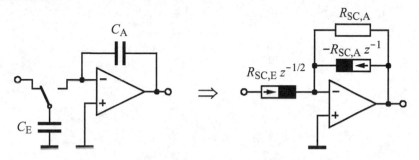

Bild 6.17   SC-Integrator mit Storistor-Simulationsmodell

Vergleich

Das Ergebnis einer AC-Analyse der zeitkontinuierlichen Nachbildung des SC-Integrators mit Storistoren, Bild 6.17, gleicht exakt dem in Bild 6.15 dargestellten Ergebnis nach dem in Abschn. 6.8.1 beschriebenen Verfahren. Beide Verfahren sind damit gleichwertig und in der Lage, die periodischen Übertragungseigenschaften eines zeitdiskret arbeitenden Systems exakt nachzubilden.

Anhang A
Der Begrenzungseffekt bei Integratoren

Die Oszillatorschaltung nach dem Doppel-Integrator-Prinzip (Abschn. 5.7) stellt einen Sonderfall dar. Die Eigenschaften realer Verstärkerbausteine führen nämlich dazu, dass die Phasenverschiebung einer Integratorschaltung den Idealwert von 90° nur bei einer einzigen Frequenz erreicht – mit einer zugehörigen Verstärkung oberhalb von 0 dB, s. dazu Bild 5.7. Damit ist die Fähigkeit zur Anregung einer aufklingenden Schwingung (Selbsterregung) zunächst gegeben.

Danach stellt sich eine kontinuierliche Schwingung mit konstanter Amplitude ein – trotz des negativen Phasenfehlers der realen Integratorschaltung bei der durch die äußere Beschaltung vorgegebenen Schwingfrequenz $f_0=f_D$ (mit: Schleifenverstärkung $L_0(f=f_D)=1$). Grund dafür ist eine gleich große positive Phasenverschiebung – hervorgerufen durch Übersteuerung des Integrators mit harter Begrenzung der Amplituden durch die Betriebsspannung.

Dieser in der einschlägigen Fachliteratur bisher nicht dokumentierte Effekt soll hier näher erläutert werden. Interessanterweise ist es jeweils ein anderer Mechanismus, der bei den unterschiedlichen Integratorschaltungen die positive Phasenverschiebung bewirkt.

A.1 *Miller*-Integrator

Das Ergebnis einer Transienten-Analyse zweier identischer *Miller*-Integratoren (Abschn. 5.7, Bild 5.8) mit unterschiedlichen Betriebsspannungen wird hier im unteren Teil von Bild A.1 noch einmal wiederholt – ergänzt durch den Verlauf der Spannung U_{N2} am n-Eingang des zeitweilig übersteuerten Operationsverstärkers Nr. 2. Das Eingangssignal ist eine sinusförmige Spannung mit der Amplitude $\hat{u}_E=10$ V und der Frequenz $f=1$ kHz.

Als Folge einer wirksamen Gegenkopplung ist erwartungsgemäß $U_{N2}\approx0$ V („virtuelle Masse"), solange der Verstärker im linearen Bereich seiner Kennlinie übersteuerungsfrei arbeiten kann. Sobald aber die maximale und durch die Betriebsspannung begrenzte Ausgangsspannung erreicht ist, wird die Gegenkopplung unwirksam mit der Folge, dass der Kondensator im Rückkopplungspfad über den Integrationswiderstand („von der anderen Seite") durch die Eingangsspannung – und nicht mehr durch die Ausgangsspannung des Verstärkers – aufgeladen wird. Die Spannung U_{N2} bildet dabei nicht-sinusförmige positive oder negative „Halbwellen" – je nach Phasenlage der Eingangsspannung.

Dieser Vorgang ist vergleichbar mit der Aufladung des Kondensators einer einfachen RC-Schaltung durch eine sinusförmige Spannung, wobei zwei Randbedingungen wichtig sind:
- Der Zeitpunkt bzw. die Phasenlage der Eingangsspannung zum Zeitpunkt des Einschaltens;
- Die Anfangsbedingungen des Kondensators (Ladung bzw. Spannung bei $t=0$).

Im oberen Teil von Bild A.1 ist deshalb die Spannung U_C am Kondensator eines RC-Gliedes, Zeitkonstante $T=RC=159,15$ µs, aufgetragen, das zum Zeitpunkt $t=0$ mit einer sinusförmigen Spannungsquelle verbunden wird ($f=1$ kHz, Phasenverschiebung 104.4°). In Übereinstimmung mit den Bedingungen der zu vergleichenden Integratorschaltung wird der Kondensator über den Widerstand R mit der Signalquelle und am anderen Anschluss mit einer Gleichspannungsquelle von −6 Volt verbunden. Außerdem erhält der Kondensator als Anfangsbedingung eine Spannung von +6 Volt.

Ein Vergleich der ersten (!) Halbwelle von $U_C(t)$ mit dem Verlauf von U_{N2} bestätigt die zuvor erwähnte Äquivalenz zwischen RC-Glied und OPV-Schaltung während der Übersteuerungs- phase (Dauer 320 µs). Diese Äquivalenz wird nur deutlich, wenn das Eingangssignal mit der oben angegebenen Phasenverschiebung von 104,4° auf die Schaltung gegeben wird. Grund dafür ist der Beginn des Übersteuerungszustands (Ende des Linearbetriebs) zu Zeitpunkten, die über die Darstellung in Abschn. 5.7, Bild 5.8, ermittelt werden können: Jeweils 0,29 ms nach Beginn der Eingangs-Halbwelle – entsprechend einem Phasenwinkel von 0,29·360=104,4°.

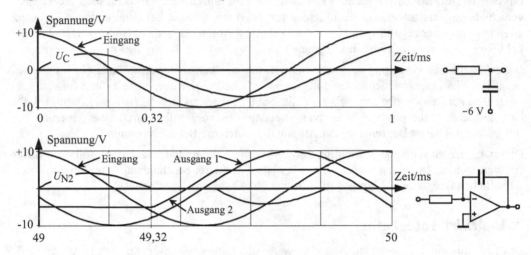

Bild A.1   oben: RC-Glied, Spannung U_C nach Einschalten eines Sinussignals (zum Vergleich),
unten: *Miller*-Integrator mit (Ausgang 2) und ohne Übersteuerung (Ausgang 1)

Die zeitliche Mitte des begrenzten Ausgangssignals erscheint also mit einer Verzögerung von nur

$$0,29 \text{ ms} + 0,32/2 \text{ ms} = 0,45 \text{ ms} = 450 \text{ µs}$$

nach Beginn der Eingangshalbwelle – im Gegensatz zum Verlauf des unbegrenzten Signals, welches eine entsprechende Verschiebung um eine halbe Periode (0,5 ms) aufweist. Durch die harte Begrenzung der Spannung am Ausgang 2 wird im vorliegenden Beispiel also die Zeit- verzögerung zwischen Eingangs- und Ausgangssignal von 500 µs auf 450 µs reduziert, was einer positiven Phasenverschiebung von 18° entspricht.

A.2   Andere Integratorschaltungen mit Operationsverstärker

Auch bei den drei anderen gebräuchlichen Integrator-Konfigurationen (phase-lead-, BTC-, NIC-Integrator, s. Abschn. 3.18) kommt es zu ähnlichen übersteuerungsbedingten positiven Phasenänderungen, die sich allerdings auf andere Weise als beim *Miller*-Integrator erklären lassen. In diesem Zusammenhang muss aber darauf hingewiesen werden, dass beim phase- lead-Integrator der Einfluss realer Operationsverstärker positive Phasenfehler verursacht, die durch zusätzliche übersteuerungsbedingte und ebenfalls positive Phasenverschiebungen nicht kompensiert werden können. In Oszillatorschaltungen kann der phase-lead-Integrator deshalb nur in Kombination mit einer der anderen beiden Integratorschaltungen eingesetzt werden.

A.3   OTA-Integrator

Auch beim einfachen OTA-Integrator, bei dem ein Ladekondensator durch den Strom einer spannungsgesteuerten Stromquelle auf- bzw. umgeladen wird, führt die Übersteuerung zu einer positiven Phasenverschiebung, s. Bild A.2. Untersucht werden wieder zwei identische Schaltungen, bei denen die OTA-Einheit Nr. 2 mit einer kleineren Versorgungsspannung betrieben wird und deshalb in den Aussteuerungsspitzen Begrenzungseffekte zeigt.

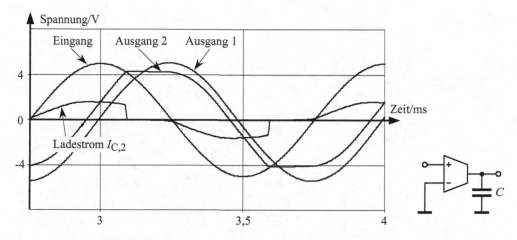

Bild A.2   OTA-Integrator mit Übersteuerung: Ladestrom I_C und Spannung (Ausgang 2),
OTA-Integrator ohne Übersteuerung: Spannung (Ausgang 1)

In diesem Fall ist die Erklärung für den Phasenfehler sehr viel einfacher als bei OPV-Integratorschaltungen, deren Funktionsprinzip auf dem Rückkopplungseffekt beruht.

Falls die Eingangsspannung und/oder die OTA-Steilheit gewisse Grenzen überschreiten, kann die als Stromquelle ausgebildete OTA-Ausgangsstufe keinen weiteren Ladestrom mehr liefern, sobald die am Ausgangskondensator C erzeugte Spannung die Betriebsspannung (bis auf die Transistor-Restspannungen) erreicht hat, s. Verlauf $I_{C,2}$ in Bild A.2. Als Folge davon steigt die Kondensatorspannung nicht weiter und es kommt zur Begrenzung der Signalamplitude am Ausgang des OTA (Ausgang 2).

Sobald die Eingangsspannung – und damit auch der OTA-Ausgangsstrom – negative Werte annimmt, wird der Ausgangskondensator entladen. Dieser Entladevorgang startet im Fall der Begrenzung bei einer geringeren Kondensatorspannung und nimmt deshalb weniger Zeit in Anspruch als im unbegrenzten Fall (Ausgang 1) – mit der Folge eines vorzeitigen Null-Durchgangs. Die unsymmetrischen Flanken des begrenzten Spannungssignals verursachen dabei unterschiedliche Zeitverschiebungen beim Null-Durchgang – im Beispiel: etwa 25 µs bei fallender Flanke und 40 µs bei ansteigender Flanke.

Anhang B
Phasensteilheits-Verfahren (Interpolation)

In Abschn. 6.6 wurde ein Verfahren vorgestellt zur direkten Ermittlung der Phasenreserve eines rückgekoppelten Systems. Zu diesem Zweck wird zusätzlich ein phasendrehender Übertragungsblock in die Rückkopplungsschleife eingebracht mit dem Ziel, für einige verschiedene Werte der Zusatzphase φ_Z den Phasengang der Übertragungsfunktion darzustellen (Bild 6.8). Danach wird der Anstieg der einzelnen Phasenfunktionen ausgewertet. Sofern der gewählte φ_Z-Bereich die gesuchte Phasenreserve enthält, muss dieser Wert zwischen den beiden Phasen φ_Z liegen, die zu den Kurven maximaler Steigung mit unterschiedlichem Vorzeichen gehören. Grundlage des vorgeschlagenen Verfahrens ist die neue Erkenntnis, dass für instabile Systeme die positive Steigung des Phasengangs ein Maß ist für den Grad der Instabilität.

B.1 Interpolation mit „Performance Analysis"

Zur genaueren Ermittlung des Reservewertes φ_{PM} muss zwischen den beiden Steigungs-Extremwerten interpoliert werden, wobei für den Fall $\varphi_Z = \varphi_{PM}$ die Steigung unendlich groß wäre (Phasensprung). Der gesuchte Wert φ_{PM} liegt deshalb näher an dem Parameter φ_Z, der zum größeren Steilheitswert (Betrag) gehört. Deshalb werden die Kehrwerte der Steigungs-Extremwerte als Funktion der zugehörigen Parameter φ_Z vom Programm dargestellt, um an der Stelle des Nulldurchgangs der Verbindungskurve zwischen diesen Punkten die Phasenreserve ablesen zu können.

B.1.1 Interpolation: Formel 1

Die dazu erforderliche gleichzeitige und vorzeichenrichtige Erfassung der Steigungs-Extremwerte kann auf dem Wege der Summenbildung aus den jeweiligen Maxima (positiv) und den Minima (negativ) erfolgen. Dabei wird vorausgesetzt, dass bei jeder Phasenfunktion einer der beiden Extremwerte entweder Null oder zumindest vernachlässigbar ist gegenüber dem anderen Extremwert. Das in Abschn. 6.6, Bilder 6.7 und 6.8, untersuchte Beispiel zeigt, dass diese Forderung immer zu erfüllen ist, sofern ein Teil der Phasenfunktion im analysierten Frequenzbereich einen nahezu horizontalen Verlauf hat (Steigung Null).

Aus diesen Überlegungen ergibt sich die folgende Formel, die benutzt werden kann, um über eine „Performance Analysis" auf der Grundlage von mindestens zwei parametrischen AC-Analysen die oben erwähnte Interpolationskurve vom Programm darstellen zu lassen (hier angegeben in Pspice/Probe-Notation für die Phase am Knoten A, s. Bild 6.7):

$$M=1/(MAX(d(P(V(A))))+MIN(d(P(V(A))))) \,.$$

Der Wert der Phasenreserve wird am Nulldurchgang dieser Interpolationsfunktion abgelesen. Voraussetzung dafür ist natürlich, dass der gesuchte Wert der Phasenreserve innerhalb des gewählten φ_Z-Bereichs liegt. Außerdem ist zu beachten, dass die Frequenz bei den AC-Analysen nicht logarithmisch durchgestimmt wird, weil die Steigungen der einzelnen Phasenfunktionen zu bestimmen sind.

Diese Steigungen entsprechen dem Differentialquotienten $d\varphi/d\omega$ und sind damit identisch zur negativ bewerteten Gruppenlaufzeit (s. Abschn. 1.16). Deshalb kann als Alternative zu der angegebenen Formel auch der folgende Ausdruck zur Interpolation verwendet werden (wieder in Pspice/Probe-Notation):

$$M=1/(MAX(G(V(A)))+MIN(G(V(A)))) \, .$$

Leistungsfähigkeit.   Bei dem in Abschn. 6.6 präsentierten Beispiel wurde interpoliert auf der Basis von fünf Stützstellen ($\varphi_Z=10°$, $20°$, $30°$, $40°$, $50°$) mit dem korrekten Ergebnis: $\varphi_{PM}=17,2°$. Die Leistungsfähigkeit des hier angewendeten Verfahrens zeigt sich auch darin, dass aus nur zwei Simulationsläufen (mit $\varphi_Z=10°$, $60°$) mit Interpolation zwischen den beiden Phasensteigungen eine Reserve von $16,8°$ ermittelt werden kann, die sich nur um etwa 2,3% von dem korrekten Wert unterscheidet.

B.1.2 Interpolation: Formel 2

Um die Extremwerte der einzelnen Phasensteilheiten vorzeichenrichtig zu erfassen und in ähnlicher Weise wie oben beschrieben darzustellen, können auch andere „Zielfunktionen" (goal functions) innerhalb der „Performance Analysis" zur Anwendung kommen. Die Beträge der Steigungs-Extremwerte können dabei vom Programm ermittelt und anschließend mit dem zugehörigen Vorzeichen multipliziert werden.

Zu diesem Zweck muss eine geeignete Frequenz ausgewählt werden, bei der das Vorzeichen der Steigung des Phasengangs festgestellt wird. Es ist sinnvoll, dafür eine Frequenz im Bereich der größten Steilheit zu wählen. Im behandelten Beispiel (Bild 6.8) käme dafür eine Frequenz im Bereich etwa zwischen 30 kHz und 60 kHz in Frage. Wenn dafür beispielsweise f=50 kHz festgelegt wird, lautet die Interpolationsformel (PSpice/Probe-Notation):

$$M=SGN(YatX(D(P(V(A))),50k))/MAX(M(D(P(V(A))))) \, .$$

Leistungsfähigkeit.   Die Genauigkeit, mit der die Phasenreserve beim Nulldurchgang der oben genannten Interpolationsfunktion abgelesen wird, ist noch etwas besser als bei dem unter B.1.1 beschriebenen Verfahren. Grund dafür ist die Tatsache, dass keine Verfälschung auftritt durch eine Addition von Maximal- und Minimalwert innerhalb der Formel. Bei dem Beispiel aus Abschn. 6.6 mit zwei Simulationen und nur zwei Stützstellen bei $\varphi_Z=10°$ bzw. $\varphi_Z=60°$ liegt der Nulldurchgang bei dem Wert $17,15°$, der praktisch identisch ist mit der auf anderem Wege ermittelten korrekten Phasenreserve $\varphi_{PM}=17,2°$.

B.2   Interpolation mit Taschenrechner

Das Phasensteilheits-Verfahren kann auch angewendet werden bei Simulationsprogrammen, die nicht über die Fähigkeit der „Performance Analysis" verfügen. Dafür sind genau zwei Simulationen erforderlich mit zwei Parametern φ_Z, wobei die zu erwartende Phasenreserve zwischen diesen Werten liegen muss. Wenn das Programm den Anstieg (Differentialquotient) der Phasenfunktion berechnet und darstellt, können die beiden Steigungs-Maxima m_1 und m_2 abgelesen und in einer Interpolationsformel mit den jeweils zugehörigen Phasen φ_Z kombiniert werden (Zahlen wieder aus dem Beispiel in Abschn. 6.6):

$$\varphi_{PM} = \frac{|m_1| \cdot \varphi_{Z,1} + |m_2| \cdot \varphi_{Z,2}}{|m_1| + |m_2|} = \frac{21,66 \cdot 10° + 3,61 \cdot 60°}{21,66 + 3,61} = 17,14° \, .$$

Anhang C
Phasenkompensation (Ableitung der Formeln)

In Abschn. 6.7 wurde ein PC-gestütztes Verfahren beschrieben, mit dem eine durch Nicht-Idealitäten gestörte Übertragungsfunktion bei einer wählbaren Frequenz auf den Idealwert gesetzt werden kann. Dabei kommt eine schwimmende (nicht auf Null-Potential bezogene) hochverstärkende spannungsgesteuerte Spannungsquelle (VCVS) mit den Ausgangsgrößen u und i zum Einsatz, aus denen die Elemente einer äquivalenten RC-Kombination für einen auszuwählenden Zweig der zu korrigierenden Schaltung berechnet werden können, s. Bild 6.10 und Prinzip-Darstellung in Bild C.1. Dieses Verfahren kann als eine spezielle Anwendung des Substitutionstheorems angesehen werden, s. Abschn. 1.17.

Nachfolgend werden die Dimensionierungsbeziehungen für eine RC-Serienschaltung und für eine RC-Parallelschaltung abgeleitet.

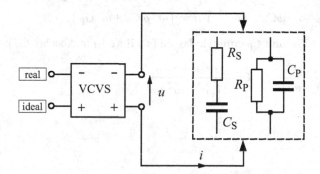

Bild C.1   Strom- und Spannungsdefinition zur Berechnung der RC-Kombinationen

Da weder die Ausgangsspannung u der gesteuerten Quelle noch der in die Schaltung fließende Strom i auf Nullpotential bezogen ist – im Gegensatz zur Signalspannung u_E am Eingang der beiden zu vergleichenden Schaltungen, müssen beide Signalgrößen komplex angesetzt werden:

$$u = ur + \mathrm{j} \cdot ui \quad \text{und} \quad i = ir + \mathrm{j} \cdot ii \,.$$

Für den Zweig (Serien- oder Parallelschaltung), durch den der Strom i fließt, kann ein System aus zwei Gleichungen mit jeweils zwei Unbekannten aufgestellt werden, aus dem die Netzwerkelemente bestimmt werden können.

C.1 RC-Serienschaltung

Zwischen der Spannung u und dem RC-Zweig gilt die Strom-Spannungs-Beziehung

$$u = ur + \mathrm{j} \cdot ui = \left(R_S + \frac{1}{\mathrm{j}\omega C_S} \right) \cdot \left(ir + \mathrm{j} \cdot ii \right),$$

$$u = ur + \mathrm{j} \cdot ui = R_S \cdot ir + \mathrm{j} \cdot ii \cdot R_S + \frac{ir}{\mathrm{j}\omega C_S} + \frac{ii}{\omega C_S}\,.$$

Durch Trennung in Real- und Imaginärteil entsteht das Gleichungssystem

$$ur = R_S \cdot ir + \frac{ii}{\omega C_S} \quad \text{und} \quad j \cdot ui = j \cdot \left(R_S \cdot ii - \frac{ir}{\omega C_S} \right),$$

aus dem die Größen R_S und C_S isoliert werden können (s. Gl. (6.5) in Abschn. 6.7):

$$R_S = \frac{ur \cdot ir + ui \cdot ii}{ir^2 + ii^2}, \quad C_S = \frac{ir^2 + ii^2}{(ur \cdot ii - ui \cdot ir)\omega}.$$

C.2 *RC*-Parallelschaltung

Für zwei parallele Zweige teilt sich der Strom auf in zwei Teilströme:

$$ir + j \cdot ii = (G_P + j\omega C_P) \cdot (ur + j \cdot ui),$$

$$ir + j \cdot ii = G_P \cdot ur + j \cdot ur \cdot \omega C_P + j \cdot G_P \cdot ui - ui \cdot \omega C_P.$$

Durch Trennung in Real- und Imaginärteil entsteht das Gleichungssystem

$$ir = ur \cdot G_P - ui \cdot \omega C_P \quad \text{und} \quad j \cdot ii = j(ur \cdot \omega C_P + ui \cdot G_P),$$

aus dem sich $R_P = 1/G_P$ und C_P ermitteln lassen (s. Gl. (6.6) in Abschn. 6.7):

$$R_P = \frac{ur^2 + ui^2}{ur \cdot ir + ui \cdot ii}, \quad C_P = \frac{ur \cdot ii - ui \cdot ir}{(ur^2 + ui^2)\omega}.$$

Literaturverzeichnis

In der Reihenfolge der Erwähnung im fortlaufenden Text:

[1] *Weinmann, A.*:
Regelungen, Analyse und technischer Entwurf (Band 1),
Springer-Verlag Wien, 3. Auflage 1994

[2] *Girod, B., Rabenstein, R., Stenger, A.* :
Einführung in die Systemtheorie, Teubner Stuttgart, 3. Auflage 2005

[3] *Meyer, M.*:
Grundlagen der Informationstechnik (Signale, Systeme und Filter), Kap. 3.6,
Vieweg Praxiswissen Braunschweig/Wiesbaden, 1. Auflage 2002

[4] *v. Wangenheim, L.*:
Aktive Filter und Oszillatoren (Entwurf und Schaltungstechnik),
Springer Berlin Heidelberg, 1. Auflage 2008

[5] *Solli, D., Chiao, R.Y., Hickmann, J.M.*:
Superluminal effects and negative group delays in electronics and their applications,
PHYSICAL REVIEW E 66, 056601, 2002

[6] *Desoer, C.A., Kuh, E.S.*:
Basic Circuit Theory, McGraw-Hill International Editions, 1969

[7] *Haase, J., Reibiger, A.*:
A Generalization of the Substitution Theorem of Network Theory,
Proc. ECCTD'85, Prague, S. 220-223

[8] *Ose, R.*:
Elektrotechnik für Ingenieure, Band 2: Anwendungen,
Fachbuchverlag Leipzig, 1. Auflage 1999

[9] *Hering, E., Bressler, K., Gutekunst, J.*:
Elektronik für Ingenieure, Springer Berlin Heidelberg, 3. Auflage 1998

[10] *Tietze, U., Schenk, Ch.*:
Halbleiter-Schaltungstechnik, Springer Berlin Heidelberg, 11. Auflage 1999

[11] *Palotas, L.* (Hrsg.):
Elektronik für Ingenieure (Analoge u. digitale integrierte Schaltungen),
Vieweg Braunschweig/Wiesbaden, 1. Auflage 2003

[12] *Gilbert, B.*:
Translinear Circuits: a historical overview,
Analog Integrated Circuits and Signal Processing, 9, 1996, S. 95-118

[13] *Gilbert, B.*:
Translinear Circuits: a proposed classification,
Electronics Letters 11(1), 1975, S. 14-16

[14] *Frey, D.R.*:
Log-domain filtering: an approach to current-mode filtering,
IEE Proceedings-G, vol. 140(6), 1993, S. 406-416

[15] *Sedra, A.S., Roberts, G.W., Gohh, F.*:
The current conveyor: history, progress and new results,
IEE Proceedings-G, vol. 137(1), 1990, S. 78-87

[16] *Bruton, L.T.*:
Low-sensitivity digital ladder filters,
IEEE Trans. Circuits and Systems, vol. CAS-22, 1975, S. 168-176

[17] *Sanchez-Sinencio, E., Silva-Martinez, J.*:
Tutorial 1: Design of Continuous-Time Filters from 0.1 Hz to 2.0 GHz,
IEEE ISCAS Vancouver, May 2004

[18] *Jarske, T., Vainio, O.*:
A Review of Median Filter Systems for Analog Signal Processing,
Analog Integrated Circuits and Signal Processing, 3, 1993, S. 127-135

[19] *Meyer, M.*:
Kommunikationstechnik, Vieweg+Teubner Verlag, Wiesbaden, 3.Auflage 2008

[20] *Meyer, M.*:
Grundlagen der Informationstechnik (Signale, Systeme und Filter), Kap. 7.3,
Vieweg Praxiswissen Braunschweig/Wiesbaden, 1. Auflage 2002

[21] *Lutz, R., Gottwald, A.*:
Ein umfassendes Qualitätsmaß für lineare Verstärker-Oszillatoren,
Frequenz 39 (3), 1985, S. 55-59

[22] *Vidal, E., Poveda, A., Ismail, M.* :
Describing Functions and Oscillators,
IEEE Circuits & Devices Magazine, vol. 17 (6), 2001, S. 7-11

[23] *Michal, V., Hajek, K., Sedlacek, J.* :
Active filters based on goal-directed lossy RLC prototypes,
Internat. Conference on fndamental of electrotechnics and circuit theory,
IC-SPETO 2005, Gliwice, Polen

[24] *Middlebrook, R. D.*:
Measurement of loop gain in feedback systems,
Int. Journal of Electronics, vol. 38 (4), 1975, S. 485-512

[25] *Hamilton, S.*:
An Analog Electronics Companion, Cambridge University Press 2003

[26] *Biolek, D., Biolkova, V., Kolka, Z.*:
AC Analysis of idealized Switched-Capacitor Circuits in SPICE-compatible Programs,
Proc. of the 11th WSEAS internat. conference on circuits, Kreta 2007, S. 223-227

[27] *Nelin, B.D.*:
Analysis of Switched-Capacitor Networks using General-Purpose Simulation Programs,
IEEE Trans. Circuit and Systems, vol. CAS-30, 1983, S. 43-48

[28] *Ghausi M.S., Laker, K.R.*:
Modern Filter Design, Active RC and Switched Capacitor,
Prentice-Hall Inc., Englewood Cliffs, NJ, 1981

Sachverzeichnis

Elektronik

Baumann, Peter
Sensorschaltungen
Simulation mit PSPICE
2006. XIV, 171 S.
mit 191 Abb. u. 14 Tab.
(Studium Technik) Br. EUR 21,90
ISBN 978-3-8348-0059-6

Böhmer, Erwin / Ehrhardt, Dietmar /
Oberschelp, Wolfgang
Elemente der
angewandten Elektronik
Kompendium für Ausbildung und Beruf
16., akt. Aufl. 2009. ca. 520 S. mit 600
Abb. u. einem umfangr. Bauteilekatalog
Br. mit CD ca. EUR 34,90
ISBN 978-3-8348-0543-0

Federau, Joachim
Operationsverstärker
Lehr- und Arbeitsbuch zu angewand-
ten Grundschaltungen
4., aktual. u. erw. Aufl. 2006. XII,
320 S. mit 532 Abb.
Br. EUR 26,90
ISBN 978-3-8348-0183-8

Specovius, Joachim
Grundkurs
Leistungselektronik
Bauelemente, Schaltungen
und Systeme
3., akt. und erw. Aufl. 2009. XII, 355 S.
mit 487 Abb. u. 34 Tab. und Online-
Service Br. EUR 26,90
ISBN 978-3-8348-0557-7

Schlienz, Ulrich
Schaltnetzteile
und ihre Peripherie
Dimensionierung, Einsatz, EMV
4., korr. Aufl. 2009. ca. XIV, 294 S. mit
346 Abb. Geb. ca. EUR 39,90
ISBN 978-3-8348-0613-0

Zastrow, Dieter
Elektronik
Lehr- und Übungsbuch für
Grundschaltungen der Elektronik,
Leistungselektronik, Digitaltechnik /
Digitalisierung mit einem
Repetitorium Elektrotechnik
8., korr. Aufl. 2008. XIV, 369 S. mit
425 Abb., 77 Lehrbeisp. u.
143 Übungen mit ausführl. Lös.
Br. EUR 29,90
ISBN 978-3-8348-0493-8

VIEWEG+
TEUBNER

Abraham-Lincoln-Straße 46
65189 Wiesbaden
Fax 0611.7878-400
www.viewegteubner.de

Stand Juli 2009.
Änderungen vorbehalten.
Erhältlich im Buchhandel oder im Verlag.